MSP430 超低功耗 16 位单片机开发实例

唐继贤　杨　扬　编著

北京航空航天大学出版社

内 容 简 介

本书全面讲解了用 C 语言编程 MSP430 系列单片机的方法和实例、两种常用的 C 语言集成开发环境、开发需要的编程工具和几种自制编程工具的方法。实例包括 MSP430 单片机内部资源串口、I2C、SPI 接口、定时/计数器、看门狗、中断、ADC、LCD 驱动等的编程,矩阵键盘输入、温度传感器、红外遥控解码、SD 存储卡读写、LED 和 LCD 显示器等外部应用电路的编程。另外还有单片机通过 RS-232C、RS-485、USB 接口和上位机通信的编程实例。最后介绍了智能无线测温网络和 FM 收音机两个综合实例。每一个实例都有相关的硬件电路原理图及程序源码。

本书适合在校大学生作为学习 MSP430 单片机的实习教材。书中的实例涉及电子工程应用的许多方面,也是单片机应用开发工程技术人员一本不可多得的参考书。

图书在版编目(CIP)数据

MSP430 超低功耗 16 位单片机开发实例 / 唐继贤,杨扬编著.--北京:北京航空航天大学出版社,2014.4
ISBN 978-7-5124-1275-0

Ⅰ.①M… Ⅱ.①唐… ②杨… Ⅲ.①单片微型计算机—系统开发 Ⅳ.①TP368.1

中国版本图书馆 CIP 数据核字(2013)第 236495 号

MSP430 超低功耗 16 位单片机开发实例
唐继贤 杨 扬 编著
责任编辑 卫晓娜
*
北京航空航天大学出版社出版发行

北京市海淀区学院路 37 号(邮编:100191) http://www.buaapress.com.cn
发行部电话:(010)82317024 传真:(010)82328026
读者信箱:emsbook@gmail.com 邮购电话:(010)82316524
北京九州迅驰传媒文化有限公司印装 各地书店经销
*
开本:710×1 000 1/16 印张:20.25 字数:432 千字
2014 年 4 月第 1 版 2024 年 1 月第 3 次印刷 印数:4 301～4 500 册
ISBN 978-7-5124-1275-0 定价:49.00 元

前　言

　　此前写了两本 51 单片机的书,已分别由北京航空航天大学出版社和上海科技出版社出版,得到了读者的好评,特别是在校大学生读者的喜爱,有很多同学同时购买了配套的实验板用作单片机课程的实习作业,还有大学老师来信说,想要把书和实验板作为他们专业学习单片机的实验教材。有很多读者通过 QQ、电子邮件或者直接打电话给我,交流学习单片机的体会,询问看书过程中遇到的一些疑难问题,也听到不少读者的赞扬溢美之词,这些对我都是极大的鼓励。虽然写书是一件很费力的事情,但是作者依然想把自己学习的体会和收获写出来与读者一起分享。

　　MSP430 系列单片机是德州仪器公司推出的一款 16 位超低功耗系列单片机,最大特点是低功耗,我用此单片机配套该公司的低功耗温度传感器,开发了一套无线温度监测系统,其中无线温度采集单元的一枚纽扣电池可以连续使用几年,充分显示了MSP430 系列单片机超低功耗的优越性,因此我想再把这款性能卓越的单片机介绍给广大读者。本书依然秉承了之前已经出版的两本书的特点,那就是:

　　● 软硬件结合,在讲清楚硬件电路原理的基础上,再讲解软件编程的方法。

　　● 介绍和单片机系统相关的电子技术知识。

　　● 自己动手做(Do it yourself,DIY)。设计了一块可供读者使用的实验板。

　　全书共分 10 章,第 1 章首先介绍了 MSP430 系列单片机的性能特点及其主要的产品系列。和 51 系列单片机相比,MSP430 系列单片机是 16 位,这使它具有更宽的数据通道和更快的速度;超低功耗是 MSP430 单片机的第二个特点,非常适合用于电池供电的手持设备。第 2 章介绍了 MSP430 单片机常用的两种软件开发平台。第3 章介绍了 MSP430 单片机的编程工具,罗列了目前市面上可见的几乎所有的编程工具,从串口、并口到 USB 接口都有。书中提供了自制的 BSL 串口编程器和并口编程器的详细资料,这两种编程器结构简单、取材容易,适合读者自己动手制作。并口编程器工作稳定、结实耐用,BSL 编程器功能强大,为读者学习 MSP430 单片机编程提供了有力工具。作者自制的 USB 接口编程器也获得了成功。

　　从第 4 章～第 10 章是本书的编程实例部分。这些实例全部经过作者调试通过,

MSP430超低功耗16位单片机开发实例

2

需要强调的是为了试验这些程序,需要制作一些相应的实验电路板,这是程序示例实验的基础,建议读者能够自己动手制作这些实验电路板,这是一个合格的工程技术人员必不可少的技能。第 4 章介绍了单片机常用的扩展总线,重点是串行扩展总线,其中有 DALLAS 的单总线、Philips 的 I2C 总线、SPI 和 USB 等,这些都是目前单片机外设芯片广泛使用的通信总线,掌握这些总线的编程方法是读者使用这些 IC 芯片的基础。第 5 章是 MSP430 单片机内部资源的编程,这是本书的重点。和 51 单片机相比,MSP430 单片机内部资源更加强大,编程也更加复杂,因此本章详细介绍了这些内部资源的编程方法,包括看门狗、中断、USART、SPI、I2C、定时/计数器、ADC、LCD 驱动等。每一种资源都有编程实例。

第 6 章是单片机输入和输出显示设备的编程,包括键盘、红外遥控解码、LED 和 LCD 显示器。第 7 章介绍了 SD 闪存卡的编程和 LED 照明灯的调光。这两个实例进一步深化了使用 MSP430 单片机内部资源编程的方法,前者是 USART 的 SPI 模式编程,后者是定时器 A 输出 PWM 的编程。

第 8 章介绍了单片机和上位机通信的硬件设备接口和编程方法,除了常用的 RS-232-C 接口之外,也介绍了在工控领域常用的 RS-485 总线。鉴于现在很多笔记本电脑已经淘汰了 RS-232-C 接口,因此还介绍了 USB 转换器 TUSB3410,该芯片能用一个电脑 USB 接口模拟 RS-232-C 串口。这个实例也为读者自制 USB 接口编程器奠定了基础。

第 9 章和第 10 章是两个综合性的实例。第 9 章 FM 收音机,围绕 Philips 的单芯片调频收音机集成电路,比较系统地介绍了有关调频广播的知识,包括调频信号的原理、调频信号产生的方法和调频收音机的原理。最后给出了用单片机控制 FM 收音模块实现自动搜索收音机的编程实例。第 10 章智能无线测温网络利用低功耗无线数传模块 RFM12B、TMP102 低功耗温度传感器和 MSP430 单片机构建了一个多点无线测温网络系统,可以实现一个区域的无线温度监控。本系统的最大特点是超低功耗,一枚纽扣电池可以维持无线温度传感器工作几年。编程方面充分运用了 SPI 和 I2C 总线接口器件的编程方法,使读者对这些广泛使用的智能器件得以更深入的了解。

本书内容丰富、取材广泛,除了单片机本身之外,涉及电子工程应用的许多方面,包括模拟电路、无线数据通信、高频信号接收、SD 闪存、传感器、红外遥控等,具有较高的实用价值和广阔的应用范围,有利于开拓读者的知识面,适合应用系统开发的各类工程技术人员借鉴,更是在校大学生学习单片机技术很有用的辅助教材。本书实例中的所有程序源代码都在随书附带的光盘中,方便读者直接使用。

感谢许多同事和朋友们为本书付出的辛勤和努力。

还要感谢 TI 公司免费提供的 MSP430_LaunchPad 仿真器和部分实验用芯片,这些东西方便本书能更全面地把 TI 的产品介绍给广大读者。

最后要感谢广大的读者,在《51 单片机工程应用实例》和《51 单片机应用系统开

发实例精解》两本书出版之后,他们热情的来信给了我很大的鼓励和支持,和读者的
交流也让我看到了自己的一些不足,因此再次写作时,类似的问题就会减少。但是由
于本人水平有限,书中仍然难免还会有一些瑕疵,欢迎各位专家和读者批评指正。我
的 QQ:1785872803,电子邮箱:tang_jx@163.com。

唐继贤

2014 年 1 月

目　录

MSP430超低功耗16位单片机开发实例

5

## 第 1 章

MSP430 系列超低功耗 16 位单片机

MSP430 是美国德州仪器公司于 1996 年推出的 16 位超低功耗混合信号微控制器。它的优势在于易于学习,C 编译器友好,16 位 CPU,灵活的低功耗模式和智能化,以及大量的低功耗外设。它的多功能性使它可以用于多种不同的终端设备,包括医疗仪器、电力计量和家用电器,如烟雾探测器、恒温器等,几乎任何一种应用都可能有 MSP430 的身影。其外形图如图 1.1 所示。

图 1.1　MSP430 系列超低功耗 16 位单片机

MSP430 系列单片机具有 16 位总线,带 Flash 存储器。由于其性价比和集成度高,受到广大技术开发人员的青睐。它采用 16 位的总线,外设和内存统一编址,寻址范围可达 64 KB,还可以外扩存储器。具有统一的中断管理,丰富的片上外围模块,片内有精密硬件乘法器、两个 16 位定时器、一个 14 路的 12 位模数转换器、一个看门狗、6 路 I/O 端口、两路 USART 通信端口、一个比较器、一个 DCO 内部振荡器和两个外部时钟,支持 8 MHz 的时钟。Flash 型程序存储器可以在线对单片机进行调试和下载,JTAG 接口直接和闪存模拟工具 FET(Flash Emulation Tool)相连,无需另外的仿真工具,方便实用。MSP430 系列单片机最大的特点是超低功耗,具有多种超低功耗工作模式,特别适合使用电池供电的手持式自动控制设备。对环境和人体的辐射小,可靠性好,在强电干扰下程序运行不受影响,适应工业级的运行环境,MSP430 系列单片机在工程技术领域和各类民用电子设备中得到广泛的应用,受到越来越多人的喜爱。MSP430 系列单片机的主要性能指标如下:

(1) 超低功耗:

- 1.8～3.6 V 范围供电电压；
- 200 μA @ 1 MHz, 2.2 V, 活动模式；
- 0.7 μA 备用模式；
- 0.1 μA 保持 RAM 数据；
- 6 μs 从等待模式唤醒 。

(2) 强大的 CPU 内核：

- 16 bit RISC 结构；
- 125 ns 指令周期 @ 8 MHz。

(3) 灵活多样的外围模块：

- 10/12 bit A/D(8 + 4 通道, 转换<10μs)；
- 16 bit Timer_A 带有 3 个捕获/比较寄存器；
- 16 bit Timer_B 带有 7 个捕获/比较寄存器；
- 一个或者两个 USART 接口；
- 硬件乘法器；
- 模拟信号比较器；
- 基本时钟模块：
  - —由可编程内部电阻控制频率；
  - —由单一外部电阻控制频率；
  - — 32 kHz 晶振产生低频；
  - —高频晶振产生高频；
  - —可选择外部时钟源。

(4) Flash 型存储器。

(5) 超低功耗 Flash 内核。

(6) 100 000 次写/擦周期。

(7) 程序存储器分段：512 B。

(8) 信息存储器分段：128 B。

(9) 可以分段擦除或整体擦除。

(10) 编程和擦除电压由内部产生。

(11) 有代码读出保护。

1.1　MSP430 系列单片机的性能特点

　　MSP430 系列单片机是基于 RISC 的 16 位混合信号处理器,其将智能外设、易用性、低成本以及低功耗等优异特性完美结合在一起,能满足数以千计应用的要求。和其他单片机相比,它具有许多独特和引人注目的优点。

1.1.1　超低功耗性能

MSP430 单片机专为超低功耗(ULP)应用而精心设计。其高度灵活的时钟系统、多种低功耗模式、即时唤醒以及智能的全自动外设(Intelligent Autonomous Peripheral)不仅可实现真正的超低功耗优化,同时还能显著延长电池使用寿命。它在几种典型工作模式时的耗电指标如下：

- 0.1 μA RAM；
- 保持模式：<1 μA ；
- RTC 模式：<230 μA/MHz；
- 闪存：<110 μA/MHz (RAM)。

MSP430 系列单片机如此低的功耗是由于它采用了以下技术：

(1) 灵活的时钟系统——MSP430 系列单片机的时钟系统能启用和禁用各种不同的时钟和振荡器,从而使器件能够进入不同的低功耗模式(LPM)。这种高度灵活的时钟系统可确保仅在适当的时候启用所需时钟,从而能够显著优化总体能耗。

- 主系统时钟(MCLK)——CPU 源,可由内部数控振荡器(DCO)驱动(频率最高达 25 MHz),也可采用外部晶振驱动。
- 辅助时钟(ACLK)——用于各个外设模块的时钟源,可由内部低功耗振荡器或外部晶振驱动。
- 子系统时钟(SMCLK)——用于各个较快速外设模块的时钟源,可由内部DCO 驱动(频率最高达 25 MHz),也可采用外部晶振驱动。

(2) 即时唤醒——MSP430 系列单片机可由低功耗模式(LPM) 即时唤醒。这种超高速唤醒功能得益于 MSP430 的内部数控振荡器(DCO),可以实现高达 25 MHz 的时钟频率,而且能在 1 μs 的时间内激活并实现稳定工作。即时唤醒功能对超低功耗应用来说非常重要,因为它能使微处理器在极高效的突发任务中充分发挥CPU 的作用,并能较长时间处于 LPM 模式。

(3) 零功耗掉电复位(BOR)——MSP430 的 BOR 能够在所有操作模式下始终保持启用与工作状态,这不仅能确保它实现最可靠的性能,同时还可保持超低功耗运行。BOR 电路可对欠压情况进行检测,并在提供或者断开电源时对器件进行复位。该功能对电池供电的应用尤其重要。

(4) 超快速的 1 μs DCO 启动使基于 MSP430 的系统能够尽量长时间地保持低功耗模式,从而延长电池使用寿命。DCO 可全面实现用户编程。

1.1.2　高集成度的模块和智能外设

MSP430 系列单片机拥有卓越的高集成度,集成各种智能外设,各种高性能的模拟与数字外设可大幅减少 CPU 的工作量。

1. 智能外设

MSP430 系列单片机的外设确保实现最强大的功能,并以最低功耗提供系统级中断、复位和总线判优。许多外设都能自动工作,因而最大限度减少了 CPU 处于工作模式的时间。

2. 高性能集成

超过 200 种 MSP430 器件都具备高性能集成优势,完美结合了 USB、RF、LCD 控制器以及 16 位 $\Delta-\Sigma$ ADC 等。这种可扩展的产品系列使设计人员能够为众多低功耗应用选择适当的 MSP430 器件。此外,MSP430 单片机的高集成度还能支持物理尺寸较小的解决方案,进而最大限度降低整机的物料成本。

3. 集成外设

(1) 模拟部分

- ADC10/ADC10_A、ADC12/ADC12_A——ADC 模块可支持速率高达 200 kbps 的快速 10 位或 12 位模数转换。该模块采用 SAR 内核,具备 5、8、12 或 16 组输入通道、采样选择控制、1.5 V/2.5 V 参考信号发生器以及内部温度传感器等。ADC10 具备数据传输控制器(DTC),而 ADC12 则具备 16 字转换与控制缓冲器,这些新增特性使采样能够在无需 CPU 干预的情况下进行转换与存储。ADC10_A 与 ADC12_A 可在较低功耗下实现更高的分辨率。

- Analog Pool 模拟池—— Analog Pool（A－POOL)模块可配置为 ADC、DAC、比较器、SVS(电源电压监控器,Supply Voltage Supervisor) 或温度传感器,使用户仅需一次性设置就能灵活地对一系列模拟功能进行编程。

- Comparator_A、Comparator_A＋——Comparator_A /A＋ 模块可支持精确的斜率模数转换、电压监控以及外部模拟信号监控等,能够实现准确的电压与电阻值测量。该模块具有可选的低功耗模式与可编程的参考电压发生器。Comparator_A＋ 可提供 8 组输入和一个输入多路复用器。

- DAC12—— DAC12 模块是一种 12 位电压输出 DAC,具有内部或外部参考电压选项,可实现最低功耗的可编程建立时间,同时还能够配置为 8 或 12 位工作模式。当存在多组 DAC12 模块并行工作时,可以将其编成一组,实现同步更新工作。

- OpAmp—— MSP430 集成运算放大器具有单电源、低电流工作模式,轨至轨输出以及可编程建立时间等优异特性。可编程的内部反馈电阻以及多个运算放大器之间的相互连接能够实现各种软件可选择的配置选项,如:单位增益模式、比较器模式、反向 PGA、非反向 PGA、差分以及仪表放大器等。

- SD16/SD16_A—— SD16/SD16_A 模块具备多达 7 个内部参考电压为 1.2 V 的 16 位 $\Delta-\Sigma$ A/D 转换器。每个转换器拥有 8 个全差分复用的输入,如内置温度传感器。该转换器为过采样比率可选的二阶过采样 Δ-Σ 调制器,SD16_A 的过采样比率最大为 1 024,SD16 为 256。

(2) 定时器

● 基本定时器(BT)—— BT 拥有两个可串联形成 16 位定时器/计数器的独立 8 位定时器。两个定时器均可用软件进行读写。可将 BT 进行扩展以实现集成型 RTC(实时钟控制器)。内部日历系统能针对天数不足 31 天的月份进行调整补偿,而且可支持闰年的自动纠正。

● 实时时钟(RTC_A、RTC_B)—— RTC_A/B 均为 32 位硬件计数器模块,可为时钟计数器提供日历功能、灵活的可编程闹钟以及校准功能。RTC_B 集成了可转换的电池备份系统,使 RTC 能够在主系统电源出故障的情况下继续工作。

● Timer_A/Timer_B/Timer_D—— Timer_A、Timer_B 与 Timer_D 均为异步 16 位定时器/ 计数器,具备多达 7 个捕获/ 比较寄存器以及各种运行模式。该定时器可支持多种捕获/ 比较模式、PWM(脉冲宽度调制)输出与间隔定时,同时还具备广泛的中断能力。Timer_B 可提供可编程定时器长度(8、10、12 或 16 位)等更丰富特性,而 Timer_D 则支持高分辨率模式(4 ns 分辨率)。

● Watchdog+(看门狗定时器 WDT+)—— WDT+ 在发生软件问题后可执行受控系统重启。如果达到设定的时间间隔,将生成系统复位。如果应用不需要看门狗监控功能,则模块可配置为间隔定时器,并在设定的时间间隔产生中断。

(3) 系统

● 高级加密标准(AES)—— AES 加速器(CC430 器件)模块可根据高级加密标准通过硬件用 128 位密钥执行 128 位数据的加密和解密,此外也可通过用户软件进行配置。

● 掉电复位(BOR)—— BOR 电路可对低电压情况进行检测,同时复位电路能够在提供或者断开电源时通过触发上电复位(POR) 信号对器件进行复位。MSP430 单片机的零功耗 BOR 电路能够在所有低功耗模式下均保持工作状态。

● 直接存储器存取(DMA)控制器—— DMA 控制器能够在无需 CPU 干预的情况下在整个地址段上将数据从一个地址传输至另一个地址。DMA 不仅可显著增加外设模块的吞吐量,而且还能大幅降低系统功耗。该模块具有多达 3 个独立的传输通道。

● 电子数据交换(EDI)—— EDI 可通过正常的闪存存储器控制器提供更丰富的功能,如提高闪存内容的可靠性和整体系统完整性等。这对需要数据完整性且条件较恶劣的工作环境和应用领域尤其重要,如医疗应用等。通过计算多维校验和,可以进一步提高安全性。

● 硬件乘法器(MPY/MPY32)—— 硬件乘法器模块可支持 8/16 位 ×8/16 位有符号和无符号乘法,可选择性地提供乘法和加法功能。这种外设不干涉 CPU 工作,可通过 DMA 存取。所有 MSP430F5xx 和部分 MSP430F4xx 器件上的 MPY 最高可支持 32 位×32 位。

● 电源管理模块(PMM)—— PMM 既可为内核逻辑生成供电电压,同时还能为监控施加至器件的电压和针对内核生成的电压提供多种机制。此外,该模块还能够与低压降稳压器(LDO)、掉电复位(BOR)以及电源电压监控器相集成。

● 电源电压监控器(SVS)—— SVS 是一种用于监控 AVCC 电源电压或外部电压的可配置模块。当电源电压或外部电压降至用户所选阈以下时,经配置的 SVS 即可设置标志或生成上电复位(POR) 信号。

(4) 通信与接口

● 电容式触摸感应 I/O—— 集成型电容式触摸感应 I/O 模块可为触摸按钮和滑块应用提供众多优势。系统无需外部组件即能实现自振荡(降低 BOM 成本),而且能将电容(定义自振荡频率)直接相连。此外,无需外接多路复用器也能支持多个基板,而且每个 I/O 板都能直接作为电容感应输入。约 0.7 V 的磁滞可确保稳健的工作性能。控制和排序则能完全用软件完成。

● 输入/输出—— MSP430 器件拥有多达 12 个数字 I/O 实施端口。每个端口均有 8 个 I/O 引脚。每个 I/O 引脚均可配置为输入或者输出,并可被独立地读取或者写入。P1 与 P2 端口都具备中断能力。MSP430F2xx、F5xx 以及部分 F4xx 器件拥有可单独配置的内置上拉或下拉电阻。

● 1GHz 以下 RF 前端—— 1 GHz 以下的高灵活性 CC1101 收发器能提供在任何 RF 环境中实现成功通信链接所需的灵敏度和阻断性能。它不仅能耗低,而且还能支持灵活的数据速率和调制格式。

● USART (UART、SPI、I2C)—— 通用同步/异步接收/传输(USART) 外设接口支持与同一硬件模块的异步 RS - 232 和同步 SPI 通信。此外,MSP430F15x /16x USART 模块还支持 I2C 接口标准,以及可编程波特率和独立的接收与发送中断功能。

● USB——USB 模块完全符合 USB2.0 规范,并可支持控制、中断以及数据速率为 12 Mbps(全速)的批量传输。该模块支持 USB 悬挂、恢复以及远程唤醒等运行,并可配置成多达 8 组输入与 8 组输出端点。模块包括集成型物理接口(PHY)、USB 时钟生成锁相环(PLL),以及可进行总线供电与器件自行供电的高灵活电源系统。

● USCI (UART、SPI、I2C、LIN、IrDA)—— 通用串行通信接口(USCI) 模块具有两组可同时使用的独立通道。异步通道(USCI_A) 支持 UART 模式、

SPI 模式、IrDA 的脉冲形成以及 LIN 通信的自动波特率检测。同步通道
（USCI_B）支持 I2C 和 SPI 模式。

- USI（SPI、I2C）——通用串行接口（USI）模块是一种数据宽度高达 16 位
  的同步串行通信接口，可支持 SPI 与 I2C 通信，对软件的要求非常低。

(5) 计量

- ESP430（集成于 FE42xx 器件中）——ESP430CE 模块将 SD16、硬件乘法器以
  及 ESP430 嵌入式处理器引擎进行了完美的集成，非常适用于单相电能测量应
  用。该模块在无需 CPU 干预的情况下也能够独立进行测量计算。

- Scan IF（SIF）——SIF 模块是一种可编程状态机，具有能够以最低功耗自
  动测量线性或旋转运动的模拟前端。该模块支持各种类型的 LC 与阻性传
  感器和正交编码。

(6) 显示

控制器可自动生成多达 196 段的信号，能够直接驱动 LCD 显示器。
MSP430LCD 控制器可支持静态、2 组多路复用、3 组多路复用以及 4 组多路复用
LCD。LCD_A 模块包含可用于控制对比度的集成充电泵。LCD_B 功耗极低，不仅
拥有更多段而且还具备阻断功能。

1.1.3　200 多种不同功能的型号

MSP430 系列单片机有 200 多种不同功能的型号可选，其参数如下：

- 8～25 MHz 的 CPU 速度。
- 0.5～256 KB 闪存。
- 128～16 KB RAM。
- 22 种封装，引脚数从 14～113 不等：MSP430 系列拥有超过 22 种封装选
  项，能够最全面地满足终端设备以及制造工作的要求。MSP430 支持的众
  多器件还采用裸片以及裸片大小的 BGA（DSBGA）微小型封装，尺寸仅
  3 mm×3 mm。
- 低成本选择：全新的 MSP430 Value Line 系列产品可针对低成本的低端应
  用提供 ULP（超低功耗）及 16 位性能。这些价格低至 25 美分的单片机适
  用于高销量的低成本设计方案。

1.1.4　完整的开发环境方便用户开发设计

MSP430 单片机采用简单易用的 16 位 RISC CPU 架构以及简单的开发生态系统，
因而拥有极佳的易用性，完整的产业开发环境，有售价低至 20 美元的全套开发工具。

1. 16 位正交架构

MSP430 MCU 采用的 16 位架构可提供 16 个高度灵活的、可完全寻址的单周期
操作的 16 位 CPU 寄存器以及 RISC 性能。该 CPU 的现代设计不仅简洁，而且功能

十分丰富,仅采用了 27 条简单易懂的指令与 7 种统一寻址模式。

2. 完整的产业开发环境

MSP430 开发环境拥有价格低、无缝工作以及简单易用等优异特性。

- 仅需 4.3 美元即可使用 MSP430 Value Line LaunchPad 开发套件启动设计工作;
- 也可采用自适应能力强的 MSP－FET430UIF(支持所有基于闪存的 MSP430 器件的开发)开展设计工作;
- 可免费下载诸如 TI Code Composer Studio™ 或 IAR Embedded Workbench 等 IDE 软件。

1.1.5　无线应用

MSP430 系列可提供范围广泛的 ULP 解决方案,非常适用于设备跟踪、家庭/工业自动化、个人健康和健身产品以及远程传感器监控等众多无线应用。当前提供的产品选项包括 1 GHz 以下的 SoC 实施方案(CC430 系列),以及适用于 1 GHz 以下和 2.4 GHz 实施方案的配套微处理器等。

1.2　MSP430 单片机的主要产品系列

MSP430 系列单片机具有极其丰富的产品线,包括数百种不同性能和规格的单片机,给用户提供了充分的选择空间,可以满足各类应用系统的需要。

1.2.1　MSP430x1xx 系列

MSP430x1xx 系列是 TI 最早开发的产品系列,因此其中还有一些 ROM 程序存储器的型号,最前面的 5 种 MSP430C1xx 就是这种类型的。该系列单片机共有 35 种型号,功能十分齐全,其中包括早期常用的 F149、F169 以及现在经常使用的 F1611、F1612 等型号,因此是读者重点要学习的系列,主要特点如下:

基于闪存的超低功耗 MCU,提供 8 MIPS,工作电压为 1.8～3.6 V,具有高达 60 KB 的闪存和各种高性能模拟及智能数字外设。

超低功耗低至:

- 0.1 μA RAM 保持模式;
- 0.7 μA 实时时钟模式;
- 200 μA/MIPS 工作模式;
- 在 6 μs 之内快速从待机模式唤醒。

器件参数:

- 闪存选项:1～60 KB;
- ROM 选项:1～16 KB;

- RAM 选项:512 B～10 KB;
- GPIO 选项:14、22、48 引脚;
- ADC 选项:10 和 12 位斜率 SAR;
- 其他集成外设:模拟比较器、DMA、硬件乘法器、SVS、12 位 DAC。

1.2.2　MSP430F2xx 系列

MSP430F2xx 系列是 TI 早期推出的少引脚单片机系列,并为此提供了廉价的开发工具(EZ430 - F2013 USB 仿真器),适合初学 MSP430 单片机的用户使用,总共有 48 个型号的单片机。表 1.1 列出了部分少引脚的 MSP430F2xx 系列单片机。

表 1.1　部分少引脚的 MSP430F2xx 系列单片机

型　　号	主要性能	外　　设	引　脚
MSP430F2001	1 KB Flash、128 B RAM、	比较器	14
MSP430F2002	1 KB Flash、128 B RAM	10 位 SAR A/D、支持 SPI/I2C 的 USI	14
MSP430F2003	1 KB Flash、128 B RAM	16 位 ΔΣ 型 A/D、支持 SPI/I2C 的 USI	14
MSP430F2011	2 KB Flash、128 B RAM	比较器	14
MSP430F2012	2 KB Flash、128 B RAM	10 位 SAR A/D、支持 SPI/I2C 的 USI	14
MSP430F2013	2 KB Flash、128 B RAM	16 位 ΔΣ 型 A/D、支持 SPI/I2C 的 USI	14

基于闪存的超低功耗单片机,在 1.8～3.6 V 的工作电压范围内性能高达 16 MIPS,包含极低功耗振荡器(VLO)、内部上拉/下拉电阻和低引脚数选择。

超低功耗低至:

- 0.1 μA RAM 保持模式;
- 0.3 μA 待机模式(VLO);
- 0.7 μA 实时时钟模式;
- 220 μA/MIPS 工作模式;
- 在 1 μs 之内超快速地从待机模式唤醒。

器件参数:

- 闪存选项:1～120 KB;
- RAM 选项:128 B～8 KB;
- GPIO 选项:10、16、24、32、48、64 引脚;
- ADC 选项:10 和 12 位斜率 SAR、16 位 Σ - Δ ADC;
- 其他集成外设:模拟比较器、硬件乘法器、DMA、SVS、12 位 DAC、运算放大器。

1.2.3　MSP430G2xx 系列

MSP430G2xx 系列是近几年进入市场的经济高效的 MSP430 单片机系列,其功能强大、价格低廉具有极高的性价比,在 1.8～3.6 V 的工作电压范围内性能高达 16 MIPS。包含极低功耗振荡器 (VLO)、内部上拉/下拉电阻和低引脚数选择,有 33 种型号,表 1.2 列出了部分 MSP430G2xx 系列单片机型号和主要性能。TI 有专为此系列单片机开发使用的低价开发工具 MSP430_LaunchPad。

超低功耗,低至 (@2.2V):

- $0.1\ \mu A$ RAM 保持模式;
- $0.4\ \mu A$ 待机模式 (VLO);
- $0.7\ \mu A$ 实时时钟模式;
- $220\ \mu A/MIPS$ 工作模式;
- 超快速地从待机模式唤醒 $<1\ \mu s$。

器件参数:

- 闪存选项:0.5～2 KB;
- RAM 选项:128 B;
- GPIO 选项:10、16、24 引脚;
- ADC 选项:10 位斜率 SAR;
- 其他集成外设:模拟比较器。

表 1.2 部分少引脚的 MSP430G2xx 系列单片机

型 号	主要性能	外 设	引 脚
MSP430G2001	512 B Flash、128 B RAM		14
MSP430G2101	1 KB Flash、128 B RAM		14
MSP430G2111	1 KB Flash、128 B RAM	比较器	14
MSP430G2121	1 KB Flash、128 B RAM	用于 SPI/I2C 的 USI	14
MSP430G2131	1 KB Flash、128 B RAM	10 位 SAR A/D,支持 SPI/I2C 的 USI	14
MSP430G2201	2 KB Flash、128 B RAM		14
MSP430G2211	2 KB Flash、128 B RAM	比较器	14
MSP430G2221	2 KB Flash、128 B RAM	用于 SPI/I2C 的 USI	14
MSP430G2231	2 KB Flash、128 B RAM	10 位 SAR A/D,支持 SPI/I2C 的 USI	14
MSP430G2253	2 KB Flash、256 B RAM	10 位 A/D	20
MSP430G2353	4 KB Flash、256 B RAM	两个 16 位 Timer_A	20
MSP430G2453	8 KB Flash、512 B RAM	比较器	20
MSP430G2553	16 KB Flash、512 B RAM	支持 SPI/I2C IrDA 的 USCI	20

1.2.4 MSP430x4xx 系列

基于 LCD 闪存或 ROM 的器件系列,提供 8～16 MIPS,包含集成 LCD 控制器,工作电压为 1.8～3.6 V,具有 FLL 和 SVS。该系列是低功耗测量和医疗应用的理想选择,有 50 种型号。内部有运算放大器和 LCD 控制器,适合做手持测量仪器和医疗仪器等。

超低功耗低至:

- 0.1 μA RAM 保持模式;
- 0.7 μA 实时时钟模式;
- 200 μA/MIPS 工作模式;
- 在 6 μs 之内快速从待机模式唤醒。

器件参数:

- 闪存/ROM 选项:4～120 KB;
- RAM 选项:256 B～8 KB;
- GPIO 选项:14、32、48、56、68、72、80 引脚;
- ADC 选项:10 和 12 位斜率 SAR、16 位 Σ−Δ ADC;
- 其他集成外设:LCD 控制器、模拟比较器、12 位 DAC、DMA、硬件乘法器、运算放大器、USCI 模块。

1.2.5　CC430 RF SoC 系列

CC430 RF SoC 系列将微处理器内核、外设、软件和射频收发器紧密集成,从而创建真正简便易用的片上系统解决方案。具有低于 1 GHz 的射频收发器,工作电压为 1.8～3.6 V。

超低功耗低至:

- 1 μA RAM 保持模式;
- 1.7 μA 实时时钟模式;
- 180 μA/MIPS 工作模式。

1.3　MSP430 系列单片机的应用范围

MSP430 系列单片机优异的性能使它们能够在广泛的产业领域大显身手。

1. 计　量

MSP430 单片机的低功耗与高度模拟集成适用于仪表计量应用。该系列提供的器件经预配置后可支持单相至三相电表计量,而其他产品则需要集成用于流量计量应用的特殊扫描外设。

2. 便携式医疗

MSP430 单片机的集成模拟信号链和低功耗性能适用于众多医疗应用,特别是便携式测量设备。此外,采用 MSP430 单片机进行设计还可实现极富竞争力的成本优势,从而使全球更多患者能够获得服务。

3. 无线通信

新型 CC430 是一款外形小巧、性能优异的低成本解决方案，它在 MSP430 单片机中集成了 RF 功能。该款低功耗无线处理器十分适用于空间与成本都非常有限的应用领域，如远程传感应用等。

4. 电机控制

TI 集成型通信外设和高性能模拟外设使 MSP430 单片机成为步进控制、BLDC（无刷直流电机，Brushless Direct Current Motor）以及 DC 电机的理想选择，能充分满足打印机、风扇、天线以及玩具等众多应用的需求。

5. 电容触摸

MSP430 单片机可在无需外部组件的情况下通过片上振荡器和电容式触摸感应 I/O 实现按钮、滚轮或滑块等电容式触摸接口。免费提供的电容式触摸软件工具套件（Cap Touch Software Tool Suite）和低成本的硬件工具，可以使用户无需了解繁琐的基础理论即可快速进行应用开发。

6. 个人健康及健身

MSP430 单片机将小尺寸、低功耗、高度模拟集成与 RF 功能完美结合在一起，使设备能够监测心率、跑步速度及水缸中的氧气量等各种信号。手表中的 eZ430 - Chronos 无线开发系统还能帮助用户顺利启动设计工作。

7. 能量采集

MSP430 单片机的超低功耗与功能强大的模拟和数字接口能从周围环境中采集浪费的能源，从而可实现无需替换电池的自动供电系统。eZ430 - RF2500 - SHE 是一款完整的能量采集开发套件，能帮助用户顺利启动开发工作。

8. 照　明

MSP430 单片机的集成型高分辨率 PWM 定时器适用于 LED 调光控制等照明应用，此外还支持 DALI 与 DMX512 等多种照明协议。

9. 安　全

由于无线烟感探测器等安全监控应用需要单节电池长期持续地工作，因而低功耗是至关重要的特性，而 MSP430 单片机 正是毋庸置疑的理想选择。此外，高度的系统集成还可显著简化设计工作、降低系统成本。

1.4　MSP430F15x/16x/161x 系列简介

MSP430F15x/16x/161x 系列是目前国内常见的 MSP430x1xx 系列单片机中的一族，这个系列有 9 个型号，它们的性能比较接近，主要是存储器容量不同，见表 1.3。

表 1.3　MSP430F15x/16x/161x 系列机

型　号	存储器
MSP430F155IPM	16 KB＋256 B 闪存 512B RAM
MSP430F156IPM	24 KB＋256 B 闪存 1 KB RAM
MSP430F157IPM	32 KB＋256 B 闪存,1 KB RAM
MSP430F167IPM	32 KB＋256 B 闪存,1 KB RAM
MSP430F168IPM	48 KB＋256 B 闪存,2 KB RAM
MSP430F169IPM	60 KB＋256 B 闪存,2 KB RAM
MSP430F1610IPM	32 KB＋256 B 闪存,5 KB RAM
MSP430F1611IPM	48 KB＋256 B 闪存,10 KB RAM
MSP430F1612IPM	55 KB＋256 B 闪存,5 KB RAM

　　MSP430F15x/16x/161x 系列具有两个内置的 16 位定时器,一个微控制器配置的快速 12 位 A / D 转换器,双 12 位 D / A 转换器,一个或两个通用串行同步/异步通信接口(USART),I2C,DMA 以及 48 个 I / O 引脚。此外,MSP430F161x 系列提供扩展 RAM 寻址内存密集型应用程序和大型 C 堆栈要求。典型的应用包括传感器系统,工业控制应用,手持式仪器等。本系列单片机的主要性能如下:

- 电源电压范围:1.8～3.6 V。
- 超低功耗:
  - 激活模式:在 1 MHz、2.2 V 时,330 μA;
  - 待机模式:1.1 μA;
  - 关机模式(RAM 保持):0.2 μA;
  - 5 种省电模式;
  - 由待机模式唤醒少于 6 μs。
- 16 位 RISC 架构,125 ns 指令周期。
- 三通道内部 DMA。
- 12 位模拟至数字转换器(A/D 转换器),具有内部参考、采样、保持和自动扫描功能。
- 带同步的双 12 位数字至模拟转换器(D/A)。
- 16 位定时器 A,有 3 个捕获/比较寄存器。
- 16 位定时器 B,有 3 个或 7 个映射捕捉/比较寄存器。
- 片上比较器。
- 串行通信接口(USART0):异步 UART 或同步 SPI 或 I2C 接口功能。
- 串行通信接口(USART1):异步 UART 或同步 SPI 接口功能。
- 电源电压监控/监测,有可编程电平检测。
- 欠压检测。

● 引导加载器(BSL)。

MSP430F1611 有 48 KB＋256 B 闪存,10 KB 的 RAM 内存;

MSP430F1612 有 55 KB＋256 B 闪存,5 KB 的 RAM 内存。

1.4.1　MSP430F161x 单片机的引脚封装

MSP430F15x/16x/161x 系列 9 种单片机均采用了 64 引脚 QFP (PM) 和 64 引脚 QFN (RTD)两种封装,9 种单片机分为 3 个分系列,这 3 个分系列的引脚名称略有不同,这里仅以其中 MSP430F161x 的 3 种型号做典型介绍。MSP430F161x 的引脚封装见图 1.2。

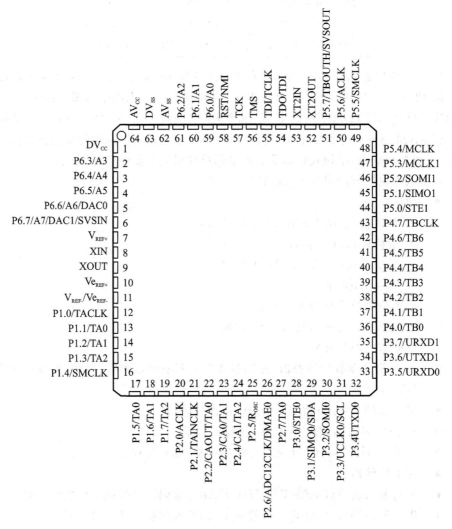

图 1.2　MSP430F161x 单片机引脚图

各引脚的功能见表 1.4。

表 1.4　MSP430F161x 单片机引脚功能

名　称	引　脚	I/O	说　明
AV$_{CC}$	64		模拟电源正端,仅供 ADC12 和 DAC12
AV$_{SS}$	62		模拟电源负端,仅供 ADC12 和 DAC12
DV$_{CC}$	1		数字电源正端,供电给所有数字部分
DV$_{SS}$	63		数字电源负端,供电给所有数字部分
P1.0/TACLK	12	I/O	通用数字 I/O 引脚/Timer_A, 时钟 TACLK 输入
P1.1/TA0	13	I/O	通用数字 I/O 引脚/Timer_A, 捕捉:CCI0A 输入, 比较:Out0 输出/BSL 发送
P1.2/TA1	14	I/O	通用数字 I/O 引脚/Timer_A, 捕捉:CCI1A 输入, 比较:Out1 输出
P1.3/TA2	15	I/O	通用数字 I/O 引脚/Timer_A, 捕捉:CCI2A 输入, 比较:Out2 输出
P1.4/SMCLK	16	I/O	通用数字 I/O 引脚/SMCLK 信号输出
P1.5/TA0	17	I/O	通用数字 I/O 引脚/Timer_A, 比较:Out0 输出
P1.6/TA1	18	I/O	通用数字 I/O 引脚/Timer_A, 比较:Out1 输出
P1.7/TA2	19	I/O	通用数字 I/O 引脚/Timer_A, 比较:Out2 输出
P2.0/ACLK	20	I/O	通用数字 I/O 引脚/ACLK 输出
P2.1/TAINCLK	21	I/O	通用数字 I/O 引脚/Timer_A, 在 INCLK 时钟信号
P2.2/CAOUT/TA0	22	I/O	通用数字 I/O 引脚/Timer_A, 捕捉:CCI0B 输入/比较器_A 输出/BSL 接收
P2.3/CA0/TA1	23	I/O	通用数字 I/O 引脚/Timer_A, 比较:Out1 输出/Comparator_A 输入
P2.4/CA1/TA2	24	I/O	通用数字 I/O 引脚/Timer_A, 比较:Out2 输出/Comparator_A 输入
P2.5/Rosc	25	I/O	通用数字 I/O 引脚/外部电阻输入定义 DCO 标称频率
P2.6/ADC12CLK/DMAE0	26	I/O	通用数字 I/O 引脚/转换时钟,12 位 ADC/ DMA 通道 0 外部触发
P2.7/TA0	27	I/O	通用数字 I/O 引脚/Timer_A, 比较:Out0 输出
P3.0/STE0	28	I/O	通用数字 I/O 引脚/从传输启用,USART0/SPI 模式
P3.1/SIMO0/SDA	29	I/O	通用数字 I/O 引脚/从机进/主机出的 USART0/SPI 模式,I2C 数据,USART0/I2C 模式
P3.2/SOMI0	30	I/O	通用数字 I/O 引脚/从机出/主机进的 USART0/SPI 模式

续表 1.4

名　称	引　脚	I/O	说　明
P3.3/UCLK0/SCL	31	I/O	通用数字 I/O 引脚/外部时钟输入,USART0/UART 或 SPI 模式,时钟输出,USART0/SPI 模式,I2C 时钟,USART0/I2C 模式
P3.4/UTXD0	32	I/O	通用数字 I/O 引脚/发送数据输出,USART0/UART 模式
P3.5/URXD0	33	I/O	通用数字 I/O 引脚/接收数据输入,USART0/UART 模式
P3.6/UTXD1	34	I/O	通用数字 I/O 引脚/发送数据输出,USART1/UART 模式
P3.7/URXD1	35	I/O	通用数字 I/O 引脚/接收数据输入,USART1/UART 模式
P4.0/TB0	36	I/O	通用数字 I/O 引脚/Timer_B, 捕获: CCI0A/B 输入, 比较: Out0 输出
P4.1/TB1	37	I/O	通用数字 I/O 引脚/Timer_B, 捕获: CCI1A/B 输入, 比较: Out1 输出
P4.2/TB2	38	I/O	通用数字 I/O 引脚/Timer_B, 捕获: CCI2A/B 输入, 比较: Out2 输出
P4.3/TB3	39	I/O	通用数字 I/O 引脚/Timer_B, 捕获: CCI3A/B 输入, 比较: Out3 输出
P4.4/TB4	40	I/O	通用数字 I/O 引脚/Timer_B, 捕获: CCI4A/B 输入, 比较: Out4 输出
P4.5/TB5	41	I/O	通用数字 I/O 引脚/Timer_B, 捕获: CCI5A/B 输入, 比较: Out5 输出
P4.6/TB6	42	I/O	通用数字 I/O 引脚/Timer_B, 捕获: CCI6A 输入, 比较: Out6 输出
P4.7/TBCLK	43	I/O	通用数字 I/O 引脚/Timer_B, TBCLK 输入时钟信号
P5.0/STE1	44	I/O	通用数字 I/O 引脚/从传输启用,USART1/SPI 模式
P5.1/SIMO1	45	I/O	通用数字 I/O 引脚/从机进/主机出的 USART1/SPI 模式
P5.2/SOMI1	46	I/O	通用数字 I/O 引脚/从机出/主机进的 USART1/SPI 模式
P5.3/UCLK1	47	I/O	通用数字 I/O 引脚/外部时钟输入,USART1/UART 或 SPI 模式,时钟输出,USART1/SPI 模式
P5.4/MCLK	48	I/O	通用数字 I/O 引脚/主系统时钟 MCLK 输出
P5.5/SMCLK	49	I/O	通用数字 I/O 引脚/分主系统时钟 SMCLK 输出
P5.6/ACLK	50	I/O	通用数字 I/O 引脚/辅助时钟 ACLK 输出
P5.7/TBOUTH/SVSOUT	51	I/O	通用数字 I/O 引脚/所有 PWM 数字输出端口切换到高阻抗-Timer_B TB0 到 TB6/SVS 比较器输出
P6.0/A0	59	I/O	通用数字 I/O 引脚/模拟输入 a0,12 - bit ADC

名　称	引　脚	I/O	说　明
P6.1/A1	60	I/O	通用数字 I/O 引脚/模拟输入 a1,12 - bit ADC
P6.2/A2	61	I/O	通用数字 I/O 引脚/模拟输入 a2,12 - bit ADC
P6.3/A3	2	I/O	通用数字 I/O 引脚/模拟输入 a3,12 - bit ADC
P6.4/A4	3	I/O	通用数字 I/O 引脚/模拟输入 a4,12 - bit ADC
P6.5/A5	4	I/O	通用数字 I/O 引脚/模拟输入 a5,12 - bit ADC
P6.6/A6/DAC0	5	I/O	通用数字 I/O 引脚/模拟输入 a6,12 - bit ADC/DAC12.0 output
P6.7/A7/DAC1/ SVSIN	6	I/O	通用数字 I/O 引脚/模拟输入 a7 - 12 - bit ADC/DAC12.1 输出/ SVS 输入
RST/NMI	58	I	复位输入,不可屏蔽中断输入口,或引导加载程序启动(闪存设备)
TCK	57	I	测试时钟,TCK 是用于器件编程测试和引导装载程序启动的 时钟输入端口
TDI/TCLK	55	I	测试数据输入或测试时钟输入。保护器件的保险丝连接到 TDI/ TCLK
TDO/TDI	54	I/O	测试数据输出端口。TDO/ TDI 数据输出或编程数据输入端
TMS	56	I	测试模式选择。TMS 被用作器件编程和测试的输入端口
VeREF+	10	I	外部参考电压输入
VREF+	7	O	ADC12 参考电压输出的正端
VREF-/VeREF-	11	I	两个源,内部参考电压或外部施加的参考电压的负端
XIN	8	I	晶体振荡器 XT1 的输入端口。可以连接标准或手表晶体
XOUT	9	O	晶体振荡器 XT1 的输出端口
XT2IN	53	I	晶体振荡器 XT2 的输入端口。只能连接标准晶体
XT2OUT	52	O	晶体振荡器 XT2 的输出端口

1.4.2　MSP430F161x 单片机的内部结构

除了 16 位 CPU 之外,MSP430F161x 单片机的内部主要由以下几部分组成,如图 1.3 所示。

1. 振荡器和系统时钟

MSP430F15x 与 MSP430F16x 系列器件的时钟系统支持基本的时钟模块,其中包括 32 768 Hz 的手表晶体振荡器,数字控制振荡器(DCO)和高频率的晶体振荡器。基本时钟模块的设计既降低了系统成本和低功耗,又兼顾了系统对速度的要求。时钟源的开启小于 6 μs。基本时钟模块提供了以下的时钟信号:

● 辅助时钟(ACLK),来自 32 768 Hz 的钟表晶体或高频晶体。

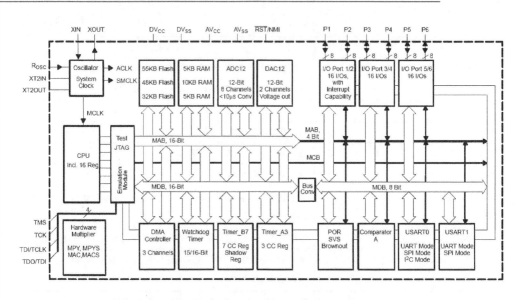

图 1.3　MSP430F161x 单片机的内部框图

- 主时钟(MCLK),CPU 所使用的系统时钟。
- 分主时钟(SMCLK),外设模块所使用的分系统时钟。

2. 硬件乘法器

硬件乘法器是一个外设模块,它不是 MSP430 CPU 的一部分。这意味着它不干扰 CPU 的工作。乘法器寄存器属于外设寄存器,可以由 CPU 用指令加载和读取。硬件乘法器支持 16×16 位,16×8 位,8×16 位,8×8 位不带符号的乘法、有符号乘法、不带符号的乘法累加和有符号乘法累加。

3. USART0

MSP430F15x 与 MSP430F16x 有一个硬件通用同步/异步接收发送(USART0)外设模块,用于串行数据通信。USART 支持同步 SPI(3 或 4 针),异步 UART 和 I2C 通信协议,使用双缓冲发送和接收通道。I2C 支持与飞利浦 I2C 规范 2.1 版兼容,并支持标准模式(100 kbps)和快速模式(高达 400 kbps)。此外,支持 7 位和 10 位器件的寻址模式以及主从模式。USART0 也支持 16 位的 I2C 数据传输,并有两个专用的 DMA 通道,以最大限度地提高总线吞吐量。丰富的中断能力也是在 I2C 模式。

4. USART1(只有 MSP430F16x/161x 型号的有)

MSP430F16x 的第二个硬件通用同步/异步接收发送(USART1)是用于串行数据通信的外设模块。USART1 支持同步 SPI(3 或 4 针)和异步 UART 通信协议,使用双缓冲的发送和接收渠道。除了不支持 I2C 之外,USART1 的操作与 USART0 相同。

5．Timer_A3

Timer_A3 是 3 个捕获/比较寄存器的 16 位定时器/计数器。Timer_A3 可以支持多个捕捉/比较，PWM 输出和间隔定时。Timer_A3 还拥有丰富的中断功能。

6．Timer_B7(只有 MSP430F16x/161x 型号的有)

Timer_B7 是 7 路捕获/比较寄存器的 16 位定时器/计数器。Timer_B7 可以支持多个捕捉/比较，PWM 输出和间隔定时。Timer_B7 还拥有丰富的中断功能。

7．比较器

比较器模块的主要功能是支持精确的斜率模拟数字转换，电池电压的监督，监测外部模拟信号

8．ADC12

ADC12 模块支持快速，12 位模拟到数字的转换。该模块实现了一个 12 位 SAR 核心，采样选择控制，参考电压发生器和一个 16 字的转换和控制的缓冲区。转换和存储无需转换和控制缓冲区，允许多达 16 个独立的 ADC 采样，无需 CPU 的任何干预。

9．DAC12

DAC12 模块是一个 12 位的 R 一阶梯电压输出 DAC。DAC12 可以使用 8 位或 12 位模式，可与 DMA 控制器一起使用。当多个 DAC12 模块都存在时，它们可能同步操作组合在一起。

10．引导加载器(BSL)

MSP430 内部有一个固化在内存中的引导装载程序，可以使用户通过 UART 串行接口访问程序闪存或 RAM。使用 BSL 功能时，大部分器件使用的引脚如下：

数据传输 13 - P1.1；

数据接收 22 - P2.2。

11．JTAG 编程调试接口

MSP430 器件具有专用的嵌入式仿真逻辑驻留于器件本身，可以通过 JTAG 访问，无需使用额外的系统资源。

12．WDT 看门狗定时器

看门狗定时器是一个 16 位定时器，可作为一个看门狗或作为一个间隔定时器。

13．DMA（Direct Memory Access,直接内存存取）

MSP430 器件具有 DMA 控制器模块，无需 CPU 干预，可以将内存中一个地址的数据直接传输到另一个地址。

14．P1~P6 I/O 数字端口

MSP430 器件拥有多达 6 个数字 I/O 端口 P1~P6，每个端口有 8 个 I/O 引脚，

每个 I/O 引脚都可被单独配置为输入或输出方向,每个 I/O 线可以被独立地读取或写入。

　　P1 与 P2 端口具有中断能力。P1 和 P2 的每个中断 I/O 线可以被单独启用和配置,在一个输入信号的上升沿或下降沿产生中断。

15. 闪存和 RAM

　　MSP430 系列单片机使用闪存/ROM 和 RAM,它们均可用于存储代码和数据。闪存/ ROM 的起始地址取决于它的量,并因器件而异,结束地址是 0FFFFH。

　　MSP430 闪存是位、字节、字寻址可编程的。闪速存储器模块有一个集成的控制器,用来控制编程和擦除操作。控制器有 3 个寄存器,一个定时发生器和一个提供编程和擦除电压的电压发生器。

1.4.3　MSP430F161x 单片机的特殊功能寄存器

　　除了硬件系统之外,MSP430F161x 单片机内部有大量特殊功能寄存器(SFR),硬件系统必须和这些寄存器共同配合,才能完成各种复杂的功能。关于这些特殊功能寄存器将在随后的章节中逐步介绍。

## 第2章

MSP430 单片机软件开发工具

汇编语言是单片机基本的编程语言,但是随着应用系统的日趋复杂和模块化程序设计的发展要求,它的一些固有缺点令使用者感到很不方便,远远不能满足设计者的需求,于是基于高级语言的单片机编程语言应运而生,其中应用最为广泛的当属 C 语言。C 语言是源于编写 UNIX 操作系统的一种结构化语言,可以产生紧凑的代码,由于它将汇编语言中许多原来需要人工处理的事情都交给编译系统去做了,因此大大地减少了人工处理的工作量。具有许多汇编语言所没有的特点:

- 它是高级语言,结构化的控制语句具有接近人类语言的优点,语句可读性强,容易理解。编程简单灵活,语句简明直观。
- 丰富的数据类型和强大的数据运算功能使得 C 语言能处理非常复杂的数学运算,只要列出运算式和输入数据,程序就能完成十分复杂的运算。
- 能像汇编语言那样直接访问物理地址,包括位地址。程序自动分配变量地址,不必像汇编语言那样去人工分配,也不必关注单片机内部资源和程序跳转等具体的地址,大大节省了程序员的工作量。
- 每种单片机都有自己的头文件说明单片机的内部资源,用户只需加载该头文件就可以利用不同型号的单片机资源。
- C 语言中的函数便于实现模块化程序设计,大量的库函数和模块方便大型应用项目的团队合作开发。
- 可移植性强,在一种单片机中编好的程序稍加处理即可移植于不同的单片机系统。

从 1985 年开始就出现了专门用于单片机编程的 C 编译器,随后许多单片机包括 MSP430、PIC 等都推出了自己的 C 语言编译系统,极大地加速了单片机的开发进程,大大地拓展了单片机的应用范围。

2.1 MSP430 单片机 C 程序设计

根据单片机的资源特点,用于单片机的 C 语言与标准的 ANSI - C 也有一些不同,例如增加了位数据类型和相应的操作指令等,排除了一些不适于单片机使用的库函数等。因此读者在使用单片机的 C 语言时要注意这些不同的地方。

世界上有很多公司开发了用于 MSP430 单片机的 C 语言编译器,MSP430 使用较多的是 IAR 嵌入式工作平台(IAR Embedded Workbench)和 CCS(Code Composer Studio),这两种都可以用 C 语言来编写 MSP430 单片机的应用程序。另外还有一些公司的 C 编译器也可用于 MSP430 单片机的编程。本章主要以 IAR 为例介绍 MSP430 单片机的 C 语言程序设计。

C 语言作为一种高级程序设计语言,具有接近人类语言的特点。不管何种人类语言,都是由若干词汇根据语法构成一段一段的语句来表达语义的,与此类似,C 语言也是这样,它是由不同类型的数据加上运算符构成一段一段的语句来实现程序功能的。因此学习 C 语言,就要了解它的数据类型、运算符,进而了解它们又是如何构成程序语句,这些程序语句有哪些种类以及它们的功能。

2.1.1　C 语言的数据类型和运算

C 语言具有十分丰富的数据类型和运算功能,除了在数学中常用的以外,还增加了许多特殊的数据类型和运算,这使得它几乎可以处理所有的数值和逻辑运算,结合程序控制语句足以完成任何复杂和庞大的程序设计。

1. 数据类型

C 语言可以处理的数据类型包括基本类型、构造类型、指针类型和空类型 4 大类型,其中最常用的是基本类型,如图 2.1 所示。C 语言支持图 2.1 所示的基本数据类型,它们的名称、数据长度和数值范围见表 2.1。

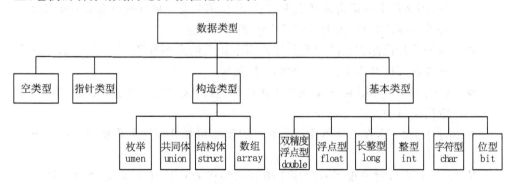

图 2.1　数据类型

表 2.1　C 语言数据类型的长度和数值范围

数据类型	名　称	长度/bit	数值范围
bit	位	1	0,1
unsigned chav	无符号字符	8	0～255
signed chav	有符号字符	8	−128～127
unsigned int	无符号整型	16	0～65 535
signed int	有符号整型	16	−32 768～32 767

续表 2.1

数据类型	名　称	长度/bit	数值范围
unsigned long	无符号长整型	32	0～4 294 967 295
signed long	有符号长整型	32	−2 147 483 648～2 147 483 647
float	浮点	32	−1.175494E−38～＋3.402823E＋38

2. C 语言的运算符和表达式

C 语言拥有最丰富的运算符,不仅可以处理单片机程序中所有的运算和逻辑问题,还可以管理和控制单片机的硬件资源和外部设备。这些运算符包括算术运算、关系运算、逻辑运算、位运算和自加减等 5 类运算符,各种运算符的名称和功能见表 2.2。

表 2.2　C 语言的运算符

分　类	运算符	名　称	备注或举例
算术运算符	＋	加法	
	−	减法	
	＊	乘法	
	/	除法	
	％	模(求余)	10％4,10 除以 4 余数为 2
	＝	赋值	
关系运算符	＜	小于	
	＞	大于	
	＜＝	小于等于	
	＞＝	大于等于	
	＝＝	测试等于	
	！＝	测试不等于	
逻辑运算符	&.&.	逻辑与	
	‖	逻辑或	
	！	逻辑非	单目
位运算符	&.	按位与	
	｜	按位或	
	＾	按位异或	
	～	按位取反	单目
	＜＜	位左移	
	＞＞	位右移	
自加减运算符	＋＋i	变量 i 自动加 1	在使用 i 之前先使 i 加 1
	－－i	变量 i 自动加 1	在使用 i 之前先使 i 减 1
	i＋＋	变量 i 自动加 1	在使用 i 之后再使 i 加 1
	i－－	变量 i 自动加 1	在使用 i 之后再使 i 减 1

23

几点说明和几个概念：

（1）双目运算符和单目运算符：只有一个运算对象的运算符称为单目运算符，有两个对象的运算符为双目运算符。除了逻辑非、按位取反、自加减这些运算符之外，其他运算符皆为双目运算符。

（2）复合赋值运算符：双目运算符可以和赋值运算符"="，组成以下 10 种复合赋值运算符：

$$+=,-=,*=,/=,\%=,<<=,>>=,\&=,\hat{}=,|=。$$

（3）数据类型强制转换：在算术运算中可以把一种类型的数据转化成另一种数据类型，以便进行算术运算。

例如：若 a 为字符型变量，x 为整型变量，当它们在一个运算式中时，在它们的前面加上其他变量类型符号就可以把它们强制转换成另一种类型。

char a;

int x;

int a 把字符型变量 a 强制转换成 int 类型；

float x 把整型变量 x 强制转换成 float 类型。

（4）常量和变量：在程序运行中其值不变的量称为常量。在程序运行中其值可以改变的量称为变量。常量和变量都可以有不同的数据类型。

（5）表达式：用运算符把运算对象连接起来的式子称为表达式。用算术运算符把运算对象连接起来的式子称为算术表达式。常量和变量是基本的运算对象。

（6）函数：C 语言中的函数与汇编语言中的子程序对应，它是指一段可以反复使用的程序。汇编中的主程序在 C 语言中称为主函数。关于函数在后面还要详细讨论。

2.1.2　C 语言的语句和程序结构

1. C 语言的语句

C 语言程序的语句可以分为以下几种：

（1）表达式：一个表达式后面加上分号";"就是一句语句。例如：一条赋值表达式加上分号。

"a=5;"C 语言的语句必须以分号结束。

（2）控制语句

C 语言有如表 2.3 所列的 8 种控制语句。其中"~"表示要执行的语句，()内是执行该语句的条件或循环的条件。例如：

```
if(i= = 2)              //执行下面大括号中语句的条件
{
    sel& = ~BIT0;       //大括号中是要执行的语句,该语句是给段码加小数点
}
```

表 2.3　C 语言的控制语句

语　句	功　能
if()…else…	条件语句
for()…	循环语句
while()…	循环语句
do…while()	循环语句
break	中止 switch 或循环语句
switch	多分支选择语句
goto	转向语句
return	从函数返回语句

（3）函数调：用一个函数加分号。例如：

delay();

（4）空语句：只有一个分号的语句，表示程序什么都不做。

（5）复合语句：用大括号把几条语句括起来，构成一条复合语句。例如：

```
{
    dis_buf[0] = keyval;
    Beep_ON;                  //若有键按下,同时蜂鸣器响一会
    DelayMs(50);
    Beep_OFF;
}
```

2. C 语言的程序结构

C 语言程序按照结构来划分，有以下 3 类：顺序结构、选择结构和循环结构。

（1）顺序结构：按照语句的排列顺序，一句接一句地执行，如图 2.2 所示。

（2）选择结构：选择语句需根据条件选择要执行的语句，有 if 和 switch 两类，if 是二分支选择，见图 2.3，当条件为真时执行 A 语句，条件为假时执行 B 语句。if 和 else 也可以组合成多选择语句和复杂的嵌套选择语句。switch/case 是多分支选择。

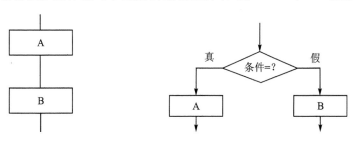

图 2.2　顺序结构语句　　　　　图 2.3　选择结构语句

MSP430超低功耗16位单片机开发实例

　　(3) 循环结构:C语言中有 while 和 for 两种循环语句。while 循环又分为两种结构,见图 2.4:图 2.4(a)就是表 2.3 中的 while()…循环,它是先测试条件,当条件为真时反复执行 A 语句,直到条件为假时停止循环。图 2.4(b)就是表 2.3 中的 do…while()循环语句,它是先执行 A 语句,再判断条件是否为真,若为真继续执行循环,为假则退出循环。

　　for 循环语句是 C 语言中最灵活也是最复杂的循环语句,完全的 for 循环形式如下:

for(表达式 1;表达式 2;表达式 3)

{语句;}

　　圆括号中的表达式 1 是初始化;表达式 2 是测试条件;表达式 3 是循环增量;下面大括号中的语句是要执行的循环体。一般的 for 循环语句执行的过程是:先对表达式 1 初始化;接着判断表达式 2 的条件是否满足,若满足则执行循环体中的语句,并计算表达式 3,然后返回头再次判断表达式 2,继续执行循环;若条件不满足则退出循环。

【例 2.1】

```
int i,sum = 0;
for(i = 0;i < 8;i + +)
sum + = i;
```

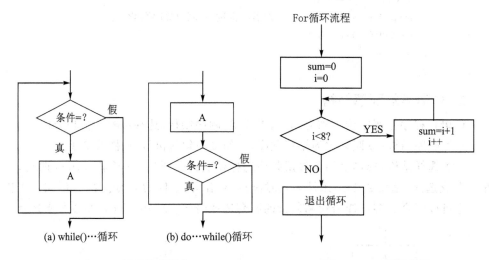

(a) while()…循环　　　(b) do…while()循环

图 2.4　循环结构语句　　　　　　　图 2.5　for 循环流程

　　例 2.1 是一段典型的 for 循环程序,这段程序的执行过程如图 2.5 所示。在某些特殊应用的地方,for 循环语句中的 3 个表达式和循环体不一定全都有,例如一个只有循环体语句没有 3 个表达式的 for 循环可以实现一个无限循环;另外在 C 程序中经常使用一个没有循环体的 for 循环作为延时程序,当使用 12 MHz 晶振时,例 2.2 的程序可以实现约 8 μs 的延时。

【例 2.2】

```
int i;
for(i = 0;i<125;i + +)
{;}
```

2.1.3　C 语言函数

　　C 语言中函数的意义与汇编语言中的子程序对应,它是指一段可以反复使用的程序。汇编语言中的主程序在 C 语言中称为主函数。一个 MSP430 C 程序中必须有一个主函数,另外还可以有若干函数(也可以没有,只有一个主函数),这些函数可以被主函数调用,它们之间也可以相互调用。C 程序的一般形式如下:

```
＃include 头文件
全局变量定义
void main(void)
{
        局部变量定义
        执行语句
}
void 函数 1(void)              //无参函数
{
        局部变量定义
        执行语句
}
返回值类型函数 2(形式参数表)      //有参函数
{
        局部变量定义
        执行语句
}
```

　　程序的开始要加入所用单片机的头文件,这些头文件以. h 为后缀,可以从单片机生产商处获得。另外有一些外部设备的驱动程序或者公共函数也会以头文件的形式给出,如果要使用它们,也需要用＃include 语句加在这里。

　　程序中如果有用到全局变量,需在主函数之前定义和说明,接着是主函数,主函数无函数类型,内部一般由两部分组成:局部变量定义和执行语句。程序从主函数开始执行,期间可以调用其他函数,执行完再返回主函数,最后在主函数中结束。

　　C 程序中一般将常用的子程序做成函数,供主函数或其他函数调用,按照有没有输入参数和返回值可以把函数分为两类:无参函数和有参函数。有参函数在被调用时,有输入参数或者在运行完后还有返回值给主函数。无参函数则没有这些。在

IAR C 语言中有参函数的一般格式如下：

　　返回值类型函数名(形式参数表)

　　{

　　　　局部变量定义

　　　　执行语句

　　}

　　无参函数和有参函数的形式其实是完全相同的,把有参函数的返回值和括号中的形式参数表写作 void,就是无参函数,可以看出主函数就是一个函数名为 main 的无参函数,无参函数的一般格式如下：

　　void 函数名(void)

　　{

　　　　局部变量定义

　　　　执行语句}

　　有参函数可以既有输入参数同时还有返回值,也可以只有其中一项,即只有输入参数或者只有返回值。下面分别说明它的参数、返回值和使用方法。

1. 有参函数的输入参数

　　有输入参数的有参函数在被调用时,要求主调函数输入参数给它,因此在有参函数的函数名后面的括号中要列出该函数需要输入的参数列表,输入参数可以同时有多个;它们可以是字符、整型数、指针、数组等各种不同的数据类型;由于这些参数并不是真正的输入参数,因此被称为形式参数。

　　主调程序在调用有输入参数的有参函数时,要用实际的参数来替换括号中的形式参数,这些参数才是被调函数实际要使用的参数,因此称为实际参数。例 2.3 是有参函数定义的例子。

【例 2.3】

```
int SendByte(unsigned char adss, unsigned char data)
{
    Start_I2C();                    //开始
    SendByte(adss);                 //发送器件地址
    if(ack = = 0) return(0);        //发送失败返回 0
    SendByte(data);                 //发送数据
    if(ack = = 0) return(0);        //发送失败返回 0
    Stop_I2C();                     
    return(1);                      //发送成功返回 1
}
```

　　这是向一个 I2C 器件内部发送一字节数据的有参函数,它有两个形参,adss 是 I2C 器件的写入地址,data 是要写入的数据,这两个形参都是无符号字符型,两个形参之间用逗号分开。

2. 有参函数的返回值

有参函数在执行完成后还可以有返回值,在定义此类有参函数时,要在函数开始的位置说明返回值的类型,同时在函数中要用 return 语句返回该值。上面例 2.3 中的函数就是一个有返回值的有参函数,它的返回值类型是 int 类型数据。发送成功返回 1,失败返回 0。

3. 有参函数的调用

有输入参数的有参函数在被其他程序调用时,主调函数要用实际的参数来替换被调函数中的形式参数,这些参数才是被调函数真正要使用的参数。实际参数和形参的数据类型要一致,否则会出错。

【例 2.4】

```
void main(void)
{
    unsigned char ad = 0x90;
    unsigned char da = 0x80;
    ...
    SendByte(ad, da);                //调用 SendByte
    ...
}
```

在主函数中调用例 2.3 中的函数,向一个写入地址为 0x90 的 I2C 器件内部发送一字节数据 0x80。

2.1.4　C 语言的构造数据类型

本节将介绍图 2.1 中提到的一类很重要的数据类型——构造数据类型。C 语句中不仅有丰富的基本数据类型,还可以由这些基本数据类型组合成有一定关联的复合数据类型,称之为构造数据类型。C 语言中有数组、结构体、指针、共用体和枚举共 5 种构造数据类型。

1. 数组

数组是若干相同类型数据的有序集合。它们是多个相同类型的数据按一定顺序集合在一起的一组数据。数组中的成员称为数组元素。它的一般形式是:

数据类型 数组名[常量表达式]

例如:"int x[5];"定义了一个具有 5 个整型数、名称为 x 的数组。数据类型规定数组中数据的类型,也就是数组的数据类型,常量表达式规定数组中元素的个数。数组中的每一个元素由数组名和它的下标唯一确定。在 C 程序中可以用数组名加下标来访问数组中的每一个元素。也可以用下面将要介绍的数组指针来访问。在定义

数组的同时,可以给数组元素赋值,可以全部元素赋值,也可以部分元素赋值。例如:

```
int x[5] = {0,1,2,3,4};              //5 个元素的整型数组,全部赋值
char a[8] = {'A','B','C','D'};        //8 个元素的字符数组,部分赋值
```

2. 指针和指针变量

程序中所用的变量必须存放在内存的某一个单元中,该内存单元的地址就是这个变量的地址,通常把这个变量的地址称为该变量的"指针"。

"指针变量"是指向某个变量的地址(指针)的变量。

例如有一个变量 x,存放在地址为 1000 的内存单元中,变量 x 的地址(指针)就是 1000。另一个变量 xp,把它存放在地址为 2000 的内存单元中,并让变量 xp 的值等于变量 x 的地址(指针),那么变量 xp 就是变量 x 的指针变量。它们的关系如图 2.6 所示。在 C 语言中指针变量的前面要加一个指针运算符"*",例如:

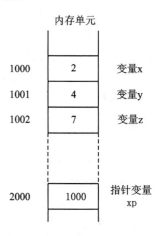

图 2.6　指针变量

```
int * xp; //定义了一个指针变量 xp
```

这个指针变量的名字是 xp,假如要让指针变量 xp 指向变量 x,在程序中要使用取地址运算符"&"加赋值运算符"=",例如:

```
int * xp;int x;            //定义了一个指针变量 xp 和一个变量 x
xp = &x;                   //让指针变量 xp 指向变量 x
```

指针可以指向变量,当然也可以指向数组。一个数组的指针就是数组的起始地址。

【例 2.5】

```
int x[5];              //定义了一个数组
int * xp;              //定义了一个指针
```

要让指针 xp 指向数组 x,有两种方法:

```
xp = &x[0];            //指针指向数组的第一个元素的地址
```

或者

```
xp = x;                //指针指向数组名
```

用指针变量可以直接引用数组元素,例 2.5 中的数组元素 x[i]可以用 *(xp+i)来表示(i=0~4),这种方法比用数组名加下标法所用的代码少、速度快,在 C 程序中常采用。例 2.6 给出一个 LED 数码管显示程序的例子,来说明用指针变量引用数组元素的方法。

【例 2.6】

```
unsigned char dis_buf[4] = {0,0,0,0};          //存放显示数据的数组
//显示函数----------------------------
void display(unsigned char idata * p)          //指针变量 p 指向存放显示数据的数组
{
    unsigned char code table[10] = {0xc0,0xf9,0xa4,0xb0,0x99,
        0x92,0x82,0xf8,0x80,0x90};             //共阳码表 0123456789
    uchar adc,i;
    for(i = 0;i<4;i ++ )
    { adc = table[ * p];                       //指针变量引用显示数组元素
      send_s(adc);
      p ++ ;                                   //指针变量加 1,指向下一个显示数组元素
    }
}
//----------------------------------
int main(void)                                 //主函数
{
    ⋮
  while(1)
    {
        ⋮
        display(dis_buf);                      //调用显示函数
        ⋮
    }
}
```

3. 结构体

　　不同类型的数据也可以组合在一起构成一组相互有关联的数据组,这就是结构体。它的一般形式是:

```
struct  结构体名
{
    结构体成员定义
};
```

结构体成员的数据类型可以是基本类型、指针、数组等多种不同类型的数据,它们的定义方法与其类型相同。例如:

```
struct stu
{
    long num;
    char name[20];
```

```
        float score[3];
    };
```

struct 是结构体的专用符号,这个结构体的名字是 stu,用来统计学生的考试成绩,包括了 3 个数据类型不同的成员,分别是学号、姓名和三科成绩。在引用结构体成员时要在成员名字前加结构体名和小数点,上例中的 3 个成员分别是 stu. num、stu. name 和 stu. score。

4. 共用体

如果把几个不同类型的数据存放在同一地址起始的内存单元中,这些数据可构成一种称为共用体的数据类型。例如:

```
union temp
{
    char tc[2];
    int tx;
};
```

上面例子中 union 是共用体的符号,temp 是该共用体的名字,它包含了字符数组 tc[2] 和整型数 tx 两个不同类型的数据,它们正好共用了两个字节的内存单元。和结构体一样,在引用共用体成员时要在成员名字前加共用体名和小数点,这里分别是 temp. tx 以及两个数组元素 temp. tc[0] 和 temp. tc[1]。如果用这个共用体存放一个 16 位温度传感器的值,只要把温度数据的高位字节存入数组元素 temp. tc[0],把低位字节存入数组元素 temp. tc[1],那么整型数 temp. tx 的值也就是传感器的温度值,如例 2.7 所示。

【例 2.7】

```
//---------------------------
int Read_Temp(void)              //读取温度
{
  union temp
    {
        char tc[2];
        int tx;
    };
  reset();
  write_byte(0xCC);              // Skip ROM
  write_byte(0xBE);              // Read Scratch Pad
  temp.tc[1] = read_byte();      //低位字节,小数
  temp.tc[0] = read_byte();      //高位字节,符号和整数位
  reset();
  write_byte(0xCC);              //Skip ROM
```

```
    write_byte(0x44);              //Start Conversion
    return temp.tx;
}
```

上面例子中函数的返回值是 temp. tx,它就是温度传感器的值。

5. 枚举

枚举是一个有名字的某些整型常量的集合。这些整型常量是该类变量所能使用的所有合法值。例如要定义一个代表星期的变量,它可以取的合法值只有 7 个,这就需要先定义一个枚举,列出该枚举所有可用的整型值,然后再定义变量。所以定义这样的变量需要分为两步:

```
enum day{1,2,3,4,5,6,7};          //定义一个名为 day 的枚举
enum d1,d2;                       //再定义了两个使用该枚举的变量 d1 和 d2
```

enum 是枚举的符号,也可以合并到一起来写:

```
enum day{1,2,3,4,5,6,7} d1,d2;
```

2.2　IAR 嵌入式工作平台

可供 MSP430 单片机程序开发的软件有很多,其中最常用的是 IAR 嵌入式工作平台(IAR Embedded Workbench)和 CCS(Code Composer Studio),它们都有免费的代码限制版,可以由 TI 公司的网站下载。

IAR Embedded Workbench 有一个代码限制 4 KB 的免费版可以下载。下载地址是:http://focus. ti. com. cn/cn/docs/toolsw/folders/print/iar－kickstart. html,如图 2.7 所示。

IAR Embedded Workbench 可供用户来编写、下载和调试自己的应用程序,编写用户程序使用汇编或者 C 语言都可以;编好的程序可以在该平台进行模拟调试;还可以直接通过并口下载线或者 USB 编程器下载程序到用户的目标实验板进行调试,该平台为用户提供了一站式的全程服务,十分方便。

2.2.1　IAR 使用说明

1. 建立工程 Project

(1) 启动窗口

IAR Embedded Workbench 运行后会弹出如图 2.8 所示的启动窗口,让用户选择要进行的工作,这里是要创建一个新工程,单击最上面的按钮。

图 2.7　IAR 嵌入式工作平台下载页面

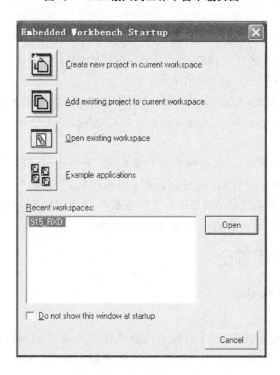

图 2.8　开始选项

(2) 选择模板

接着会出现如图 2.9 所示的"Great New Project"对话框,让用户选择新建工程的模板,这里选 C 语言模板,用默认的工具建立一个用 C 语言编程的工程,该工程自动产生了一个空的 main.c 文件,如图 2.10 所示。

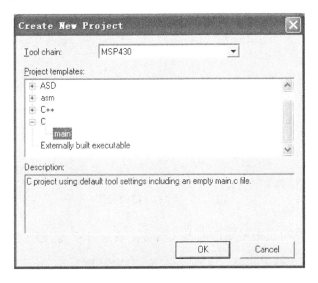

图 2.9　建立新工程模板选择

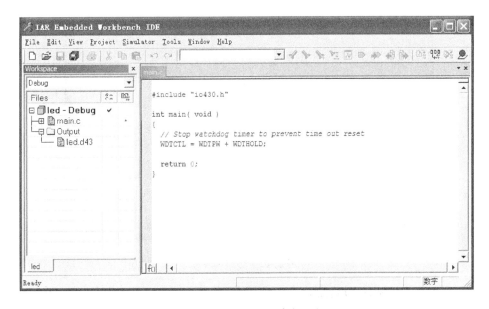

图 2.10　建立好的一个新工程

(3) 写入自己的程序

接着用户就可以在空白的 main.c 文件中写入自己的程序,如图 2.11 所示。

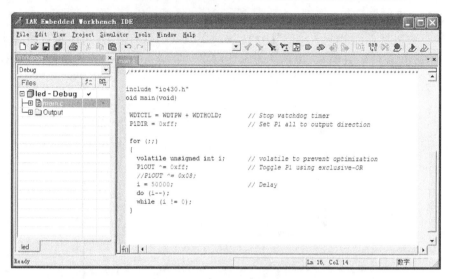

图 2.11　写入自己的程序

(4) 保存程序

用户程序编好之后,要给当前的 Workspace 命名并存盘,如图 2.12 所示。

图 2.12　保存程序

2. 设定工程选项 Options

在进行下一步工作之前,需要设定有关用户工程中使用的一些选项,主要是:所用单片机的型号、使用的调试方式和目标实验板所用的连接方式。选择 Project→Option 菜单项,就会出现如图 2.13 所示的选项设定对话框。

(1) 在 General Options 中设定目标板所用单片机的型号,如图 2.13 所示。

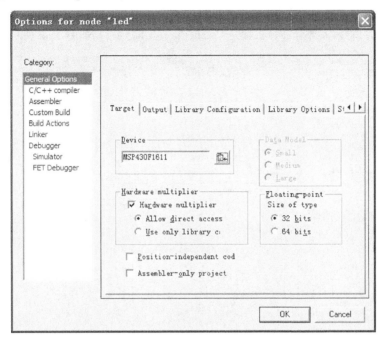

图 2.13　设定单片机型号

(2) 在 Debugger 中设定调试方式为 FET Debugger,如图 2.14 所示。

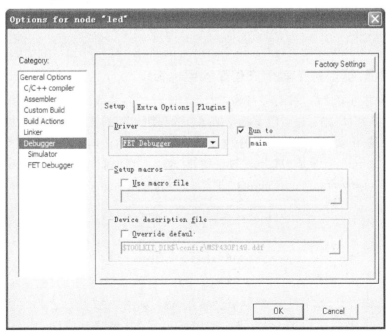

图 2.14　设定调试方式为 FET Debugger

（3）在 FET Debugger 中选择连接方式

如果用并口下载线就选 Texas Instrument LPT–I,同时在右边的下拉菜单中选择计算机所用的并口号,大部分计算机都是 Parallel port 1 即 LPT1,如图 2.15 所示。

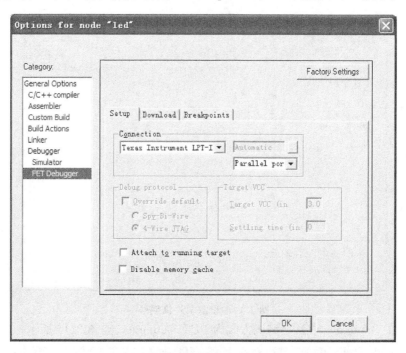

图 2.15　设定连接方式为并口 LPT1

如果用 USB 编程器就选 Texas Instrument USB–IF。

3. 编译、链接并下载用户程序到目标板

用户程序编好之后,接着要对编好的用户工程进行编译、建立链接并进行模拟调试,如果连接有目标板,还可以直接将编译好的程序代码下载到目标板。工具栏中最右边的几个按钮就是做这些工作的,如图 2.16 所示,它们的功能自左至右分别是:

编译(Compile)、生成(Make)、停止构建(Stop)、切换断点(Toggle Breakpoint)、下载并调试(Download and Debug)、不下载只调试(Debug without Downloading)。

图 2.16　工具栏中的按钮

（1）单击工具栏中的 Compile 按钮编译用户工程,如果有错误,在下面的状态栏中会显示出错情况,如果没有错误,就会编译通过,如图 2.17 所示。

（2）单击工具栏中的 Make 按钮,生成工程,如果没有错误,就会通过。如图 2.18 所示。

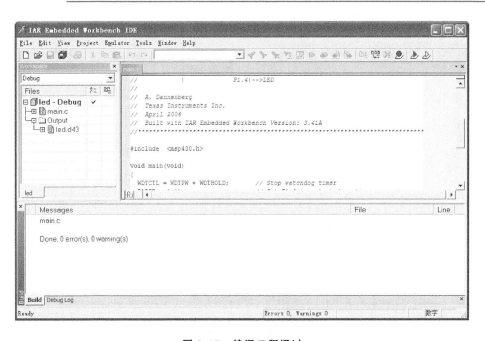

图 2.17　编译工程通过

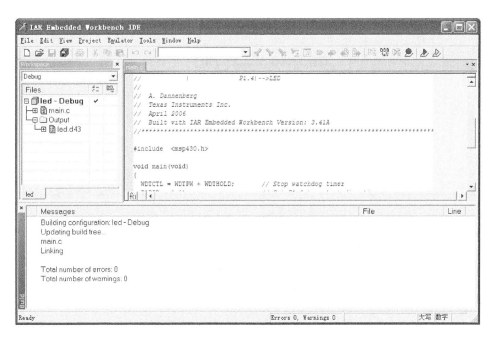

图 2.18　链接工程

（3）单击工具栏中的 Download and Debug 按钮，下载代码到目标板并准备调试。首先连接并初始化下载有关的硬件，如图 2.19 所示，硬件连接正常的话接着就会下载代码到目标板,如图 2.20 所示,这两个过程进行的很快。

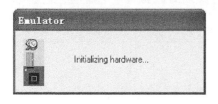

图 2.19　连接目标板

图 2.20　正在下载程序代码

(4) 下载完成后的窗口界面。

如果下载正常,下载完成后窗口界面会变成如图 2.21 所示的样子,并自动进入等待调试运行状态,光标停留在主程序 main 所在行,等待用户运行调试。

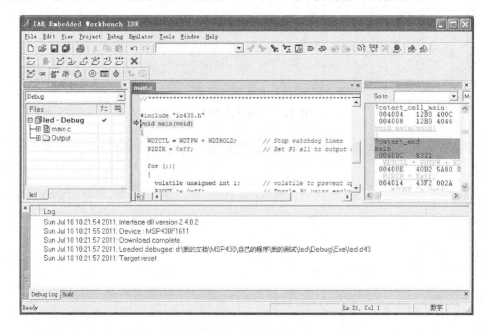

图 2.21　下载完成

(5) 下载过程中要注意的问题。

正常下载一定会经过如图 2.19 和图 2.20 所示的两个过程,即首先是连接目标板,然后才是下载代码,而且第二个过程持续的时间明显较长,时间的长短依据代码的长度会有所不同。如果没有图 2.19 出现,图 2.20 也是一闪而过,往往说明下载没有成功。其原因大致如下:

- 下载器和目标板没有连接好。
- 下载器损坏。
- 目标板上的单片机型号设置错误。

● 编程软件的版本不支持目标板上的单片机类型。

并口下载线比较皮实,不易损坏,但是 USB 接口的容易损坏,特别是第 3 章将要介绍的小型 USB 接口仿真器 EZ430－F2013 就比较娇气,在使用时要特别小心,在程序下载和仿真调试过程中,绝对不能断开仿真器或目标板,否则极易造成仿真器损坏。

4．开始仿真或直接运行应用程序

在 Debug 下拉菜单中选 Go 选项或者直接按键盘上的 F5 键,可以直接运行调试下载的程序,如图 2.22 所示。

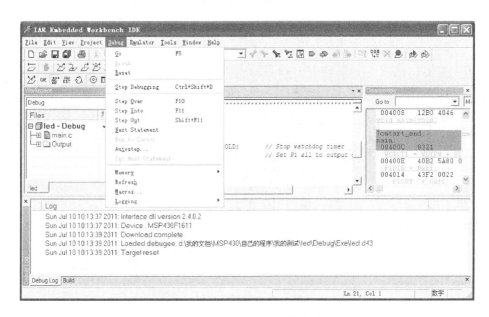

图 2.22 直接运行下载的程序

2.2.2 应用程序实例

这里给出一个简单的程序,让接在 P2 端口上的 8 个 LED 灯同时点亮,然后熄灭。

1．硬件电路图

示例所用的硬件电路原理如图 2.23 所示。单片机的型号是 MSP430F1611,8位 LED 灯接在单片机的 P2 端口。

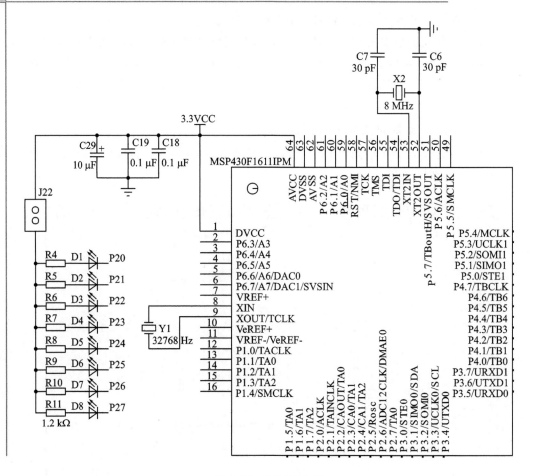

图 2.23　8 位 LED 灯

2. 程序代码

【例 2.8】　8 位 LED 排灯闪亮程序

```
// **************************************************
# include "io430.h"
void main(void)
{
    WDTCTL = WDTPW + WDTHOLD;              // 停止看门狗定时器
    P2DIR = 0xff;                          // 设定 P2 全部引脚为输出方向
    P2OUT = 0x00;

    for (;;)
    {
    volatile unsigned int i;
    P2OUT ^= 0xff;                         //异或切换 P1
```

```
    i = 50000;                              // 延时
    do (i--);
    while (i != 0);
  }
}
```

2.3　Code Composer Studio

Code Composer Studio 是德州仪器公司开发的用于 MSP430 单片机编程和调试的软件平台,同时支持该公司的 MSP430 和 C2000 系列单片机。由于是德州仪器自己开发的软件,因此它对 MSP430 的支持比较及时,一些最新的型号都支持,但是 IAR 就不行。

2.3.1　Code Composer Studio 的下载和安装

1. Code Composer Studio v4 的下载

Code Composer Studio 可供下载的最新免费版本是 v4,它有 16 KB 代码限制,可以免费编写较大的用户程序,但是下载时比较麻烦,要求下载者注册一个账户,然后要回答若干个问题,问题回答无误之后才可以允许下载。下载地址是:

http://processors. wiki. ti. com/index. php/Code_Composer_Studio_v4,如图 2.24 所示。

43

图 2.24　Code Composer Studio v4 下载页面

2. Code Composer Studio v4 的安装

Code Composer Studio v4 要求系统至少要有 1 GB 的内存,程序也比较大,只使用 MSP430 单片机的读者只需要安装 MSP430 部分就可以了,如图 2.25 所示。

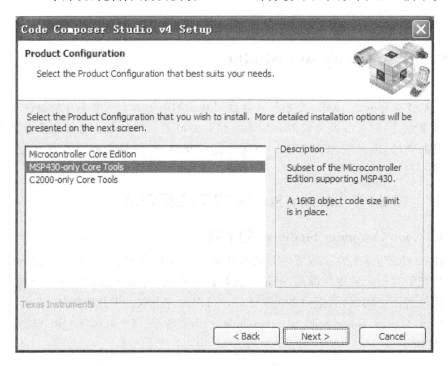

图 2.25　Code Composer Studio v4 的安装

2.3.2　Code Composer Studio 的使用

Code Composer Studio 运行之后,首先弹出如图 2.26 所示的 Code Composer Studio v4 欢迎画面,单击图中右上角的"click…",接着出现如图 2.27 所示的工作区文件夹选择对话框,设定好工作区文件夹的路径以后,单击 OK 按钮,接着进入程序主窗口。

1. 建立一个新项目

在 File 下拉菜单中选 New 选项中的 CCS Project 子选项,如图 2.28 所示,弹出如图 2.29 所示的 New CCS Project 对话框,填入新建项目的名称,单击 Next 按钮。

2. 选择项目类型

在弹出的图 2.30 所示的单片机类型选择窗口中,选择 MSP430,单击 Next 按钮,弹出如图 2.31 所示的附加选项,不用管它,采用默认设置。

3. 选择单片机类型

在如图 2.32 所示的单片机型号选择对话框中,从 Device Variant 下拉列表中选择所用的 MSP430 单片机型号,单击 Finish 按钮完成项目设定,在主窗口中出现刚才建立的项目,如图 2.33 所示。

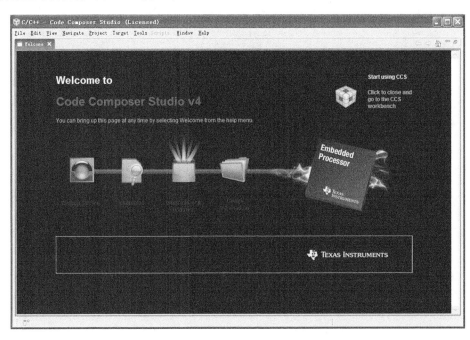

图 2.26　Code Composer Studio v4 欢迎画面

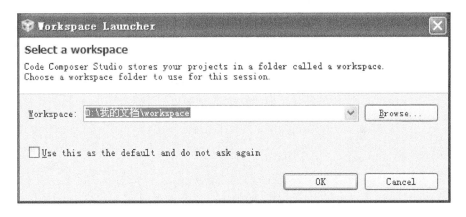

图 2.27　工作区文件夹选择

MSP430超低功耗16位单片机开发实例

46

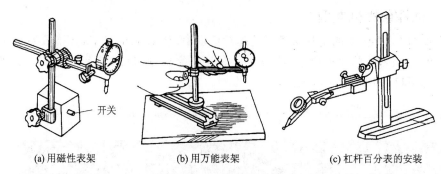

(a) 用磁性表架　　　　(b) 用万能表架　　　　(c) 杠杆百分表的安装

图 2.28　建立新项目

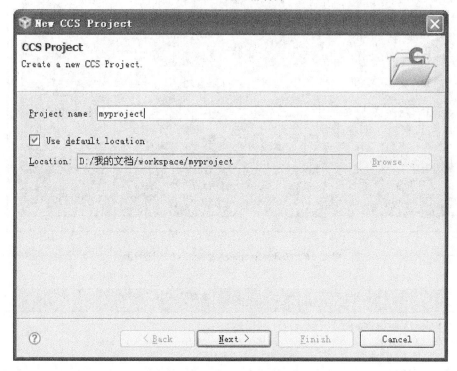

图 2.29　新建项目对话框

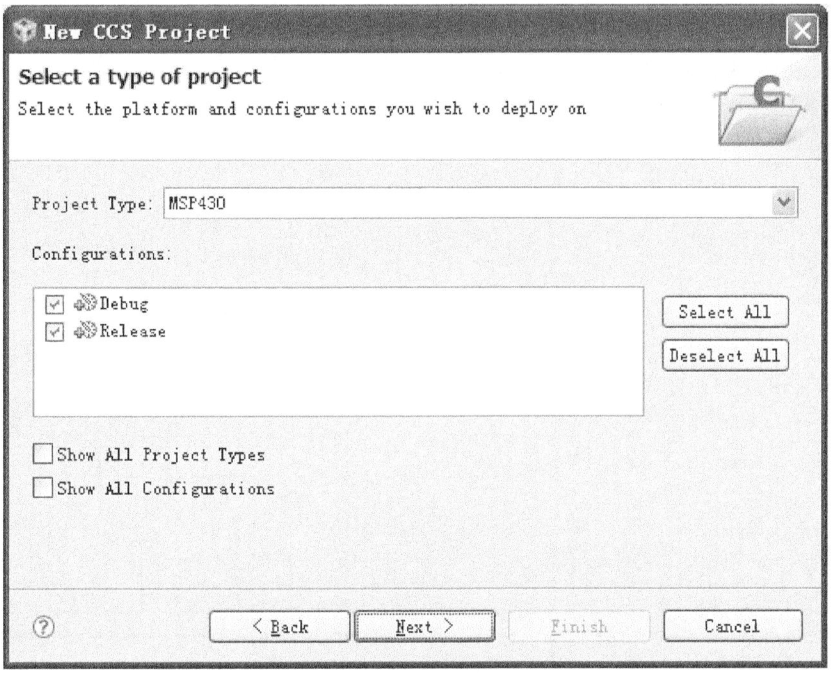

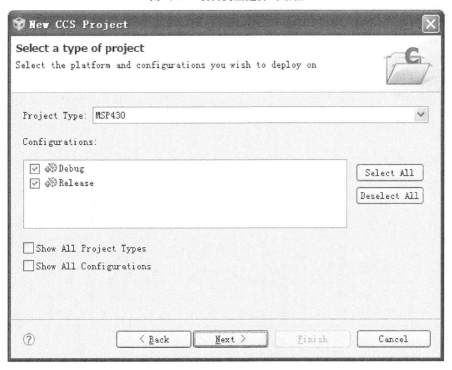

图 2.30　项目类型选择对话框

47

图 2.31　附加选项对话框

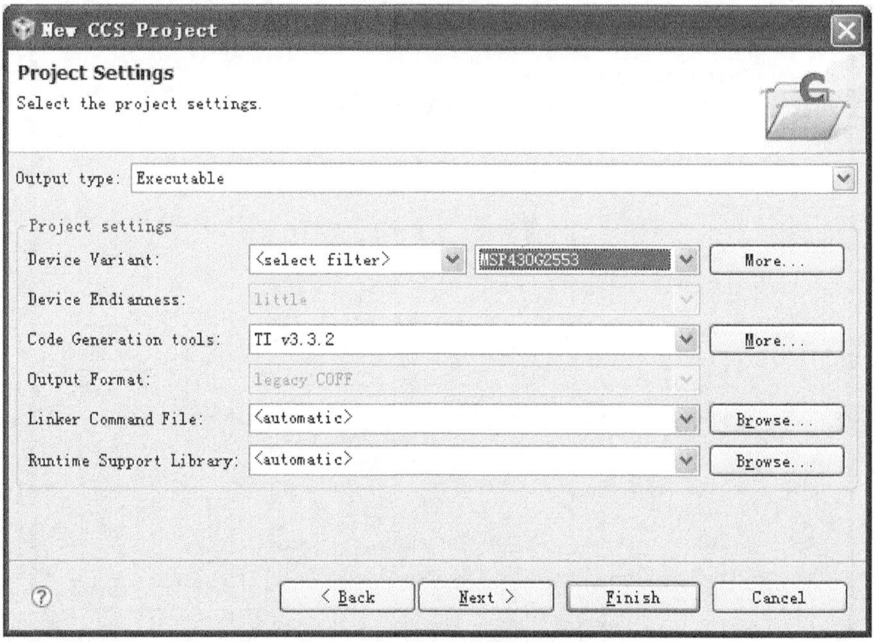

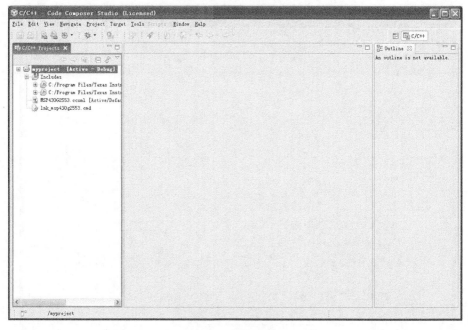

图 2.32　单片机型号选择对话框

图 2.33　新建的项目

第**3**章

MSP430 单片机编程方法和工具

现在常用的 MSP430 系列单片机都采用了非易失性 Flash 存储器(简称"闪存")来存储数据和程序运行的机器代码,过去那种使用 ROM 存储程序的单片机已经被淘汰了。闪存可以反复擦写,便于用户修改和升级程序。MSP430 系列单片机在正常工作电压下就可以对闪存进行擦写操作,因此特别适合在系统编程(In-System Program)。

在计算机上借助软件开发工具,使用某种编程语言,例如 C 语言,编写好一个单片机的应用程序,并且用该软件把程序编译成单片机所使用的机器语言代码,之后再通过计算机的某个通信接口,把该应用程序的代码写入到单片机的闪存中,这个过程就是所说的对闪存"编程",或者叫"程序代码下载"。

目前计算机上可与单片机通信的接口有 3 种:并口、RS-232 串口和 USB 接口。所有的单片机编程都是通过这 3 种接口之一进行的。

在单片机应用系统开发者中,通常把编写单片机应用程序的计算机称为上位机,接收程序代码下载的单片机应用系统称之为目标板。一般来说在上位机通信接口和单片机编程接口之间还需要有一个中介装置将上位机代码传输到目标单片机,这个传输代码的中介装置就是编程器。一个单片机编程系统就是由上位机、编程器和目标板这 3 部分组成的。

图 3.1 是一个 MSP430 系列单片机编程系统的原理框图。在 MSP430 单片机一侧可以有 BSL、JTAG、以及 SBW(Spy-Bi-Wire)二线制等 3 种接口对其闪存进行编程。早期简单的 JTAG 接口编程器使用计算机并口,BSL 接口编程器使用计算机 RS-232 串口。现在 USB 接口编程器可以可以兼容 BSL 和 JTAG 接口。

可以看出 MSP430 系列单片机具有极其丰富的编程接口,方便用户开发。这些接口的编程器用户都可以自制,特别是并口的 JTAG 编程器和串口的 BSL 编程器,根据 TI 公司为用户提供的资料,大部分开发者都有能力自制。作者已经成功自制了包括 USB 接口在内的全部 3 种编程器。另外 TI 公司还为用户提供了两种廉价的成品 USB 编程器,这样极大地方便了用户的开发工作。图 3.2 是成品和自制的编程器照片,图中上左是自制的 USB 编程器,中右是自制的串口 BSL 编程器,下面是自制的并口 JTAG 编程器,上右和中左是 TI 公司出售的两种廉价的 USB 编程器。

除了下载代码之外,通过编程器还可以仿真调试用户程序,因此编程器是开发者必不可少的工具,本章将详细介绍各类编程器的原理和自制方法。

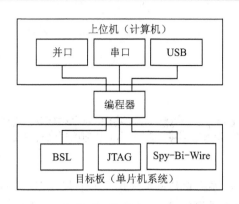

图 3.1　MSP430 系列单片机编程系统

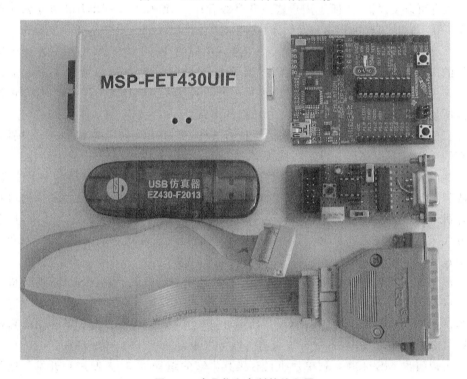

图 3.2　商品化和自制的编程器

3.1　通过 BSL 接口编程 MSP430 单片机

BSL 是 Bootstrap Loader 的缩写,即引导装载器。它是在 MSP430 单片机的存储器空间之外划定了一块大约 1 KB 的引导区,用来存放一个 BOOTROM 文件,该文件是一段闪存的读写程序,运行它就可以对单片机的闪存进行擦除和读写。该程序一般占用 0C00h~0FFFh 的地址空间。

在被编程单片机的引脚 RST 和 TCK(TEST)加上特定的电平时序信号,可启动 BSL 程序。程序启动后单片机通过 TXD 和 RXD 引脚完成和上位机的通信,通信采用 UART(通用异步收发传输器,Universal Asynchronous Receiver/Transmitter)协议。单片机接收上位机发来的命令和数据写入到闪存或 RAM 数据区,也可以读出片内闪存或 RAM 的数据发送给上位机。这样 BSL 就可以完成对一个单片机系统的编程工作。

由于这个引导程序被固化在 BOOTROM 空间内,而且是一个用户不能直接使用和修改的存储空间。因此不会丢失或者被更改,使用比较可靠。

3.1.1　BSL 接口软件原理

BSL 引导加载程序被启动之后,被编程的单片机和上位机会按照 UART 协议进行通信,上位机实现对单片机的闪存进行编程,这包括擦除、写入和读出等一系列工作,因此需要在上位机上运行一个实现这些功能的软件程序,这个程序是由 TI 公司提供给单片机用户的。

1. UART 通信协议

通信的字符格式是 8 个数据位,一个停止位和一个偶校验位。起始波特率为 9 600 bps(BSL 1.6 版本可提高波特率到 38 400 bps)。BSL 协议要求首先接收一个 80h 字符用于同步时钟,然后发送应答字符 90h。接着接收 8 个字符,并根据所收到的命令跳转到相应的命令处理程序。

2. 上位机下载软件程序

MSPFET 是常用的上位机下载软件。类似的软件还有 ZOGLAB 的 MSP430BSL‐PRO 等。MSPFET 运行后的界面如图 3.3 所示。

MSPFET 运行后,需要先做两项准备工作:一是要设定上位机使用的串口号,单击工具栏上的 SETUP 按钮,弹出如图 3.4 所示的"选项"设置对话框,在右边"当前适配器选项"的下拉列表中选"BSL",接着设定所使用的上位机串口号,这里是"COM1",其他选项采用默认值,不用管它们。然后单击"确定"按钮退出。二是在如图 3.5 所示的中间下拉列表中选择所使用的单片机型号,这里用的单片机是"MSP430F1611"。

3.1.2　BSL 接口编程器硬件电路原理

1. MSP430 单片机 BSL 接口所使用的引脚

除了少数引脚少的 MSP430 单片机,例如 F20XX 系列,不支持 BSL 之外,绝大部分 MSP430F 系列单片机都具有 BSL 接口,只是不同系列的 MSP430 单片机所使用的 BSL 版本有所不同,具体使用时要参考该系列单片机的说明书。

BSL 接口使用了 MSP430 单片机的 5 根引脚线:GND,TXD(P1.1/P1.0),RXD

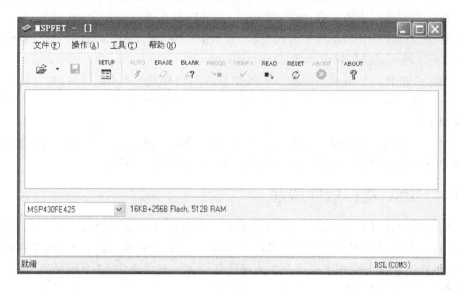

图 3.3　MSPFET 界面

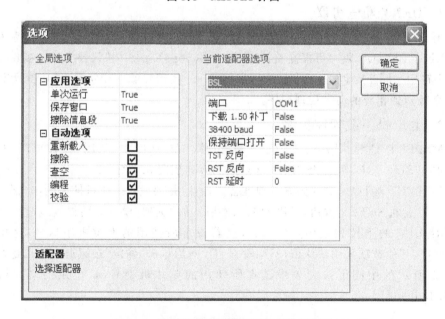

图 3.4　设定所用编程器类型和上位机端口

(P2.2/P1.1),RST,TCK(TEST),要注意其中的 TXD 和 RXD 引脚在不同系列的单片机中位置会有所不同,有的是 P1.1 和 P2.2,有一些则是 P1.0 和 P1.1。接口采用脚距为 2.54 mm 的 2×5 双排针插座,连接线为 10 芯扁平电缆。图 3.6 是 BSL 接口 10 芯双排针插座的引脚排列图。这里只用了其中 1～6 共 6 个引脚,其余不用。

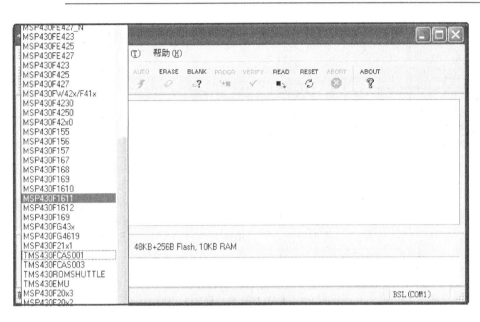

图 3.5　设定目标板单片机型号

2. BSL 接口编程器的电路原理

如前所述,编程器的功能就是在被编程的单片机目标板和上位机之间建立一个命令和数据交换通道,如果上位机的通信接口采用 RS-232 串口,那么这里的 BSL 接口编程器就是要在 MSP430 单片机的 BSL 接口引脚和上位机串口之间建立这个通道。TI 公司官方网站有推荐的 BSL 编程器的电路原理,作者据此做了少许修改,整理出了一个自制的电路图,如图 3.7 所示。

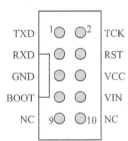

图 3.6　BSL 接口插座引脚排列

图 3.7 中的开关 S1 是外接电源开关,这里用了一块旧手机的 3.6 V 锂电作为外接电源。图中施密特反相器 74HC14 和用户目标板是由该外接电源供电的,由于图中的运放 TL062D 需要较高的正负电源(约±9 V),所以运放的电源是由串口寄生取电的。S2 是复位信号开关,在编程器工作时,要闭合该开关。

3.1.3　自制串口 BSL 接口编程器

根据电路原理图,读者完全可以自制一个 BSL,图 3.8 就是作者根据图 3.7 的原理图自制的 BSL 编程器实物照片。图中右边是 DB9 插头,接上位机 RS-232 串口,左边是 BSL 的 10 芯插座,与用户目标板 BSL 接口相连。

作者使用的目标板是一块 M430F1161 单片机的综合开发板。开发板上设置了许多外围芯片和输入输出功能电路,包括 MAX3232、MAX3485、DS1302、24C64、

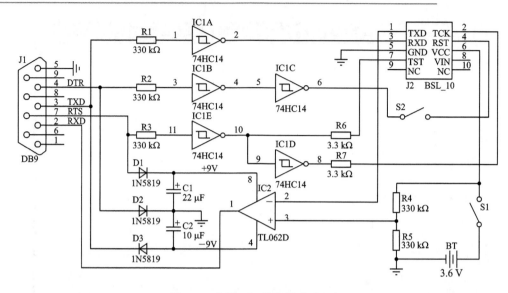

图 3.7　自制 BSL 编程器电原理图

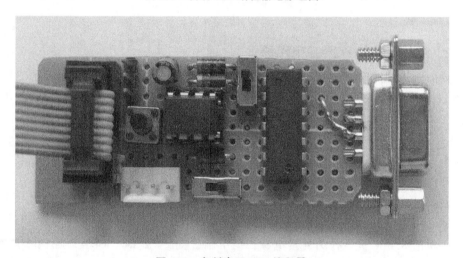

图 3.8　自制串口 BSL 编程器

DS18B20 芯片等，4×4 矩阵键盘、4 位 LED 数码管显示器、LCD 液晶显示器接口，还有其他一些可连接外部应用模块的扩展接口，当然还有 BSL 和 JTAG 编程器接口供读者进行各种编程实验。开发板使用了一块 3.6 V 的手机用锂电作为电源，BSL 编程器就不用外接电源了，如图 3.9 所示。

　　BSL 编程器一端接上位机串口，另一端接目标板，闭合目标板电源，接着就可以对目标板上的单片机编程了，把用户程序下载到目标板上单片机的闪存中，下载工作分为 3 步：

　　(1) 在 IAR 软件中调试好程序后，编译生成供下载用的. txt 文件，在 MSPFET 中打开该文件。

　　(2) 单击工具栏上的 RESET 按钮，复位单片机。

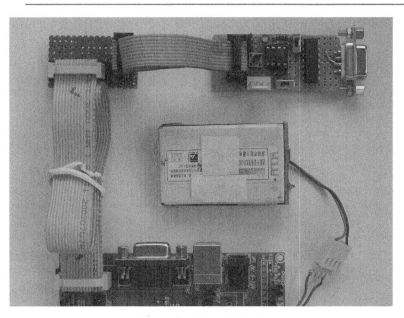

图 3.9　BSL 编程器的连接

（3）然后单击工具栏中的"AUTO"按钮即可完成对单片机的闪存编程。在下面的状态栏窗口中可以看到编程过程中每一步的说明，如图 3.10 所示。

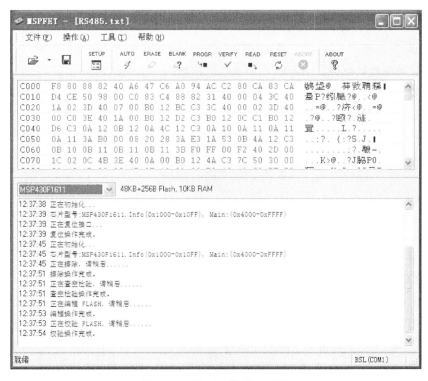

图 3.10　用 BSL 编程 FLASH

记住要闭合 BSL 上的复位开关 S2,否则在编程过程中会出现"Synchronization error"的同步错误提示。闪存编程完成之后,断开复位开关 S2,下载到目标板的程序就会开始运行。

3.2　通过 JTAG 接口编程 MSP430 单片机

JTAG(联合测试行动小组,Joint Test Action Group)是一种国际标准测试协议,主要用于芯片内部测试及对系统进行仿真、调试,JTAG 技术是一种嵌入式调试技术,它在芯片内部封装了专门的测试电路 TAP(测试访问口,Test Access Port),通过专用的 JTAG 测试工具对内部节点进行测试。

目前大多数比较复杂的器件都支持 JTAG 协议,如 ARM、DSP、FPGA 器件等,很多单片机也使用 JTAG 接口对 Flash 存储器进行编程。用于实现在系统编程(In-System Programmable,ISP)。

标准的 JTAG 接口是 4 线:TMS、TCK、TDI、TDO,分别为测试模式选择、测试时钟、测试数据输入和测试数据输出。JTAG 接口的连接有 14 针和 20 针两种标准,目前常用的是 14 针接口,是 2×7 双排针插座,跟 BSL 使用的 2×5 双排针插座相似。

3.2.1　MSP430 系列单片机的 JTAG 接口

MSP430 系列单片机都集成了 JTAG 接口,该接口遵循 IEEESTD1149.1 规定的测试访问端口状态机(TAP Controller)。它使用一个四线串行接口,数据或指令从 TDI(测试数据输入)移入;串行数据从 TDO(测试数据输出)移出;TCK(测试时钟)作为时钟信号输入;TMS(测试模式选择)信号控制 TAP 控制器的状态。利用该接口可以移入指令和数据,从而控制目标芯片的地址线和数据线,达到读写目标芯片 Flash 和仿真调试的目的。

利用该接口的优点是不需要设计额外的电路和程序,采用仿真器即可下载程序。缺点是一旦用户为了保证代码的安全,烧断了 JTAG 的熔丝,就永久性地破坏了该接口,不能再使用该接口了,这时就只能使用 BSL 接口了。

MSP430 系列单片机使用的 JTAG 接口插座的引脚定义如图 3.11 所示。

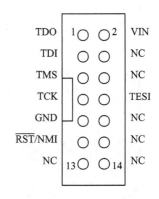

1. 四线制 JTAG 接口

MSP430 系列单片机和 JTAG 接口的连接方式如图 3.12 所示。JTAG 接口的 4 根信号线和单片

图 3.11　JTAG 接口插座引脚

机的相应引脚相连,复位信号 RST 接单片机的复位引脚。J1 是从 JTAG 接口给目标单片机供电的跳线,如果目标板本身有电源,该跳线要断开。TEST 是用于某些引脚较少的芯片,一般不用该引脚。

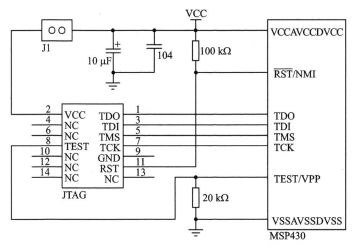

图 3.12   MSP430 系列单片机四线制 JTAG 接口连接图

2. 二线制 JTAG 接口

二线制 JTAG 只使用两根端口线,其中一根为数据线(双向),另一根为时钟线(TEST),如图 3.13 所示。

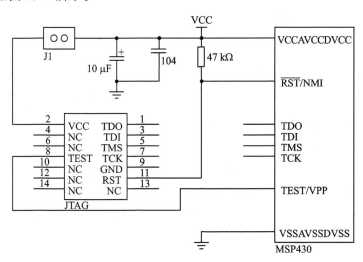

图 3.13   二线制 JTAG 接口

3.2.2   自制并口 JTAG 接口下载线

简单的 MSP430 单片机 JTAG 接口一般使用上位机的并口,在上位机并口和

MSP430 单片机之间只需要一个简单的接口电路就可以实现,这个硬件电路通常称为下载线,TI 公司给用户推荐了下载线。图 3.14 是自制电路图。图中采用 74HC244 作为 JTAG4 根信号线的锁存驱动传送到 14 芯 JTAG 接口输出插座 J2,74HC244 的电源采用寄生供电取自上位机并口,因此该电路无需外接电源。如果目标板耗电较小的话,还可闭合开关 S1 通过 JTAG 插座的引脚 2 给目标板供电。

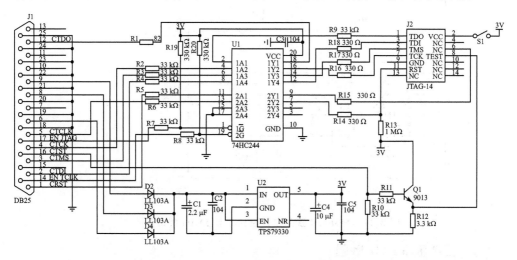

图 3.14　并口 JTAG 下载线电原理图

这个下载线比较简单,读者可以自己动手制作,图 3.15 就是根据图 3.14 制作的并口下载线实物照片。电路 PCB 板直接装在并口插头的盒子里,后面连着一条 14 芯插头线,所以把它称为下载线。

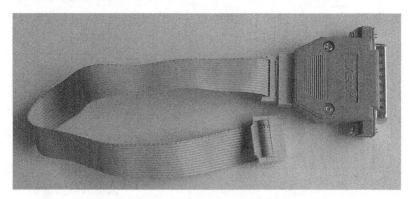

图 3.15　并口 JTAG 下载线实物照片

3.2.3　并口 JTAG 接口下载线的使用

下载线一端接目标板,另一端接上位机并口,由于目标板上的器件较多,耗电量大,因此不要用下载线给它供电,即把下载线中的开关 S1 断开,目标板另外用独立的电源。

并口下载线的上位机软件可以使用和前面 BSL 相同的软件 MSPFET，也可以使用第 2 章介绍的 IAR Embedded Workbench。

这里还是以 MSPFET 为例说明使用方法，由于下载线使用的是上位机并口，所以这里要对端口另行设置。和前面使用 BSL 接口时的设置方法类似，MSPFET 运行后，单击工具栏上面的"SETUP"按钮，弹出如图 3.16 所示的"选项"设置窗口，在右边"当前适配器选项"的下拉列表中选"FET direct access"，接着设定下面的端口为"LPT1"，然后单击"确定"按钮退出。

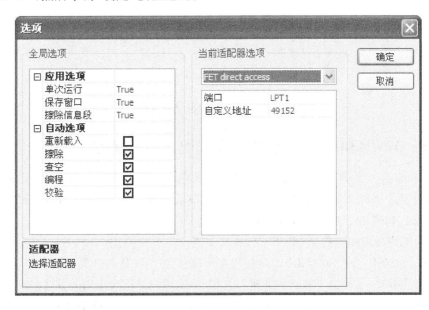

图 3.16　并行端口设置

设置完成后就可以通过下载线对目标板上的单片机编程了，编程的步骤和前面用 BSL 编程的方法完全相同，也是分 3 步进行，即载入 TXT 文件、"RESET"复位单片机和"AUTO"自动编程，这里就不再重复了。

3.2.4　MSP - FET430UIF USB 接口仿真器

前面讲的并口 JTAG 下载线现在在很多计算机上已经不能用了，因为并口在计算机中逐渐被淘汰。为此 TI 推出了 USB 接口的 MSP - FET430UIF 仿真器。

MSP - FET430UIF 主要由一片 F1612 单片机和一片 TUSB3410 芯片组成，TUSB3410 是一个 USB 转串口的桥接控制器，负责把 USB 接口电路传输的数据转换成 F1612 单片机能够接收的串口数据，然后再由 F1612 单片机把数据下载给被编程的目标单片机。

TI 有一个文件 SLAU138K 详细介绍了该接口的原理，读者可以参考。图 3.17

是自制的 MSP - FET430UIF 编程器。

图 3.17　用 TUSB3410 设计的 USB 仿真器硬件原理框图

3.2.5　MSP430F1x 系列单片机代码下载和调试

MSP430F1x 系列单片机同时支持 BSL 和 JTAG 两种接口下载器,因此可以使用前面自制的串口 BSL 或者并口 JTAG 下载该系列单片机的代码,当然也可以使用 MSP - FET430UIF USB 接口仿真器。

BSL 编程使用的软件是 MSPFET,并口 JTAG 也可以使用 MSPFET 软件,无论并口 JTAG 或 MSP - FET430UIF USB 接口都可以使用 IAR 软件开发平台,该平台既可以编写应用程序,还可以下载代码并进行模拟调试,因此是读者应用的首选。本书中的大部分应用程序都是在 IAR 软件开发平台上使用并口 JTAG 下载调试的。

3.3　EZ430 - F2013 仿真器

EZ430 - F2013 是德州仪器推出的一款廉价的 USB 接口仿真器,如图 3.18 所示。价格只有 10 美元。主要用于 MSP430F2xxx 系列单片机的仿真开发。但是这个仿真器使用不当时容易损坏。

3.3.1　EZ430 - F2013 仿真器的硬件组成

EZ430 - F2013 仿真器由两部分组成,左边是由 MSP430F2013 单片机组成的目标实验板,实验板的电路原理图如图 3.19 所示。板上有复位电路、一个 LED 发光管和 Spy - Bi - Wire 二线制编程接口。单片机上的 P1、P2 所有端口引脚都可以从目标板上引出供用户实验用。目标板通过一个 4 针接口和右边的 USB 仿真器相连,这个 4 针接口就是 Spy - Bi - Wire 二线制编程接口。

图 3.18　EZ430 - F2013 仿真器

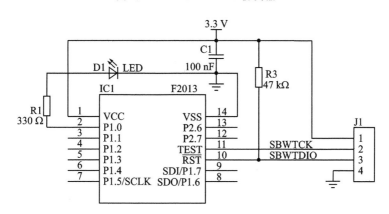

图 3.19　SPY - BI - WIRE 二线制编程接口

EZ430 - F2013 的右边是 USB 接口仿真器,它的硬件原理和前面"3.2.4 MSP - FET430UIF USB 接口"小节中所讲的基本相同。

3.3.2　SPY - BI - WIRE 二线制编程接口

EZ430 - F2013 仿真器中使用了二线制 Spy - Bi - Wire 编程调试接口,见图 3.19 中的 J1 接口。除了正负电源线之外,中间的两根线就是接口线,单片机的 RST 引脚作为数据线(双向),引脚 TEST 作为时钟线。这种接口特别适用于引脚较少的芯片。

3.3.3　EZ430 - F2013 仿真器驱动程序的安装

EZ430 - F2013 仿真器在使用时需要安装相应的驱动程序,把它插入到计算机上时,系统就会提示安装驱动。驱动程序在附带的光盘中。如果计算机上已经安装了4.0版本以上的 IAR 开发软件,该软件中有这个驱动程序,则无需插入光盘。单击浏览C盘的 C:\Program Files\IAR Systems\Embedded Workbench 4.0\430\drivers\TIUSBFET\WinXP 目录。此驱动适合 windows XP 操作系统,也同样适合 Windows 2000 操作系统。安装完成后,在设备管理器中的端口中可以看到多了一个名为 MSP-FET430UIF-Serial Port(COM4) 的串行端口,如图 3.20 所示。它就是由 EZ430-F2013 仿真器内部的 TUSB3410 芯片模拟出来的一个串口。该端口号在不同的计算机上可能不相同,有的可能是 COM5。

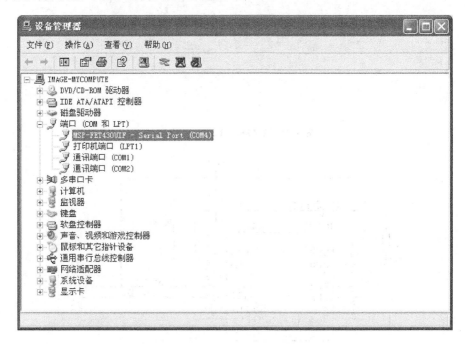

图 3.20　EZ430-F2013 驱动的安装

前面在第 2 章已经提到过这个仿真器如果使用不当,容易损坏,因此在使用时要多加小心。目标板和仿真器两部分连接好之后再接到计算机 USB 端口,在下载和仿真调试过程中,绝对不要随意断开它们,等调试完成后再断开,否则容易造成仿真器损坏。下载过程中中如果没有出现如图 2.19 所示的提示窗,只是有如图 2.20 所示的提示窗一闪而过,说明下载有问题,可按第 2 章所讲的原因查找故障。

3.3.4　用 EZ430-F2013 编程 MSP430F2xx 系列单片机

利用 EZ430-F2013 开发 MSP430F2xx 系列单片机十分方便,这里给出一个最简单的程序,功能是让接在上的 LED 灯闪烁亮灭。

1. 硬件电路图

采用 EZ430-F2013 的目标板,电路原理见图 3.19,图中的 LED 发光管接在 P1.0 端口上,P1.0 输出高电平 LED 亮。

62

2. 程序

【例 3.1】　用延时的 LED 闪亮程序

```c
#include "msp430x2013.h"
unsigned int i;
void main(void)
{
  WDTCTL = WDTPW + WDTHOLD;        // 停止看门狗
  P1DIR |= 0x01;                   // 设置 P1.0 到输出方向
  for (;;)
  {
    P1OUT ^= 0x01;                 // P1.0 取反
    i = 50000;                     // 延时
    do (i--);
    while (i != 0);
  }
}
```

3.4　MSP430_LaunchPad 仿真实验板

63

MSP430_LaunchPad 是一块低成本仿真实验板,专门用于开发 TI 最新的 MSP430G2xx 系列 16 位超低功耗单片机产品,也可以用于开发 MSP430F2xx 系列单片机。实验板具有一个基于 USB 接口的集成仿真器和一个基于 MSP430G2xx 系列单片机的实验目标板,为开发 MSP430G2xx 系列产品提供了所有必需的软硬件。图 3.21 是 MSP430_LaunchPad 实验板的实物照片。

MSP430_LaunchPad 最初的版本是 1.3,现在已经升级到 1.5 版本,新版本的硬件稍有改变,配置的单片机也改为 MSP430G2553,读者在使用时请注意。

3.4.1　MSP430_LaunchPad 的硬件组成

MSP430_LaunchPad 实验板由两部分组成,左边是 USB 接口编程器,右边是一个 MSP430G2xx 系列单片机组成的目标实验板 MSP - EXP430G2,目标板上的单片机插座支持 PDIP 封装的 14 引脚和 20 引脚的 MSP430G2xx 系列单片机,板上有复位电路、两个 LED 发光管和 Spy - Bi - Wire 二线制编程接口。单片机上的 P1、P2 所有端口引脚都可以从目标板两边的 J1 和 J2 排针插座上引出供用户实验用。目标板电原理图如图 3.22 所示。

MSP430_LaunchPad 左边是 USB 接口仿真器,这部分电路的原理和 EZ430 - F2013 仿真器的基本相同,也是主要由一片 F1612 单片机和一片 TUSB3410 芯片组成。

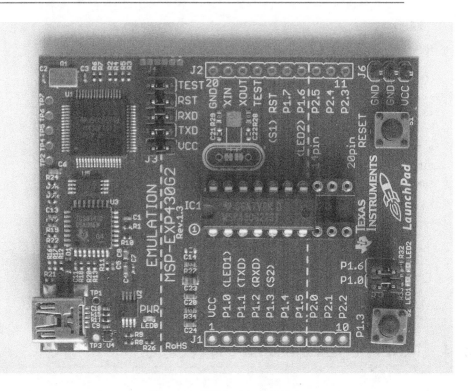

图 3.21　MSP430_LaunchPad

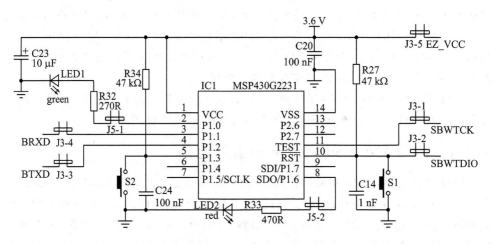

图 3.22　MSP－EXP430G2 电原理图

目标板通过一个 5×2 针跳线插座 J3 和左边的 USB 仿真器相连,J3 包括 Spy - Bi - Wire 二线制编程接口、串行数据输入输出和正电源。USB 接口仿真器的上面有个 6 针引出插座 J4,可以用来连接其他要开发的目标单片机系统,包括 MSP430G2xx 系列和 MSP430F2xx 系列单片机。J4 的引脚见表 3.1。

表 3.1　J4 的引脚

引　脚	信　号	说　明
1	TXD	UART 发送数据
2	GND	电源地
3	RST/SBWTDIO	复位/Spy – Bi – Wire 数据输入输出
4	TEST/SBWTCK	JTAG 测试端/Spy – Bi – Wire 时钟
5	VCC	电源正端
6	RXD	UART 接收数据

3.4.2　MSP430_LaunchPad 软件和驱动

MSP – EXP430G2 LaunchPad 需要采用 6.0 版本的 IAR Embedded Workbench 集成开发环境(IDE),Code Composer Studio(CCS)v4 或更高版本。低版本不支持 MSP430G2xx 系列单片机。

MSP430_LaunchPad 插到计算机上之后,驱动程序会自动被安装,如图 3.23 所示为在 Win7 中安装的 MSP – EXP430G2 驱动。

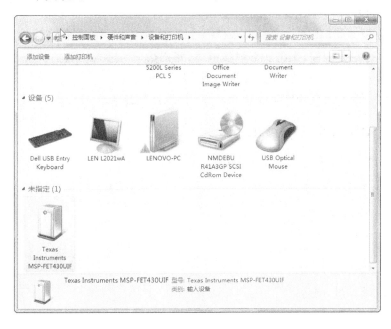

图 3.23　在 Win7 中安装的 MSP – EXP430G2 驱动

3.4.3　MSP430G2231 单片机简介

MSP430_LaunchPad 1.3 版本中目标板使用的单片机型号是 MSP430G2231,

这是一款 14 引脚的廉价单片机,但是它的主要性能依然很强大,如下所列:

- 电源电压范围:1.8～3.6 V。
- 超低功耗:
  - 激活模式:在 1 MHz,2.2 V 时,220 μA;
  - 待机模式:0.5 μA;
  - 关机模式(RAM 保持):0.1 μA。
- 5 种低功耗模式。
- 超快唤醒由待机模式唤醒小于 1 μs。
- 16 位 RISC 内核,62.5 ns 指令周期时间。
- 基本时钟模块配置:
  - 内部频率最高可达 16 MHz 带频率校准;
  - 内部极低功耗低频(LF)振荡器;
  - 32 kHz 晶体;
  - 外接数字时钟源。
- 16 位定时器 A:带两个捕捉/比较寄存器(Capture/Compare Registers)。
- 通用串行接口(USI):支持 SPI 和 I2C。
- 掉电检测器(Brownout Detector)。
- 10 位 200 ksps A/D 转换器带内部参考、采样保持器和自动扫描。
- 串行在板编程,无需外部编程电压,密码熔丝编程代码保护。
- Spy-Bi-Wire 接口的在芯片模拟器逻辑。
- 14 引脚(TSSOP)、(PDIP)和 16 引脚 QFN 封装。

3.4.4　MSP430_LaunchPad 编程示例

【例 3.2】　用中断的 LED 闪亮程序

```
# include <msp430g2231.h>

# define LED_0 BIT0
# define LED_1 BIT6
# define LED_OUT P1OUT
# define LED_DIR P1DIR

unsigned int timerCount = 0;
void main(void)
{
WDTCTL = WDTPW + WDTHOLD;        // 停止看门狗
LED_DIR |= (LED_0 + LED_1);      // 设置 P1.0 和 P1.6 到输出方向
LED_OUT &= ～(LED_0 + LED_1);     // 设置 LED 关闭

CCTL0 = CCIE;
```

```
TACTL = TASSEL_2 + MC_2;              // 设置 timer A 时钟源 SMCLCK，连续方式
// 使能中断

__enable_interrupt();

__bis_SR_register(LPM0 + GIE);      // 进入 LPM0 节能模式等待中断
}

// 定时器 Timer A0 中断服务
#pragma vector = TIMERA0_VECTOR
__interrupt void Timer_A (void)
{
timerCount = (timerCount + 1) % 8;
if(timerCount == 0)
P1OUT ^= (LED_0 + LED_1);
}
```

3.5　eZ430 - RF2500 - SHE 太阳能无线应用开发套件

　　TI 公司的 eZ430 - RF2500 - SEH 是一套太阳能供电的无线应用开发工具包，可以用来开发基于超低功耗 MSP430 单片机的无线传感器网络。

　　太阳能收集模块包括一个 2.25 inc×2.25 inc 高效太阳能电池板，无需额外的电源即可为无线传感器提供足够的功率，在室内荧光灯下工作。供电模块输入也可用热，压电或其他太阳能面板等外部能量收集器。

　　该系统还可对薄膜再充电 EnerChip 提供足够的功率，为 400 ＋传输中的额外的能量管理和存储。EnerChip 充当存储能量的缓冲器，而应用程序在休眠。电池是可充电数千次的绿色环保型，有一个非常低的自放电，对于无电源的能量收集系统这是至关重要的。

　　eZ430 - RF2500 用于运行能量收集应用程序，是一个完整的基于 USB MSP430 无线开发工具，并提供所有必要的硬件和软件，使用 MSP430F2274 单片机和 CC2500 2.4 GHz 无线收发器，包括一个 USB 调试接口，允许实时、在系统调试和为 MSP430 编程，它从无线系统中将数据传输到 PC 的接口。集成的温度和射频信号强度指示器可用于监视环境，也可以使用许多外部传感器用来收集其他数据。

　　eZ430 - RF2500 - SHE 的主要性能如下：
- 高效太阳能收集模块 eZ430 - RF2500；
- 无电池操作；
- 可在低环境光下工作；
- 在黑暗中的 400 ＋传输；
- 适应任何 RF 网络或传感器输入；

- 可输入外部能源收集器(热,压电等);
- USB 调试和编程接口使用一个应用程序后台通道到 PC;
- 18 个可用的模拟和通信输入/输出引脚;
- 高度集成,超低功耗 MSP430 单片机与 16 MHz 的性能;
- 两个绿色和红色指示灯视觉反馈;
- 用中断按钮作为用户反馈。

第 **4** 章

单片机扩展总线及其编程

单片机和外设之间的数据交换必须通过总线来进行,单片机所使用的总线主要有并行数据总线和串行数据总线两种,MSP430 有 6 个 8 位并行口,有一个或者两个串行口。

以前的共享总线方式需要数据总线、地址总线以及控制信号线共同来实现周边设备的连接,这样最少也需要数十条信号线存在。除了像主内存那种速度要求高的设备,对低速设备来说,更希望电路规模小的、少端子的连接方式。在这种应用背景下,出现了多种串行总线协议,比如 I2C,SPI,USB 等。这些总线的共同特点就是只需要很少的几根甚至一根线就可以完成复杂的外设识别和数据交换。例如由 Philips 公司推出的使用一根时钟线 SCL 和一根数据线 SDA 的 I2C 总线,由于它具有许多优异的性能,已经被很多公司所采用,在很多单片机和半导体器件中都配置了这种接口总线。另外由美国达拉斯半导体公司(Dallas Semiconductor)推出的单总线(1 - Wire Bus)技术,仅仅需要一根线也能完成双向数据交换,也在很多单片机系统中得到了广泛的应用。SPI 是 Motorola(现在是 Freescale Semiconductor)公司大力提倡的一种规格。信号线一共 4 条,如果只连接一个设备的话,将片选端子固定,就只需要 3 条连接线。

单片机系统中往往有不止一个外部设备,因此单片机和外设之间的互动必须有两项功能,一是单片机能识别不同的外设,二是数据交换。也就是说一个完整的总线系统必须具有这两项功能,因此在学习一种总线时,要从这两个方面来注意它的方法和特点。

4.1 SPI 总线

串行外围设备接口(Serial Peripheral Interface,SPI)总线技术是 Motorola 公司推出的一种同步串行接口。Motorola 公司生产的绝大多数单片机都配有 SPI 硬件接口,如 68 系列单片机。SPI 总线是一种三线同步总线,因其硬件功能很强,所以与 SPI 有关的软件就相当简单,使 CPU 有更多的时间处理其他事务。它在速度要求不高、功耗低,需要保存少量参数的智能化传感器系统中得到了广泛的应用。使用 SPI 总线接口不仅能简化电路设计,还能提高系统的可靠性。

4.1.1　SPI 总线的接口信号

SPI 总线以同步串行方式用于单片机之间或单片机和外设之间的数据交换,系统中的设备也分为主、从两种,主设备必须是单片机,从设备可以是单片机或带有 SPI 接口的芯片。但是它要使用 4 根信号线。和 I2C 总线相比多了两根信号线,除了时钟线以外,它要按数据传输方向分别使用两根数据线,另外它还有一根信号线用于选择从设备。

1. 主机输入、从机输出信号(Master In Slave Out,MISO)

该信号线在主设备中用于输入,在从设备中用于输出,由从设备向主设备发送数据。一般是先发送 MSB 最高位,后发送 LSB 最低位,若没有从设备被选中,则主设备的 MISO 线处于高阻态。

2. 主机输出、从机输入信号 (Master Out Slave In,MOSI)

该信号线在主设备中用于输出,在从设备中用于输入,由主设备向从设备发送数据。一般也是先发送 MSB 最高位,后发送 LSB 最低位。

3. 串行时钟信号(Serial Clock,SCK)

SCK 时钟信号使通过数据线传输的数据保持同步。SCK 由主设备产生,输出给从设备。通过对时钟的极性和相位的不同选择,可以实现 4 种定时关系。主设备和从设备必须在相同的时序下工作,SCK 的频率决定了总线的数据传输速率,一般可通过主设备对 SPI 控制寄存器的编程选择不同的时钟频率。

4. 从机选择信号(Slave Select,SS)

用于选择一个从机。在数据发送之前应由主机拉低为低电平,并在整个数据传输期间保持稳定的低电平不变,主机的该控制线应接上拉电阻。

4.1.2　SPI 总线的工作原理

图 4.1 为 SPI 总线内部结构示意图。SPI 的内部结构相当于两个 8 位移位寄存器首尾相接,构成 16 位的环形移位寄存器,SS 是片选信号,用于选择从设备。主设备产生 SPI 移位时钟,并发送给从设备接收。在时钟的作用下,两个移位寄存器同步移位,数据在从主机移向从机的同时,也由从机移向主机。这样在一个移位周期内(8个时钟),主、从机就实现了数据交换。

4.1.3　SPI 总线在 MSP430 单片机系统中的应用

SPI 总线可以在软件的支持下组成各种复杂的应用系统,例如由一个主 MCU (单片机)和多个从 MCU 组成的单主机系统,或由多个 MCU 组成的分布式多主机系统,但是常用的还是由一个 MCU 做主机,控制一个或几个具有 SPI 总线接口的从设备的主从系统。图 4.2 即为 MSP430 单片机做主机连接几个 SPI 总线从设备。

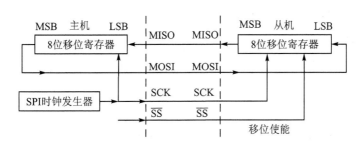

图 4.1　SPI 总线内部结构示意图

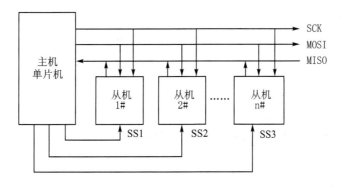

图 4.2　MSP430 单片机做主机连接几个 SPI 总线从设备

很多 MSP430 系列单片机内部的通用同步/异步接收/发送器(USART)都可以工作在 SPI 接口模式,例如 MSP430F1611 的 USART 就可以工作在 SPI 模式。用户可以直接用这个接口来控制具有 SPI 接口的外设芯片,把外设的 4 个 SPI 接口引脚和 MSP430 单片机的引脚连接在一起,并配置好 USART 接口相应的寄存器,就可以进行工作。具体的应用实例将在第 5 章介绍。

4.1.4　用普通 I/O 引脚通过软件模拟 SPI 接口

如果要使用某些没有 USART 接口的 MSP430 单片机,它们没有专用的 SPI 接口硬件,这种情况也可以用通用 I/O 端口通过软件来模拟 SPI 接口,如图 4.3 所示,可以用 P1 端口的 4 个引脚来模拟 SPI 接口。

在使用 SPI 接口外设器件的单片机系统中,单片机作为主机,外设器件作为从机。软件编程主要有两个函数,一个是主机通过 SPI 接口向从机写入一个字节,另一个是主机由从机中读出一个字节数据,下面是这两个函数的示例:

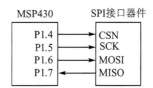

图 4.3　MSP430 普通引脚模拟控制 SPI 接口器件

```
//SPI 端口引脚定义,假定在 P3 端口

#define CSN   BIT0
#define MISO BIT1
#define SCK   BIT2
#define SCK   BIT3

#define CSN_1 P3OUT | = CSN              //CSN = 1
#define CSN_0 P3OUT & = ~ CSN            //CSN = 0
#define SCK_1 P3OUT | = SCK              //SCK = 1
#define SCK_0 P3OUT & = ~ SCK            //SCK = 0
#define MOSI_1 P3OUT | = MOSI            //MOSI = 1
#define MOSI_0 P3OUT & = ~ MOSI          //MOSI = 0

#define MISO_in   P3DIR & = ~MISO        //MISO 为输入模式
#define MISO_val P3IN & MISO             //读 MISO 的位值

P3DIR = 0xff;
```

1. 通过 SPI 总线向从器件写入单字节

```
//用 SPI 口写数据至 nRF24L01
void SpiWrite(char b)
{
  uchar i = 8;
  CSN_0;
    while (i--)
    {
        Delay(10);                       //延时
        SCK_0;
        if(b&0x80)
        {
          MOSI_1;
        }
        else MOSI_0;
        b<< = 1 ;
        Delay(10);                       //延时
        SCK_1;
        Delay(10);                       //延时
        SCK_0;
    }
    SCK_0;
    CSN_1;
}
```

2. 通过 SPI 总线由从器件读出单字节

```
//由从器件读出一字节数据
char SpiRead(void)
{
    char i = 8;
    char ddata = 0;
    CSN_0;
    MISO_in;
    while（i--）
    {
        ddata<< = 1;
        SCK_0;
        _NOP();
        _NOP();
        if(MISO_val)
          {
             ddata ++ ;
          }
        SCK_1 ;
        _NOP();
        _NOP();
    }
    SCK_0;
    CSN_1;
    return ddata;
}
```

4.1.5　软件模拟 SPI 接口程序示例

　　TLC1549 是美国德州仪器公司生产的单通道 10 位模数转换器。它采用了近似的 SPI 接口,标准的 SPI 是四线制,TLC1549 没有数据输入线,只有 DATA OUT、I/O CLOCK 和 CS 这 3 根线。图 4.4 是它的引脚图,表 4.1 列出了引脚功能。

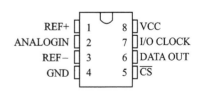

图 4.4　TLC1549 引脚

　　图 4.5 是 TLC1549 和 MSP430 单片机连接的应用电路图。

表 4.1 引脚功能

引脚号	名 称	功 能
1	REF＋	参考电压正端
2	ANALOG IN	模拟电压输入
3	REF－	参考电压负端
4	GND	地
5	CS	片选
6	DATA OUT	数据输出
7	I/O CLOCK	时钟
8	VCC	电源正

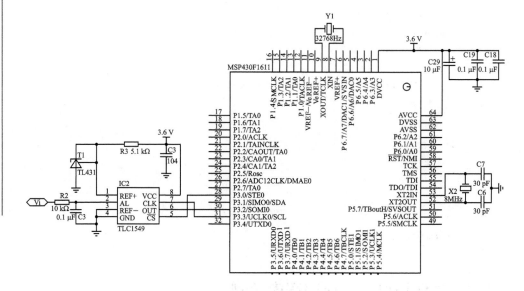

图 4.5 TLC1549 应用电路

1. TLC1549 的工作原理和时序

TLC1549 的工作过程可分为 3 个阶段:模拟量采样、模拟量转换和数字量传输。TLC1549 具有 6 种串行接口时序模式,这些模式由 I/O CLOCK 周期和 CS 定义。这 6 种模式因工作速度和是否使用片选 CS 而有所不同,使用 CS 并定时 10 个时钟的工作时序是其中最常用的一种时序,见图 4.6。

被转换的模拟量从 ANALOG IN 引脚输入,在第 3 个 I/O CLOCK 下降沿输入模拟量开始采样,采样持续 7 个 I/O CLOCK 周期,采样值在第 10 个 I/O CLOCK 下降沿锁存。当芯片选择(CS)无效情况下,I/O CLOCK 被禁止且 DATA OUT 处于高阻状态。当片选线被 CS 拉至低有效时,转换时序开始允许 I/O CLOCK 工作并使 DATA OUT 脱离高阻状态。这时主机(单片机)要把 I/O 时钟序列提供给 I/O

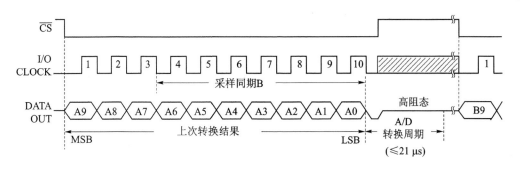

图 4.6 使用 CS 定时 10 个时钟的工作时序

CLOCK 引脚并从 DATA OUT 引脚接收前一次的转换结果。

在 CS 的下降沿，前一次转换的数据最低位 MSB 首先出现在 DATA OUT 端。10 位数据通过 DATA OUT 被发送到主机串行接口。主机至少需要发送 10 个时钟脉冲，才能获得上次的转换结果。如果 I/O CLOCK 传送大于 10 个时钟长度，那么在第 10 个时钟的下降沿，内部逻辑把 DATA OUT 拉至低电平，DATA OUT 输出一个低电平，以便串行接口传输超过 10 个时钟时，确保后面的值为零。

在第 10 个时钟的下降沿之后，由 CS 的上升沿中止数据传输，DATA OUT 返回到高阻态，并进入下一个 A/D 转换周期，从第 10 个时钟下降沿之后到一个新的转换结果能被开始送出，这期间 A/D 转换的时间不大于 21 μs。

2. TLC1549 程序示例

例 4.1 是根据图 4.5 硬件电路编写的用 TLC1549 芯片实现模数转换的程序实例。

【例 4.1】 软件模拟 SPI 接口读 TLC1549

```
//tlc1549 demo
# include <msp430x16x.h>

//TLC1549
# define cs   BIT0
# define dout BIT2
# define clk  BIT3

# define cs_1 P3OUT | = cs              //cs = 1
# define cs_0 P3OUT & = ~ cs            //cs = 0
# define clk_1 P3OUT | = clk            //clk = 1
# define clk_0 P3OUT & = ~ clk          //clk = 0

# define dout_in   P3DIR & = ~dout      //dout 为输入模式
# define dout_val P3IN & dout           //读 dout 的位值

//------------------------------------

void DelayMs(int n)
```

75

```
{ char j;
 while(n -- )
 {for(j = 0;j<115;j ++ );}
}
//-----------------------------------------
void main(void)
{
    char i;
    int result = 0;                        //转换结果存放在变量 result 中
        P3DIR = 0xff;                      //输出
    while(1)
    {
      cs_1;                                //禁止 I/O CLOCK
      cs_0;                                //使能 DATA OUT 和 I/O CLOCK
      result = 0;                          //清转换结果
        dout_in;
          for(i = 0;i<10;i ++ )            //采样 10 次,即 10 位
          {
      clk_0;
            if(dout_val)
            {
                result ++ ;
            }
            clk_1;
      result = result<<1;
          }
        DelayMs(1);
        cs_1;                              //DATA OUT 返回高阻状态

    }
}
```

4.2 I2C 总线

　　I2C(Inter - Integrated Circuit)是 Philips 公司推出的一种二线制串行总线标准,广泛应用于单片机及其可编程的外设 IC 器件中,只需要一根数据线 SDA 和一根时钟信号线 SCL 就可以在具有该总线标准的器件之间寻址和交换数据,能够极方便地构成多机系统和外围器件扩展系统。

　　I2C 总线的数据是在时钟信号线 SCL 严格的时序控制下由双向数据线 SDA 实现传输的,因此最主要的优点是简单、高效、占用的系统资源少。I2C 总线占用的空

间非常小,减少了电路板的空间和芯片引脚的数量,降低了互连成本。总线的长度可高达 25 英尺,它能够以 10 kbps 的最大传输速率支持 40 个组件。I2C 总线的另一个优点是它支持多主控(Multimastering),其中任何能够进行发送和接收的设备都可以成为主总线。一个主控能够控制信号的传输和时钟频率。当然,在任何时间点上只能有一个主控。I2C 总线优异的性能使得它在计算机外设芯片、智能传感器、家用电器控制器等各类智能化的可编程 IC 器件中得到了广泛的应用。目前有很多半导体集成电路上都集成了 I2C 接口。带有 I2C 接口的单片机有:Silicon Labs 的 CM-SP430F0XX 系列,Philips 的 P87LPC7XX 系列,ADI 的 ADUC8xx 系列等。很多外围器件如存储器、监控芯片等也提供 I2C 接口。

4.2.1　I2C 总线数据传输的原理

　　I2C 总线的时钟信号线 SCL 有一套严格的时序控制,在时钟控制下由数据线 SDA 实现双向数据传输。I2C 总线在数据传输过程中规定了开始信号、结束信号和应答信号 3 种类型的控制时序信号,用这些信号来管理数据的传输过程。数据在这些信号的控制下,按照规定的格式在数据线上传输。

1. 开始、结束和应答信号

　　● 　开始信号

　　在时钟线 SCL 保持高电平期间,数据线 SDA 上的电平负跳变定义为 I2C 总线的"开始信号"。开始信号是一种电平跳变时序信号,而不是一个电平信号,开始信号是由主控器主动建立的,在建立该信号之前,I2C 总线必须处于空闲状态,即 SDA 和 SCL 两条信号线同时处于高电平,如图 4.7 所示。

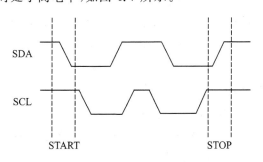

图 4.7　I2C 总线的开始信号和停止信号

　　● 　停止信号

　　在时钟线 SCL 保持高电平期间,数据线 SDA 电平的正跳变,定义为 I2C 总线的"停止信号"。停止信号也是一种电平跳变的时序信号,而不是一个电平信号。停止信号也是由主控器主动建立的,该信号之后,I2C 总线返回空闲状态,如图 4.7 所示。

　　● 　应答信号

　　接收数据的从器件 IC 在接收到 8 位数据后,向发送数据的主控 IC 发出特定的低电平脉冲,表示已收到数据。主控器向从器件发出一个信号后,等待从器件发回一个应答信号,主控器接收到应答信号后,根据实际情况做出决定,是否继续传递信号。若未收到应答信号,则判断为从器件出现故障。在 I2C 总线上所有数据都是以 8 位字节传送的,发送器每发送一个字节之后,就在时钟脉冲 9 期间释放数据线,由接收器反馈一个应答信号。应答信号为低电平时,定义为有效应答信号。对于有效应答信号的要求是,接收器在第 9 个时钟脉冲之前的低电平期间将 SDA 电平拉低,并且确保在该时钟的高电平期间为稳定的低电平。

2. 数据传送的过程

在 I2C 总线上传送的每一位数据都有一个时钟脉冲相对应。也就是说,在 SCL 时钟的配合下,数据在 SDA 数据线上一位一位地传送。数据传送时,在 SCL 高电平期间,SDA 线上的电平必须保持稳定,当 SCL 为低电平期间,才允许 SDA 线上的电平改变状态,如图 4.8 所示。

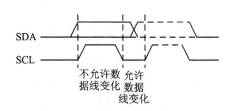

图 4.8　I2C 总线的数据传送要求

4.2.2　I2C 总线多器件控制的工作原理

由一个主控器 CPU 控制的 I2C 总线上可以同时并接多个 I2C 从器件一起工作。在主控器与从器件 IC 之间、从器件与从器件之间进行双向数据传送。各从器件并联在 I2C 总线上,每个从器件都有唯一的地址,它们互不干扰,就像电话机一样只有拨通各自的号码才能工作。主控器 CPU 发出的信号分为地址码和数据两部分,地址码用来选择器件地址,即从总线上并接的多个从器件中接通需要控制的某个从器件,然后再发送数据给该从器件。这样,各从器件虽然挂在同一条总线上,却彼此独立,互不相关。

1. 多器件连接的系统硬件电路

一个主控器 CPU 控制的 I2C 总线上并接多个 I2C 从器件时,可以把它们的 SDA 和 SCL 线并接在一起,并且要在 SDA 和 SCL 线上接上拉电阻 R,如图 4.9 所示。

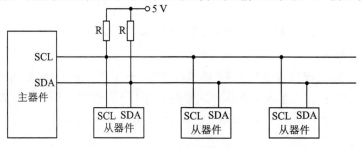

图 4.9　I2C 总线的应用电路图

2. I2C 总线的寻址方式

在一个 I2C 总线系统上可以同时连接多个具有 I2C 总线接口的器件,为了区分这些器件,需要给它们设置不同的器件地址;另外每一个器件内部还会有多个寄存器或者存储单元也需要区分,因此还需要有器件的内部地址。

(1)器件地址

不同类型器件地址码的识别是不同的,I2C 总线系统中规定,如果从机是内含 CPU 的智能器件,则地址码由其初始化程序定义;如果从器件是非智能器件,则由生产厂家在器件内部设定一个从器件地址码,该地址码根据器件的类型不同,由"I2C 总线委员会"实行统一分配。一般带 I2C 总线接口的器件,器件地址是一个字节,其中 7 位是器件地址码,高 4 位是器件类型地址,不可更改,属于固定地址;低 3 位是引脚设定地址,可以通过引脚接线状态来改变,以便在同一个系统里识别几个相同的器件;最后一位是读写码:为 0 是写操作,为 1 是读操作。

例如,Atmel 公司生产的串口 256 B 的 AT24C02,见图 4.10。它的各位地址码值见表 4.2。高 4 位是固定不变的,接下来的 3 位是由引脚设定的地址码,它的作用就是可以在同一个系统里使用几个 AT24C02,然后由这的 3 位地址码来区分它们,最多可以用 8 个。如果把引脚 A2～A0 都接地,AT24C02 的写地址码就是 0A0H,读地址码是 0A1H。

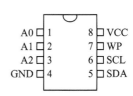

图 4.10　AT24C02

表 4.2　AT24C02 的地址码

地址码	Bit7	Bit6	Bit5	Bit4	Bit3	Bit2	Bit1	Bit0
值	1	0	1	0	A2	A1	A0	R/W

(2)器件内部地址

简单的器件内部只有一个或者几个存储器时,无需器件内部地址,但是对于内部有很多存储单元的器件,还需要有内部地址来区分它们。例如,上述 EEPROM 存储器 AT24C02,它的内部有 256 B 存储单元,因此除了器件地址之外,在读写该器件时,还需要指定要读写的内部单元地址。它的内部地址也是一个字节。对于内部存储单元数大于 256 B 的器件,例如下面将要使用的 24C64 EEPROM 存储器,它需要两个字节的内部地址。

3. I2C 总线的数据传送格式

按 I2C 总线规范的约定,主器件与从器件在 I2C 总线上进行数据传送时,传送的信息由开始信号、器件地址字节、数据字节、应答信号以及停止信号组成。开始信号表示数据传送的开始,接下来是器件地址字节,包含 7 位地址码和 1 位读/写控制位,再接下来是要传送的数据字节和应答信号,数据传输完后,主机要发出一个停止信号给从器件。I2C 总线数据传送格式如表 4.3 所列。其中的一位读/写码,当读出时＝1;当写入时＝0。

表 4.3　I2C 总线的数据传送格式

开始信号	7 位地址	读/写码	应答信号	数据字节 1	应答信号	数据字节 2	应答或非应答信号	停止信号

需要说明的是各个商家生产的器件,由于内部寄存器的数量和位数不同,因此在读写时也会有一些特殊的时序要求,数据传送格式可能与表 4.3 不完全相同,在编程时,要仔细阅读器件说明书,按照说明书的要求编制特制的读写函数,才不会出错。表 4.4 列出了本书中用到的几种 I2C 接口器件的有关参数。

表 4.4　几种 I2C 接口器件的有关参数

器件型号	器件地址	内部寄存器特点	内部寄存器寻址方式
TEA5767	C0	5 个读寄存器 5 个写寄存器	无地址,5 个按顺序连续读出或写入,不能单独读写
TMP102	90	多个内部寄存器	寄存器有地址,可单独读写
24C64	A0	多个存储单元	寄存器有地址,可单独读写

综上所述,I2C 器件在编程时要抓住两个要点:一个是它的地址,包括器件地址和内部地址;另一个是数据的传送格式,或者说是时序,不同厂商生产的的器件其数据传送格式五花八门,用户必须仔细阅读其产品说明书,按照它的时序说明编制读写程序。

4.2.3　MSP430 单片机模拟 I2C 总线

MSP430 单片机中的通用串行接口(USI)可以工作在 I2C 总线模式,但是这种模式用起来比较麻烦。

还有许多单片机本身没有这样的 I2C 总线模式功能,对于这些单片机当它与I2C 总线接口器件进行连接时,可以通过软件模拟的方法来实现这一功能。所谓软件模拟,就是用单片机的两个通用 I/O 引脚来模拟 I2C 总线的工作时序,即用一个通用的 I/O 引脚作数据传输线 SDA,另一个用作时钟线 SCL,这两个引脚都要接一个10 kΩ 的上拉电阻,例如用 MSP430 单片机对存储器 EEPROM AT24C02 进行读写,可以用 MSP430 的 P1.0、P1.1 两个引脚分别来模拟 I2C 总线的 SCL 和 SDA,这样就可以使用 I2C 总线接口器件,图 4.11 是它们的连接电路图。

硬件电路连接好以后,用单片机的 I/O 口来模拟 I2C 总线进行通信时,下一步就是要用程序来产生上述的时序信号,包括开始信号、停止信号、应答信号等,这些信号必须严格遵守 I2C 总线的通信时序要求,单片机的时钟频率也必须满足 SDA 和 SCL信号线的上升沿和下降沿的时间要求。在此基础上,再按照表 4.3 的格式读写数据。

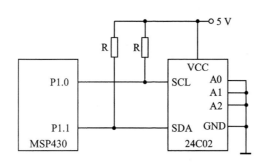

图 4.11 MSP430 与 AT24C02 的连接电路图

例 4.2 给出了根据这些要求在 IAR 中用 C 语言编写的供 MSP430 单片机使用的
I2C 读写函数包。

【例 4.2】 软件模拟 I2C 接口函数包

```
//用于 MSP430 单片机的软件模拟 I2C 接口函数包
#define   uint unsigned int
#define   uchar unsigned char

//IIC 端口定义
#define IIC_DIR    P3DIR
#define IIC_OUT    P3OUT
#define IIC_IN     P3IN

#define IIC_SCL     BIT3                      //SCL 定义 P3.3
#define IIC_SDA     BIT1                      //SDA 定义 P3.1

#define SDA_H   IIC_OUT | = IIC_SDA           //SDA = 1
#define SDA_L   IIC_OUT & = ~IIC_SDA          //SDA = 0
#define SCL_H   IIC_OUT | = IIC_SCL           //SCL = 1
#define SCL_L   IIC_OUT & = ~IIC_SCL          //SCL = 0

#define SDA_in   IIC_DIR & = ~IIC_SDA         //SDA 为输入模式
#define SDA_out IIC_DIR | = IIC_SDA           //SDA 为输出模式
#define SDA_val IIC_IN & IIC_SDA              //读 SDA 的位值

/ ****************************************
函数名称:delay
功     能:延时约 15 μs 的时间
参     数:无
返回值  :无
**************************************** /
void delay(void)
{
    uchar i;
    for(i = 0;i < 20;i ++ )
```

```
        _NOP();
}
/ * * * * * * * * * * * * * * * * * * * * * * * * * * * * * * * * * * * * * *
函数名称:start
功    能:完成 I2C 的起始条件操作
参    数:无
返回值  :无
* * * * * * * * * * * * * * * * * * * * * * * * * * * * * * * * * * * * * * * /
void start(void)
{
        IIC_DIR = I2C_SCL + IIC_SDA;              //SCL,SDA 引脚为输出

        SCL_H;
        SDA_H;
        delay();
        SDA_L;
        delay();
        delay();
        SCL_L;


}
/ * * * * * * * * * * * * * * * * * * * * * * * * * * * * * * * * * * * * * *
函数名称:stop
功    能:完成 I2C 的终止条件操作
参    数:无
返回值  :无
* * * * * * * * * * * * * * * * * * * * * * * * * * * * * * * * * * * * * * * /
void stop(void)
{
        SDA_out;                                  //SDA 输出
        SDA_L;
        delay();
        SCL_H;
        delay();
        delay();
        SDA_H;


}
/ * * * * * * * * * * * * * * * * * * * * * * * * * * * * * * * * * * * * * *
函数名称:mack
功    能:I2C 主机应答操作
参    数:无
```

返回值　:无

```
********************************************** /
void mack(void)
{
    SDA_L;
    _NOP();
    _NOP();
    SCL_H;
    delay();
    SCL_L;
    _NOP();
    _NOP();
    SDA_H;
    delay();
}
/ **********************************************
```

函数名称:mnack

功　　能:I2C 主机无应答操作

参　　数:无

返回值　:无

```
********************************************** /
void mnack(void)
{
    SDA_H;
    _NOP();
    _NOP();
    SCL_H;
    delay();
    SCL_L;
    _NOP();
    _NOP();
    SDA_L;
    delay();
}

/ **********************************************
```

函数名称:write_byte

功　　能:向 I2C 总线发送一字节数据,并读取从机应答

参　　数:wdata-- 发送的数据

返回值　:返回应答位

```
********************************************** /
uchar write_byte(uchar wdata)
```

```
{
    uchar i,temp,ack;
    SDA_out;
    for(i = 8;i > 0;i--)
    {
        temp = wdata & 0x80;
        wdata <<= 1;
        if(temp)SDA_H;
        else SDA_L;

        delay();
        SCL_H;
        delay();
        SCL_L;

    }
    SDA_in;                              //读应答位
    delay();
    SCL_H;
    delay();
    delay();
    ack = SDA_val;
    SCL_L;
    return ack;                          //返回应答位

}
/******************************************
函数名称:read_byte
功    能:从 I2C 总线读取一字节数据
参    数:无
返回值  :读取的数据
******************************************/
uchar read_byte(void)
{
    uchar  rdata = 0x00,i;

        SDA_H;
        _NOP();
        _NOP();
        SDA_in;
    for(i = 0;i < 8;i++)
```

```
    {
        SCL_H;
        delay();
        rdata << = 1;

        if(SDA_val)rdata | = 0x01;
        SCL_L;
        delay();
    }
        SDA_out;
    return rdata;
}
```

4.2.4　I2C 总线的编程示例

用模拟的 I2C 函数包可以很方便地编写读写 E²PROM 存储器 24C64 的程序。

1. 24C64 的引脚和器件地址

24C64 的引脚和器件地址与前面讲过的 24C02 完全相同,见前面的图 4.10 和表 4.2。

2. 24C64 的内部地址

24C64 每 32 个字节组成一个页面,共有 256 个页面。24C64 共有 8 192 B,每个字节 8bit。每个字节可寻址,因此它需要 13 bit 内部地址,即需要两个字节的内部地址,前面讲过的 24C02 小容量 EEPROM 只有 256 B,所以它只需要 8bit 的内部地址码就可以了。但是 24C64 在寻址时需要写入两个字节的内部地址。

3. 24C64 的读写时序

24C64 的读或者写必须按照规定的时序进行,即所有的读写都是以 START 开头,接着是写入器件地址(读或写),最后以 STOP 结束。中间有所不同,下面详述几种不同功能的读写时序:

(1) 写一个字节数据到指定地址

图 4.12 是向指定地址单元写一个字节数据的时序,在写入器件写地址之后,等待从器件应答 ACK,接着写入两位内部地址,最后再写入一字节数据,写入的这 3 个字节每一个之后都应该有从机应答 ACK,最后以 STOP 结束。

(2) 写一页字节数据到指定地址

写页面时序见图 4.13,它和写一个字节数据到指定地址的时序前面是一样的,只是后面在写入一个字节数据后接着一直写多个数据,当然每写入一个数据后要等待从机发送 ACK 应答位。

(3) 当前地址读一个字节

从当前地址读一个字节的时序见图 4.14,要注意在 START 条件之后写入的是

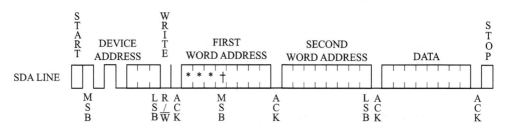

图 4.12　指定地址写一个字节数据

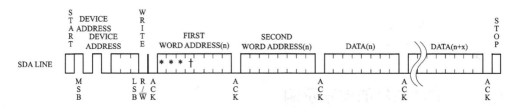

图 4.13　指定地址写一个页面数据

器件读地址,接着等待 ACK,然后读一字节数据,读数据后,没有应答位,直接以 STOP 条件结束。

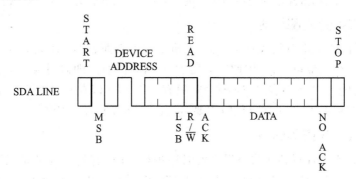

图 4.14　当前地址读一个字节

（4）指定地址读一个字节（随机读）

随机读是从指定的地址读一个字节数据,它的时序最复杂,见图 4.15。在写入两位内部地址字节之后,等待 ACK,下来又重新启动 START 条件,再写入器件读地址,收到从机 ACK 应答后,就可以读出一个字节数据,读出后,主机要发非应答位给从机,最后以 STOP 结束。

（5）连续读

在指定地址读一个字节的基础上,可以连续读多个字节,时序如图 4.16 所示。在读出每一个字节之后主机要向从机发送应答位,但是在读出最后一个字节之后要发出非应答位,最后也是以 STOP 结束。

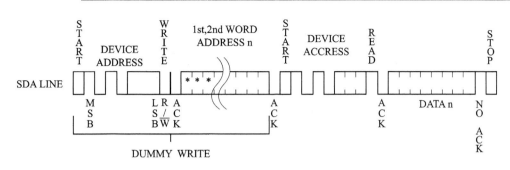

图 4.15　指定地址读一个字节

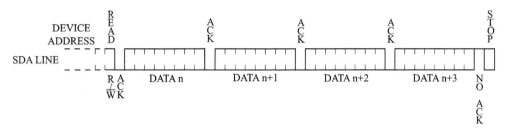

图 4.16　连续读多个字节

4. 按照读写时序编写的读写函数

按照上述读写时序编写的几个读写函数如下:

(1) 写一个字节数据到指定地址

```
/***********************************************
函数名称:Wr_1Byte
功     能:向 EEPROM 中指定地址写入 1 字节的数据
参     数:写入的数据 Wdata
          指定地址 data_addr
返回值  :无
***********************************************/
void Wr_1Byte(uint data_addr,uchar wdata)
{
    uchar addr_h;
        uchar addr_l;

        addr_h = (uchar)(data_addr>>8);
        addr_l = (uchar)data_addr;

        start();
        write_byte(device_addr);              //器件写地址
        write_byte(addr_h);                   //内部地址高位
        write_byte(addr_l);                   //内部地址低位
```

```
        write_byte(wdata);                    //一字节数据
        stop();
        DelayMs(100);                         //等待 E²PROM 完成内部写入
}
```

(2) 从当前地址读一个字节数据

```
/ * * * * * * * * * * * * * * * * * * * * * * * * * * * * * * * * * * * * *
函数名称:Rd_current
功    能:从当前地址读取一字节数据
参    数:无
返回值  :读取的数据
 * * * * * * * * * * * * * * * * * * * * * * * * * * * * * * * * * * * * * /
uchar Rd_current()
{
        uchar read_data;

        start();
        write_byte(device_addr|0x01);         //器件读地址
        read_data = read_byte();
            mnack();
        stop();
        return read_data;
}
```

(3) 从指定地址读一个字节数据

```
/ * * * * * * * * * * * * * * * * * * * * * * * * * * * * * * * * * * * * *
函数名称:Rd_byte
功    能:从指定地址读取一字节数据
参    数:read_addr 表示读取数据的地址
返回值  :读取的数据
 * * * * * * * * * * * * * * * * * * * * * * * * * * * * * * * * * * * * * /
uchar Rd_byte(uint read_addr)
{
        uchar addr_h,addr_l;
        uchar readdata;

        addr_h = (unsigned char)(read_addr>>8);
        addr_l = (unsigned char)read_addr;

        start();
    write_byte(device_addr);                  //器件写地址
        write_byte(addr_h);                   //内部地址高位
        write_byte(addr_l);                   //内部地址低位
```

```
    start();
        write_byte(device_addr|0x01);          //器件读地址

    readdata = read_byte();
    mnack();
    stop();
        return readdata;
}
```

(4) 从指定地址读取 n 个字节的数据

```
/ * * * * * * * * * * * * * * * * * * * * * * * * * * * * * * * * * * * * * * *
函数名称:Rd_NByte_Randomaddr
功      能:从 EEPROM 的指定地址读取 n 个字节的数据
参      数:readbuf 表示指向保存数据地址的指针
            n 表示读取数据的个数
            data_addr 表示数据读取的首地址
返回值   :无
 * * * * * * * * * * * * * * * * * * * * * * * * * * * * * * * * * * * * * * * /
void Rd_NByte_Randomaddr(uint read_addr,uchar *  readbuf,uchar n)
{
    unsigned char addr_h,addr_l;

        addr_h = (unsigned char)(read_addr>>8);
        addr_l = (unsigned char)read_addr;

        start();
    write_byte(device_addr);                    //器件写地址
        write_byte(addr_h);                     //内部地址高位
        write_byte(addr_l);                     //内部地址低位

    start();
        write_byte(device_addr|0x01);           //器件读地址

    while(n!  = 1)
        {
    * readbuf = read_byte();

    SDA_out;                                    //SDA 输出
    SDA_L;                                      //SDA 拉低应答:ACK
    delay();                                    //延迟
    SCL_H;                                      //SCL 拉高,使芯片接收应答
    delay();                                    //延迟
    SCL_L;                                      //接收应答完毕,SCL 拉低
    readbuf ++ ;
    n -- ;
        }
```

```
    * readbuf = read_byte();

    stop();
}
```

5. 完整的程序示例

例 4.3 是利用前面例 4.2 所给的软件模拟 I2C 接口函数包及上面的几个读写函数编写了一个读写 24C64 的例程,在主函数中先从 24C64 内部地址为 0 的存储单元开始,把常数数组 const unsigned char TAB2[16]中的 16 个数据依次写入,为了验证写入的数据是否正常,然后再用语句:

Rd_NByte_Randomaddr(0,data_buf,16);

从地址 0 开始读取 16 B 数据并存入 data_buf 数组中,主函数的最后设置了一条_NOP();语句,在调试时可以在此设置一个断点,打开 watch 观察窗口,如图 4.17 所示,当程序运行到这里时观察 data_buf 数组内的值是否等于原来写入的数据,如果是,说明程序编写无误,否则要检查程序。

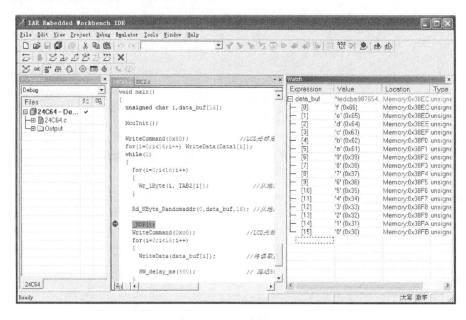

图 4.17　打开 watch 观察窗口查看 data_buf 数组内的值

【例 4.3】 模拟 I2C 接口函数读写 24C64

```
#include<msp430x16x.h>
#include"IIC2.c"
//*****************************************************
#define CPU_F ((double)8000000)        //MCLK = 8 MHz
#define device_addr  0xa0              //24C64 器件地址
//数据
```

```
const unsigned char TAB1[16] = {'0','1','2','3','4','5','6','7','8','9','a','b','c','d','e','f'};
const unsigned char TAB2[16] = {'f','e','d','c','b','a','9','8','7','6','5','4','3','2','1','0'};
// ===================================================
void DelayMs(int ms)
{
    int i;
    while(ms -- ){
    for(i = 0; i<130;i ++ );
    }
}
//--------------------------------------------------
//时钟初始化
void Init_Clock(void)
{
//XT2 开启 LFXT1 工作在低频模式 ACLK 不分频 最高标称频率
    BCSCTL1 = RSEL2 + RSEL1 + RSEL0;
    BCSCTL2 = SELM1 + SELS;                    //MCLK、SMCLK 时钟源为 XT2CLK,不分频
}
//--------------------------------------------------
//端口初始化
void Init_Port(void)
{
    P1DIR = 0xFF;                              //P1 口所有引脚设置为输出方向
    P2DIR = 0xFF;                              //P2 口所有引脚设置为输出方向
    P3DIR = 0xFF;                              //P3 口所有引脚设置为输出方向
    P6DIR = 0xFF;                              //P6 口所有引脚设置为输出方向
}

//--------------------------------------------------
// 系统初始化
void McuInit()
{
    WDTCTL = WDTPW + WDTHOLD;                  //停止看门狗
    Init_Clock();                             //时钟初始化
    Init_Port();                              //端口初始化
}
/ **********************************************
函数名称:Wr_1Byte
功    能:向 EEPROM 中指定地址写入 1 字节数据
参    数:写入的数据 Wdata
         指定地址 data_addr
返回值 :无
 ********************************************** /
void Wr_1Byte(uint data_addr,uchar wdata)
{
    uchar addr_h;
```

```
    uchar addr_l;

        addr_h = (uchar)(data_addr>>8);
        addr_l = (uchar)data_addr;

        start();
    write_byte(device_addr);                    //器件写地址
    write_byte(addr_h);                         //内部地址高位
    write_byte(addr_l);                         //内部地址低位
    write_byte(wdata);                          //一字节数据

    stop();
    DelayMs(100);                               //等待 EEPROM 完成内部写入

}

/**************************************************
函数名称:Rd_NByte_Randomaddr
功    能:从 EEPROM 的指定地址读取 N 个字节数据
参    数:readbuf -- 指向保存数据地址的指针
         n -- 读取数据的个数
         read_addr -- 数据读取的首地址
返回值   :无
**************************************************/
void Rd_NByte_Randomaddr(uint read_addr,uchar * readbuf,uchar n)
{
    unsigned char addr_h,addr_l;

        addr_h = (unsigned char)(read_addr>>8);
        addr_l = (unsigned char)read_addr;

        start();
    write_byte(device_addr);                    //器件写地址
        write_byte(addr_h);                     //内部地址高位
        write_byte(addr_l);                     //内部地址低位

    start();
        write_byte(device_addr|0x01);           //器件读地址

    while(n!=1)
        {
    * readbuf = read_byte();

    SDA_out;                                    //SDA 输出
    SDA_L;                                      //SDA 拉低应答:ACK
    delay();                                    //延迟
    SCL_H;                                      //SCL 拉高,使芯片接收应答
    delay();                                    //延迟
    SCL_L;                                      //接收应答完毕,SCL 拉低
    readbuf ++ ;
    n -- ;
    }
    * readbuf = read_byte();
```

```
        stop();
}
// = = = = = = = = = = = = = = = 主函数 = = = = = = = = = = = = = = = = = = =
void main()
{
    unsigned char i,data_buf[16];

    McuInit();

    while(1)
    {
        for(i = 0;i<16;i + +)
        {
            Wr_1Byte(i, TAB2[i]);              //从地址 0 开始,将 TAB1 内容写入 24CXX
        }

        Rd_NByte_Randomaddr(0,data_buf,16); //从地址 0 开始,读取 16 B 数据存入 data_buf
        _NOP();
    }
}
```

4.3　Dallas 公司的单总线

　　单总线系统(1 - Wire bus)是美国达拉斯半导体公司(Dallas Semiconductor)独创的单片机外设总线。它仅仅需要一根信号线就可以在单片机和外设芯片之间实现芯片寻址和数据交换。它采用单根信号线,既可传输时钟,又能传输数据,而且数据传输是双向的,因而这种单总线技术具有线路简单,硬件开销少,成本低廉,便于总线扩展和维护等优点。

　　单总线适用于单主机系统,能够控制一个或多个从机设备。主机可以是微控制器,从机可以是单总线器件,它们之间的数据交换只通过一条信号线。当只有一个从机设备时,系统可按单节点系统操作;当有多个从设备时,系统则按多节点系统操作。在单总线系统中所有的器件都是通过一个三态门或开漏极连接在单总线上,所以该控制线需要一个弱上拉电阻。单总线系统中的每一个器件有唯一的 64bit 串号,微控制器可以通过每一个器件的串号来识别和访问该器件,因此在同一总线上能识别的器件数量几乎是无限制的。在单总线系统中通常用单片机作为主器件,外设作为从器件。从器件可以是一个或多个,用一个主器件可以控制和访问多个从器件,见图 4.18。

4.3.1　DS18B20 数字温度传感器简介

　　DS18B20 是 Dallas 公司推出的单总线数字温度传感器,可以直接输出 9～12bit的数字温度值,它有一个由非易失性存储器保存上下限报警点的报警器。DS18B20使用单总线系统,仅需要一根数据线即可实现和微控制器之间的通信。工作温度范

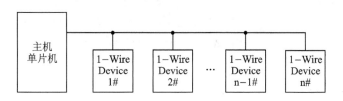

图 4.18　单片机控制多个单总线器件

围是－55℃～＋125℃，温度测量数据在－10℃～＋85℃范围内，精度可达到±0.5℃。DS18B20 还可以通过数据线实现寄生供电，省掉了外部电源。

每一个 DS18B20 具有唯一的 64bit 串号，这样可以使多个 DS18B20 挂在同一条单总线系统上，由一个微控制器来控制这些分布在一个较大区域内的很多个 DS18B20。因此它可以用在诸如采暖通风空调环境控制系统，建筑物内部、设备或机器的温度监测系统以及过程监控系统。

1. DS18B20 的引脚封装和性能

常用的 DS18B20 采用和普通三极管相同的 TO92 封装，另外也有 8 引脚的 SO 和 μSOP 封装，见图 4.19。

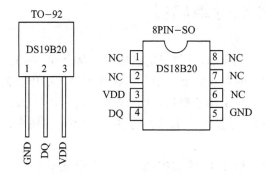

图 4.19　DS18B20 的引脚封装

2. DS18B20 的内部结构和数据格式

图 4.20 是 DS18B20 的内部结构框图。DS18B20 的内部有 64 位的 ROM 单元，包含了 DS18B20 唯一的序列号。还有 9 字节的中间结果暂存器单元；其中字节 0 和字节 1 存储转换器测得的温度数据低位和高位；字节 2 和字节 3 存储用户温度报警的上限值和下限值；字节 4 由用户设定温度转换的分辨率，即数据的位数（可选 9、10、11、12 位）。后面这 3 个字节都是 EEPROM 非易失性存储器，这样即使在系统掉电时数据也不会丢失。

DS18B20 的核心是它的直接数字温度传感器，该传感器的分辨率可由用户设置为 9、10、11、12 位，分别对应于 0.5℃、0.25℃、0.125℃和 0.0625℃的温度增量，上电后的默认值为 12 位。DS18B20 在上电后并不工作而是处在休闲状态，主机只有发

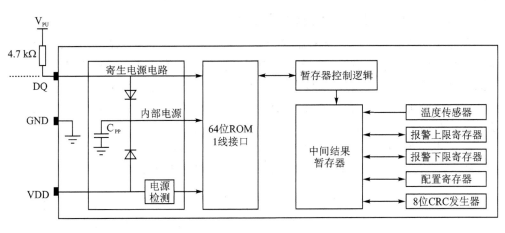

图 4.20　DS18B20 的内部结构

出一个转换 T(44h)命令才能使它进入温度测量和 A/D 转换,转换完成后就会有两字节的温度测量值存入中间结果暂存器,同时 DS18B20 重新又返回到休闲状态。

DS18B20 输出的温度值为摄氏温度,它以一个 16 位有符号补码数的格式存在两个寄存器中,见表 4.5。表 4.6 是某些典型温度值的二进制、十六进制数据对应表。

表 4.5　温度数据格式

LS Byte	Bit7	Bit6	Bit5	Bit4	Bit3	Bit2	Bit1	Bit0
	2^3	2^2	2^1	2^0	2^{-1}	2^{-2}	2^{-3}	2^{-4}
MS Byte	Bit15	Bit14	Bit13	Bit12	Bit11	Bit10	Bit9	Bit8
	S	S	S	S	S	2^6	2^5	2^4

表 4.6　某些典型温度值的二进制、十六进制数据对应表

摄氏温度值/℃	二进制	十六进制
+125	0000 0111 1101 0000	07D0h
+85	0000 0101 0101 0000	0550h
+25.062 5	0000 0001 1001 0001	0191h
+10.125	0000 0000 1010 0010	00A2h
+0.5	0000 0000 0000 1000	0008h
0	0000 0000 0000 0000	0000h
−0.5	1111 1111 1111 1000	FFF8h
−10.125	1111 1111 0101 1110	FF5Eh
−25.062 5	1111 1110 0110 1111	FE6Fh
−55	1111 1100 1001 0000	FC90h

注:上电后的复位值是+85 ℃。

3. DS18B20 在单片机系统中的用法

单总线器件需要一个大约 5 kΩ 的上拉电阻,这样在空闲状态时总线为高电平。由于连接在单总线系统中的每一个器件都是通过一个三态门或开漏极连接在单总线上的,这就使得每一个器件都可以释放总线,让另一个器件来使用总线。当某个器件不使用总线传输数据时,它释放的总线就可以让另一个器件传输数据。让总线保持低电平的时间大于 480 μs,总线上的所有器件就会被复位。

在单片机系统中使用时,可以把多个 DS18B20 按照图 4.21 的方法并接在一根 I/O 端口线上,单片机可以通过每一个 DS18B20 的地址码来分别访问它们。

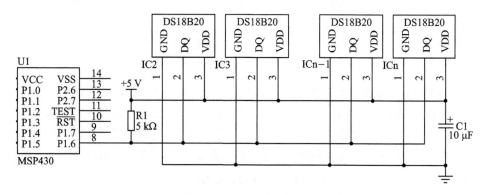

图 4.21　DS18B20 在 MSP430 单片机中的用法

4.3.2　单总线的工作原理

单总线系统是一个单主机的主从系统。由于它们是主从结构,只有在主机呼叫从机时,从机才能应答。主机在访问 1-Wire 器件时要经过初始化 1-Wire 器件、识别 1-Wire 器件和交换数据这 3 个步骤才能实现对从器件的控制。因此在单总线系统中,规定了初始化、ROM 命令、功能命令等 3 类命令,主机通过这 3 类命令来访问从器件。而且必须严格按照初始化、ROM 命令、功能命令这个顺序来进行,如果出现顺序混乱,1-Wire 器件将不响应主机(搜索 ROM 命令,报警搜索命令除外)。

1. 初始化

单总线上的所有操作都是从初始化开始的,初始化是由主器件发出一个初始化脉冲,相当于赛跑时指挥员向各位参赛选手发出的"各就各位"命令,单总线上所接的上拉电阻,使得总线在空闲状态时为高电平。单总线的操作必须从空闲状态开始,当单总线上加低电平的时间超过 480μs 时,总线上的所有器件被复位,主器件发出复位脉冲之后,释放总线,改为接收状态,总线被上拉电阻拉到高电平。在检测到此上升沿后,挂接在单总线上的各个从器件在收到该命令后,会发出一个应答脉冲,表明从器件已经作好准备响应主器件的访问。主器件在收到应答脉冲之后就可以发出 ROM 命令和功能命令。从器件 DS18B20 要等待 15～60 μs 才向主器件发回应答脉冲。

2. ROM 命令

ROM 命令的功能是实现对单总线器件的识别。主器件检测到一个应答脉冲之后，就可以发出一个 ROM 命令。如果在单总线上有几个从器件的话，主器件就可以根据从器件的唯一 64 位 ID 代码，确定和哪一个从器件对话。ROM 命令还可以使主器件判定当前在总线上有几个从器件、它们是何种类型以及是否有发生报警的从器件。单总线系统共有 5 种 ROM 命令，每一个 ROM 命令的长度为一个字节，表 4.7 是它们的简要说明。

表 4.7　ROM 命令说明

ROM 命令	说　明
搜索 ROM(F0h)	识别单总线上所有的 1 - Wire 器件的 ROM 编码
读 ROM(33h)(仅适合单节点)	直接读 1 - Wire 器件的序列号
匹配 ROM(55h)	寻找与指定序列号相匹配的 1 - Wire 器件
跳过 ROM(CCh)(仅适合单节点)	使用该命令可直接访问总线上的从机设备
报警搜索 ROM(ECh)(仅少数器件支持)	搜索有报警的从机设备

● 搜索 ROM(F0h)

如果总线上连接了多个 1 - Wire 器件，那么系统在上电后，就必须使用搜索 ROM 命令查找 1 - Wire 总线上所有器件的 ID 识别码和它们的器件类型，可在复位之后调用"器件查找"函数实现，"器件查找"函数发布在 Maxim 网站。而且要根据从器件的数量实行多次搜索，每一次搜索完成后还必须返回到操作的第一步，进行初始化，再接着搜索。若总线上仅有一个 1 - Wire 器件，则可以直接使用读 ROM 命令取代搜索 ROM 命令，见下面读 ROM 的说明。

● 匹配 ROM(55h)

一旦找到器件的 ROM 识别号后，就可通过"匹配 ROM"功能选择某一特定器件进行通信。匹配 ROM 后面紧跟一个 64 位器件识别码，只有该代码所指定的器件才会响应主机在随后发出的功能命令。

● 读 ROM(33h)

若总线上仅有一个 1 - Wire 器件，就无需搜索 ROM 命令，直接使用读 ROM 命令。若总线上有几个 1 - Wire 器件，直接使用这个命令就会造成多个从器件同时响应主机的命令，发生数据碰撞。

● 跳过 ROM(CCh)

若总线上有几个从器件，主机通过该命令可以同时寻址总线上所有的从器件，无需发出任何的器件识别码信息。例如主机可以在发出该命令之后紧跟一个 Convert T［44h］命令，让总线上的所有 DS18B20 同时进行温度转换。

若总线上仅有一个从器件,可以在发出该命令之后紧跟一个 Read Scratchpad [BEh]命令,直接读 DS18B20 的温度转换结果,主机无需发送 64 位器件识别码,这样可以节省指令时间。同样地,若总线上有几个 1 - Wire 器件,这种用法就会造成多个从器件同时响应主机的命令,发生数据碰撞。

● 报警搜索 ROM(ECh)

报警搜索 ROM 和搜索 ROM 命令是类似的,但是它仅搜索发生了报警的从机,例如它搜索那些在最近的温度转换中发生了报警的 DS18B20 温度传感器。要注意的是每一个搜索周期完成后,主机必须再回到操作的第一步即初始化命令。

3. 功能命令

功能命令指挥从器件完成主机要求的具体功能。不同的单总线器件各自具有自己特定的功能命令。DS18B20 温度传感器的功能命令见表 4.8。

表 4.8　DS18B20 的功能命令

命　令	描　述	指令码	命令发出后总线响应	备　注
温度转换命令				
Convert T	启动温度转换	44h	DS18B20 传输转换状态给主机 (寄生供电的 DS18B20 不可用).	1
暂存器命令				
Read Scratchpad	读中间结果暂存器内容包括 CRC 字节	BEh	DS18B20 传输 9 B 数据给主机	2
Write Scratchpad	写中间结果暂存器 2、3、4 字节(TH, TL 和配置寄存器).	4Eh	主机传输 3 B 数据给 DS18B20	3
Copy Scratchpad	由中间结果暂存器复制 TH, TL 和配置寄存器数据到 EEPROM.	48h	None	1
Recall E2	由 EEPROM 回传 TH, TL 和配置寄存器数据到中间结果暂存器	B8h	DS18B20 发送回传状态给主机	
Read PowerSupply	给主机通知 DS18B20 的电源类型	B4h	DS18B20 发送电源状态给主机	

备注:

(1) 对于寄生供电的 DS18B20,在温度转换过程中以及从 E^2PROM 回传数据到中间结果暂存器过程中,主机必须能强制拉高总线,不允许发生其他总线行为。

(2) 主机可以在任何时候用初始化中断数据传输。

(3) 在发出一个初始化之前,全部 3 个字节都必须写入。

主机用 ROM 命令确定了和总线上的哪一个 DS18B20 通信之后,就可以发功能命令给 DS18B20 启动温度转换、决定 DS18B20 的供电方式以及向 DS18B20 的中间结果寄存器写入数据或从中读出数据等。下面详细介绍各功能命令的作用。

● 启动温度转换(Convert T)

该命令启动一次温度转换,随后转换结果被存入中间结果暂存器中两字节的温度寄存器内,DS18B20 又返回到它的低功耗休闲状态。如果 DS18B20 是由外部供电的,主机就可以在该命令之后进行读时隙,DS18B20 能根据转换完成与否作出反应,若转换尚在进行之中则发 0,若转换已完成则发 1。但是在寄生供电模式则无此功能,因为此时总线被强制拉高。

● 读中间结果暂存器(Read Scratchpad)

该命令让主机读出 DS18B20 中间结果暂存器内的 9 个字节,由最低字节 byte 0 开始一直到第 9 个字节(byte 8 – CRC)被读出。如果只需要部分数据,主机可以在读的过程中任意时间发布初始化命令,这时该命令即被中止。

● 写中间结果暂存器(Write Scratchpad)

该命令让主机写 3 个字节到 DS18B20,第一个字节被写入 TH 寄存器(中间结果暂存器的字节 2),第二个字节被写入 TL 寄存器(中间结果暂存器的字节 3),第三个字节被写入配置寄存器(中间结果暂存器的字节 4)。发送时字节数据的最低位在先。

● 复制中间结果暂存器(Copy Scratchpad)

复制中间结果暂存器的 TH,TL 和配置寄存器数据(字节 2,3 and 4)到 EEPROM。若采用寄生供电方式的话,主机在发出该命令之后 10 μs (max)之内必须使总线至少保持 10 ms 的高电平状态。

● 回传 EEPROM 内容(Recall E2)

由 EEPROM 回传 TH,TL 和配置寄存器数据到中间结果暂存器的 2、3、4 字节。跟随 Recall E2 命令之后,主机可以进入读时隙,和启动温度转换命令类似,DS18B20 也能根据回传完成与否作出反应,若回传尚在进行之中则发 0,若回传已完成则发 1。DS18B20 在上电时会自动进行此项操作,以便器件在通电之后使中间结果暂存器中的数据立即有效。

● 读电源类型(Read Power Supply)

主机在发出该命令后可以紧跟一个读时隙,以便判断在总线上是否有寄生供电的器件。在读时隙时,寄生供电的 DS18B20 会拉低总线,外部供电的 DS18B20 会继续保持总线高电平。

4.3.3　单总线通信协议

在单总线系统中,为了确保数据传输的完整和准确,单总线通信协议定义了初始化脉冲、应答脉冲、写 0 脉冲、写 1 脉冲、读脉冲共 5 种信号类型。除了应答脉冲是由从器件发出的以外,其余信号都是由主器件发出的。所有的单总线命令序列(初始化,ROM命令,功能命令)都是由这些基本的信号类型组成的。并且发送的所有命令和数据都是字节的低位在前。主器件在写脉冲期间向从器件写入数据,在读脉冲期间由从器件读出数据,在每一个脉冲期间只能读或写一位数据。单总线通信协议中,将完成一位传输的时间称为一个时隙。字节传输可以通过多次调用这些位操作来实现。

下面以单总线的DS18B20温度传感器为例,详细介绍单总线的通信协议。

1. 初始化脉冲和应答脉冲

初始化脉冲是由主器件单片机发出的一个持续时间大于480 μs的低电平,然后主器件释放总线进入接收状态等待从器件的应答,这时总线被上拉电阻提升至高电平,从器件DS18B20在检测到这个上升沿后,等待15~60 μs,然后把总线拉低并保持60~240 μs作为应答,初始化的时序波形见图4.22。

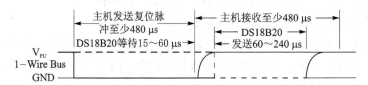

图4.22 单总线的初始化时序

2. 写时隙(Write Time Slot)

主器件检测到应答(Presence)脉冲后,就可以发ROM命令给从器件,命令长度为8位。该命令字要通过1-Wire通信协议规定的严格的写时隙,逐位写到单总线上,DS18B20会自动接收到这些命令,并准备响应相应的操作。

单总线系统通过写0和写1两种写时隙向单总线器件写入命令和数据,写时隙的持续时间至少为60 μs,且在两个写周期之间至少要有1 μs的恢复时间。单片机通过拉低单总线至少1 μs来产生写时隙。写1时,单片机必须在15 μs之内释放总线,让上拉电阻将总线拉至高电平,写0时,单片机必须继续保持低电平,至少持续60 μs。见图4.23。从器件DS18B20在单片机发出写时隙之后的15~60 μs窗口时间段内采样总线,若为高电平则1,若为低电平则0被写入DS18B20。

3. 读时隙(READ TIME SLOT)

对于单总线器件DS18B20来说,只有在主器件发出有关读器件的命令之后,DS18B20才能发数据给主器件,例如读中间寄存器(BEh)或返回E2命令(B8h)等。单片机在发送读中间寄存器(BEh)命令后必须立即产生读时隙。所有的读时隙都要至少保持60 μs,并且在两个读时隙间至少要有1 μs的恢复时间。单片机通过把总线拉低至少1 μs来作为一个读时隙的开始,这时DS18B20开始传输数据0或1,DS18B20的输出数据在读时隙下降沿过后15 μs内有效,因此主器件必须在15μs内释放总线,然后采样总线。DS18B20释放总线即传输1,DS18B20拉低总线即传输

0。DS18B20 在传输 0 的最后会释放总线,由上拉电阻使总线重新恢复空闲状态,见图 4.23。

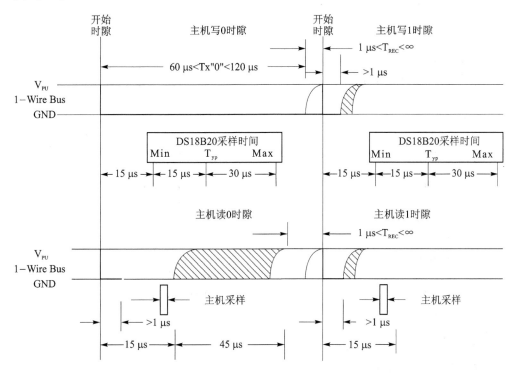

图 4.23　读时隙和写时隙

4.3.4　单总线的初始化和读写函数

由于 DS18B20 的初始化和读写均要求有极严格的时序,因此在编程时首先要有精确的延时程序,这里的 $15\mu s$ 延时函数是按 8 MHz 晶振计算的。DS18B20 数据引脚为 DQ,接在单片机的 P3.3 引脚。按照上节所讲的初始化和读写时序编写的初始化和读写函数如下:

```
/*************************************************
函数名称:Delayus
函数功能:微秒延时
入口参数:us
返回参数:无
*************************************************/
void Delayus(uint us)
{
        uint i;
        while(us -- )
```

```
            {
                for(i = 0;i<8;i + +);
            }
}
/ * * * * * * * * * * * * * * * * * * * * * * * * * * * * * * * * * * * * * * * * * * *
```

函数名称:reset
函数功能:DS18B20 复位
入口参数:无
返回参数:无

```
 * * * * * * * * * * * * * * * * * * * * * * * * * * * * * * * * * * * * * * * * * * * /
void reset(void)                          //DS18B20 复位
{
    DQ_OUT;                               //设置为输出方向
    DQ_L;                                 //拉低总线
    Delayus(52);
    DQ_H;                                 //释放总线
    Delayus(6);
    DQ_IN;                                //设置为输入方向
    while(DQ_val);                        //等待应答信号 = 0 有芯片,
    while(~DQ_val);                       //等待释放总线
}
/ * * * * * * * * * * * * * * * * * * * * * * * * * * * * * * * * * * * * * * * * * * *
```

函数名称:read_byte
函数功能:从 DS18B20 读取一字节数据
入口参数:无
返回参数:读取的数据

```
 * * * * * * * * * * * * * * * * * * * * * * * * * * * * * * * * * * * * * * * * * * * /
uchar read_byte(void)                     //从单总线上读一个字节
{
    uchar i;
    uchar value = 0;
    for(i = 0;i<8;i + +)
    {
        DQ_OUT;
        value>> = 1;
        DQ_L;
        DQ_H;
        Delayus(1);
        DQ_IN;
        if(DQ_val) value| = 0x80;
        Delayus(6);
    }
```

```
    return(value);
}
/ * * * * * * * * * * * * * * * * * * * * * * * * * * * * * * * * * * * * * *
函数名称:write_byte
函数功能:向 DS18B20 写入一个字节数据
入口参数:val
返回参数:无
 * * * * * * * * * * * * * * * * * * * * * * * * * * * * * * * * * * * * * * /
void write_byte(uchar val)                //向单总线上写一个字节
{
  uchar i,temp;
  for(i = 0;i<8;i ++ )
  {
    temp = val&0x01;
    val>> = 1;
    DQ_OUT;
    DQ_L;

    if(temp)
      DQ_H;
    else
      DQ_L;
    Delayus(5);
    DQ_H;

  }
}
```

4.3.5　单总线编程示例

　　用上面的初始化和读写函数可以给 DS18B20 写入命令,用来读出数字温度传感器 DS18B20 内的温度值,下面是读温度的函数实例,函数的返回值是读取的温度值。

```
/ * * * * * * * * * * * * * * * * * * * * * * * * * * * * * * * * * * * * * *
函数名称:Read_Temp
函数功能:启动温度转换获得温度数据
入口参数:无
返回参数:温度值
 * * * * * * * * * * * * * * * * * * * * * * * * * * * * * * * * * * * * * * /
int Read_Temp(void)                       //读取温度
{
    uchar MSB;                            //温度高字节
    uchar LSB;                            //温度低字节
    uint tx;
```

```
reset();
write_byte(0xCC);                          //跳过 ROM
write_byte(0x44);                          //启动温度转换
reset();
write_byte(0xCC);                          // 跳过 ROM
write_byte(0xBE);                          // 读中间结果寄存器
LSB = read_byte();                         //读温度数据低字节
MSB = read_byte();                         //读温度数据高字节

tx = MSB * 256 + LSB;
return(tx);


}
```

　　完整的程序例程见例 4.4，前面讲的 DS18B20 初始化、读写函数都包括在
DS18B20.h 文件中，主函数只是调用了读取温度函数 Read_Temp，然后把它转换成
4 位十进制数，以便在 LED 显示器上显示温度数据。程序中省略了显示部分，读者
可以自行加上。不用显示器也可以使用 IAR 平台的调试功能在程序中设置断点，然
后在 Watch 窗口中观察读出的温度数据，见图 4.24，还可以观察转换后的 4 位十进
制值是否正确，见图 4.25。

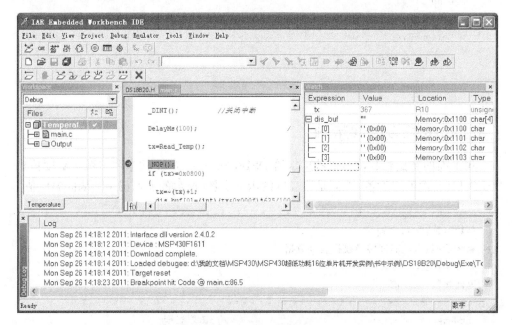

图 4.24　在 Watch 窗口中观察读取的温度值

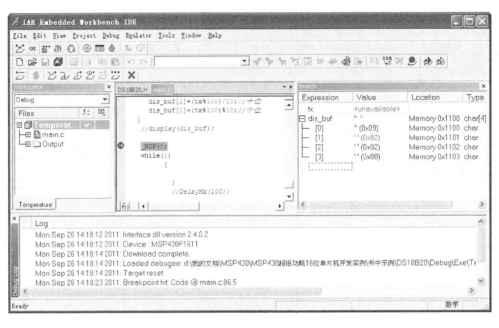

图 4.25　在 Watch 窗口中观察转换后的 4 位温度值

【例 4.4】 DS18B20 数字温度传感器

```
# include <msp430x16x.h>
# include "DS18B20.h"

# define   uint unsigned int
# define   uchar unsigned char
char dis_buf[4]={0,0,0,0};         //LED 显示数据缓存;开始显示 1234
//-----------------------------------------------
void DelayMs(int ms)
{
    int i;
    while(ms -- ){
    for(i = 0; i<130;i ++ );
    }
}
/******************************************
函数名称:Init_Clock
函数功能:初始化系统时钟
入口参数:无
返回参数:无
******************************************/
//初始化时钟
```

```
void Init_Clock(void)
{
    BCSCTL1 = RSEL2 + RSEL1 + RSEL0;//XT2 开启 LFXT1 工作在低频模式 ACLK 不分频
                                    //最高的标称频率
    BCSCTL2 = SELM1 + SELS;         //MCLK、SMCLK 时钟源为 XT2CLK,不分频
}
/ * * * * * * * * * * * * * * * * * * * * * * * * * * * * * * * * * * * * * *
函数名称:Init_Port
函数功能:初始化端口
入口参数:无
返回参数:无
  * * * * * * * * * * * * * * * * * * * * * * * * * * * * * * * * * * * * */
//初始化端口
void Init_Port(void)
{

    P3DIR = 0xFF;               //P3 口所有引脚设置为输出方向
    P5DIR = 0xFF;               //P5 口所有引脚设置为输出方向
}
/ * * * * * * * * * * * * * * * * * * * * * * * * * * * * * * * * * * * * * *
函数名称:Read_Temp
函数功能:启动温度转换获得温度数据
入口参数:无
返回参数:温度值
  * * * * * * * * * * * * * * * * * * * * * * * * * * * * * * * * * * * * */
int Read_Temp(void)              //读取温度
{
    uchar MSB;                   //温度高字节
    uchar LSB;                   //温度低字节
    uint tx;

    reset();
    write_byte(0xCC);            //跳过 ROM
    write_byte(0x44);            //启动温度转换
    reset();
    write_byte(0xCC);            // 跳过 ROM
    write_byte(0xBE);            // 读中间结果寄存器
    LSB = read_byte();           //读温度数据低字节
    MSB = read_byte();           //读温度数据高字节

    tx = MSB * 256 + LSB;
    return(tx);

}
```

106

```
/********************************************
函数名称:main
函数功能:主函数
入口参数:无
返回参数:无
********************************************/
void main(void)
{
    uint tx;

    WDTCTL = WDTPW + WDTHOLD;      //停止看门狗
    Init_Clock();
    Init_Port();
    _DINT();                        //关闭中断
    DelayMs(100);                   //延时
    tx = Read_Temp();               //读取温度转换值
    _NOP();                         //在这里设置断点
    if (tx >= 0x0800)               //温度为负值
    {
      tx = ~(tx) + 1;
      dis_buf[0] = (int)(tx&0x000f) * 625/1000;    //小数位
      tx >>= 4;                                     //负值符号和整数部分
      dis_buf[3] = 0x15;                            //负号
      dis_buf[2] = tx/10;                           //十位
      dis_buf[1] = tx % 10;                         //个位
    }
    else
    {
      dis_buf[0] = (int)(tx&0x000f) * 625/1000;    //小数位
      tx >>= 4;                                     //正值整数部分
      dis_buf[3] = tx/100;                          //百位
      dis_buf[2] = (tx % 100)/10;                   //十位
      dis_buf[1] = (tx % 100) % 10;                 //个位
    }
    _NOP();                                         //在这里设置断点
    while(1)
      {
           ;
      }

}
```

107

4.4　USB 总线

随着 PC 的迅猛发展,计算机外设的数量也在迅速增加,原来的计算机外设,由各自的生产商使用了各种不同的接口标准,例如,常用的鼠标是串口的,键盘是 PS/2 的,打印机是并口的,数字乐器用 MIDI 接口等,再加上占用主板插槽的各种接口板卡,计算机外设接口真是五花八门,百花齐放。这些接口没有统一的标准,还有诸多致命的缺点,限制了它们的进一步使用和发展。

（1）由于采用了传统的 I/O 地址映射方式,占用了较多的系统资源,容易造成 I/O 地址冲突或 IRQ 占用等问题。

（2）一个接口同时只能使用一个外设,效率很低,无法满足增加更多外设的需要。

（3）接口体积大,样式也不统一,软硬件皆无法实现标准化和小型化。

（4）不支持热插拔,容易造成设备损坏。

（5）数据传输速率低。

鉴于以上原因,Intel、Compaq、Digital、IBM、Microsoft、NEC、Northern Telecom 这 7 家世界著名的计算机和通信公司于 1995 年联合制定了一种新的 PC 串行通信协议 USB0.9 通用串行总线（Universal Serial Bus）规范。USB 接口是一种快速、双向、同步、廉价并支持热插拔的串行通信接口,它支持多外设的连接,一个 USB 接口理论上可以连接 127 个外设。USB 协议出台后得到各 PC 厂商、芯片制造商和 PC 外设厂商的广泛支持。其硬件接口有大小不同的几种尺寸可供各种小型化的设备使用。软件也从最初的 1.0、1.1 版本发展到现在的 3.0 版本。USB 外设在国内外的发展十分迅速,迄今为止,各种使用 USB 的外设已达上千种。计算机传统的基本外设像键盘、鼠标、打印机、游戏手柄、扫描仪、音响、摄像头等统统被收入它的囊中,很多消费类的数码产品如手机、数码相机、MP3、摄像机等也用上了 USB 接口。现在 USB 接口正在向测试仪器、工业设备等领域渗透,带有 USB 接口的示波器、信号源、数据采集系统等已经面市。所有这些都是由于 USB 接口具有很多突出的优点:

（1）它属于共享式接口,扩展灵活,通过使用 Hub 扩展可连接多达 127 个外设。标准 USB 电缆长度为 3 m(5 m 低速)。通过 Hub 或中继器可以使外设距离达到 30 m。

（2）接口简单、性能可靠、体积小、成本低,各种不同档次的外设都可以使用。

（3）传输方式和速率灵活,可供各种不同的外设选择适合自己的类型。USB 支持 3 种系统传输速率:1.5 Mbps 的低速传输、12 Mbps 的全速传输和 480 Mbps 的高速传输。有 4 种传输类型:块传输、同步传输、中断传输和控制传输。

（4）支持热插拔,即插即用。加减已安装过的设备不用关闭计算机。当插入新的 USB 设备时,主机自动检测该外设并且通过自动加载相关的驱动程序来对该设备进行配置,使其正常工作。

(5) 接口可为外设供电,USB 接口可以提供+5 V、输出电流最高达 500 mA 的电源。USB 支持低功耗模式,如果 3 ms 内无总线活动,USB 自动挂起,节省电能消耗。

4.4.1　USB 系统的硬件

1. 计算机 USB 系统的结构

一个计算机的 USB 系统由主控制器(USB Host)、USB 设备(USB Device)和集线器(USB Hub)组成,系统拓扑结构如图 4.26 所示。

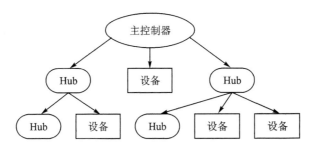

图 4.26　USB 系统的拓扑结构

(1) USB Host 也称为 Root Hub。USB 设备(USB Device)和集线器(USB Hub)就挂接在它的下面,它具有以下功能:

● 管理 USB 系统;

● 每毫秒产生一帧数据;

● 发送配置请求对 USB 设备进行配置操作;

● 对总线上的错误进行管理和恢复。

(2) USB Device

在一个 USB 系统中,USB Device 和 USB Hub 总数不能超过 127 个。USB Device 接收 USB 总线上的所有数据包,通过数据包的地址域来判断是不是发给自己的数据包:若地址不符,则简单地丢弃该数据包;若地址相符,则通过响应 USB Host 的数据包与 USB Host 进行数据传输。

(3)USB Hub

USB Hub 用于设备扩展连接,所有 USB Device 都连接在 USB Hub 的端口上。一个 USB Host 总与一个根 Hub (USB Root Hub)相连。USB Hub 为其每个端口提供 100 mA 电流供设备使用。同时,USB Hub 可以通过端口的电气变化诊断出设备的插拔操作,并通过响应 USB Host 的数据包把端口状态汇报给 USB Host。一般 USB 设备与 USB Hub 间的连线长度不超过 5m,USB 系统的级联不能超过 5 级(包括 Root Hub)。

2. USB 接口插口标准

USB 接口的插口有大小不同的尺寸,在计算机上使用的是标准尺寸的大插口。计算机一侧为 4 针公插,设备一侧为 4 针母插。引脚的定义如表 4.8 所列。引线的色标一般为红(VCC),白(D—),绿(D+),黑(GND)。其他小型数码设备上使用小尺寸的插口,但其接口一律为四芯的标准形式。还有一种方形的中等尺寸的插口,4根线的排列是上下各两根。

表 4.8　USB 引脚说明

引脚号	名　称	说　明
1	VCC	+5 V 电源
2	D—	数据负
3	D+	数据正
4	GND	地线

4.4.2　单片机用的 USB 控制器和转换器

一个单片机系统要使用 USB 总线,可以使用 USB 控制器或转换器芯片,几乎所有的 IC 公司都有相应的产品。USB 控制器一般有两种类型:一种是集成有 USB 接口的单片机,如 Atmel 的 AT89MSP43032、Microchip 的 PIC18F4550、Silicon Labs 的 CMSP430F320、ST 的 uPSD3234A、CYPRESS 的 EZ - USB 等;另一种是单独的 USB 接口芯片,仅处理 USB 通信,如 Philips 公司的 PDIUSBD12(I2C 接口)、PDI-USBP11A、PDIUSBD12(并行接口),National Semiconductor 的 USBN9602、US-BN9603、USBN9604,国产芯片有南京沁恒的 CH371、CH374 等。前一种由于开发时需要单独的开发系统,因此开发成本较高;后一种只是芯片和单片机的接口实现 USB 通信功能,因此成本较低,容易使用,而且可靠性也高。

USB 转接器是另外一类芯片,它可以把一个 USB 接口转换为单片机使用的异步串口、打印口、并口以及常用的 2 线和 4 线同步串行接口 I2C 和 SPI 等。美国德州仪器的 TUSB3410 以及南京沁恒公司的 CH341 就是这样的芯片。

用转换器芯片可以实现 USB 接口与其他接口的转换功能,包括 USB 转 PS/2、USB 转 SCSI、USB 转 Serial、USB 转 RS - 485、USB 转 PCI 接口卡等。这些转接设备可以使其他非 USB 接口的外设接到计算机的 USB 端口上使用。本书将在第 8 章详细介绍 TUSB3410 接口芯片的使用和编程。

第 5 章

MSP430 单片机内部资源编程

MSP430 系列单片机比 51 单片机内部具有更丰富的软硬件资源,它们被划分成为一些独立的功能模块,分别完成一定的功能。这些模块大致可以分为系统模块和外设模块(Peripheral Modules)两大类,系统模块包括 CPU、时钟、中断、工作模式等,外设模块包括 I/O 端口、串行通信、定时器、看门狗、比较器、模数转换器(A/D)、数模转换器(D/A)等。MSP430 单片机有两个模块使能寄存器 ME1、ME2,这两个寄存器的作用就是管理某些功能模块,具体配置将在后面讲到相关模块时详述。

即使是同样的资源,MSP430 系列单片机也要比 51 单片机中的同类资源复杂得多,功能也更加强大,因此编程的难度更大、更复杂。MSP430 系列单片机中不同的型号所具有的资源也不相同,但是它们的基本原理都是相似的,本章将详细介绍 MSP430F1611 单片机内部各种主要模块的功能及其编程方法。这些内容大部分也适用于 MSP430x1xx 系列内的其他型号单片机。

MSP430 单片机内部的每一项资源都是用几个相关寄存器来控制的,在使用该项资源之前,用户必须对有关的寄存器进行正确的配置,才能使用它。因此学习这些内部资源的编程,首先要了解这些相关寄存器的功能和配置方法,其次才是应用程序的编写,在有关寄存器正确配置的基础上,才能编写利用这些资源工作的应用程序。这是学习本章内容时要特别强调的重点。

5.1 系统复位、中断和工作模式

5.1.1 系统复位

系统内部的复位电路如图 5.1 所示。复位来源于一个上电复位(Power - on Reset,POR)信号和一个电源清零(Power - Up Clear,PUC)信号。不同的事件会触发这些复位信号,并产生不同的初始条件,这些初始条件取决于它们是由哪些信号产生的。

上电复位只由以下 3 个事件产生:

● 单片机通电;

● 在配置为复位模式时,单片机 RST/NMI 引脚上的低电平信号;

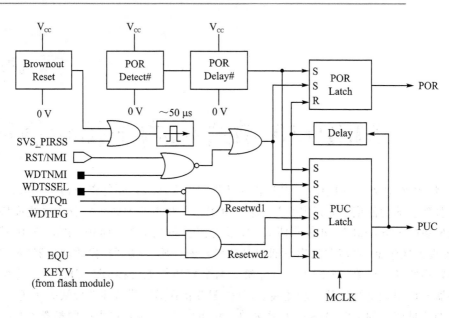

图 5.1 系统复位电路

● PORON = 1 时，一个电源电压监控器 SVS(Supply Voltage Supervisor)的低条件。

1. 上电复位时序

单片机在上电时，会产生一个 POR 上电复位信号。当电源电压 V_{CC} 缓慢上升时，POR 探测器保持 POR 信号有效，直到 V_{CC} 上升到 V_{POR} 以上电平，此后 POR 有一段延时 T(POR_DELAY)，以确保在 V_{CC} 电源快速上升期间 POR 信号有效，如图 5.2 左半部分所示。POR 信号让 MSP430 单片机实现初始化。

对于没有掉电复位电路的单片机，如果单片机电源有周期性波动，只有当电源电压 V_{CC} 低于 V_{min} 时，在电源电压再次上升时才会产生上电复位信号 POR，如果在一个波动周期内 V_{CC} 没有低于 V_{min} 或者只是一个毛刺，就不会产生 POR。同样在这种情况下，在复位引脚 RST/NMI 的一个低水平也不会导致 POR，如图 5.2 右半部分所示。

2. 手动复位电路

有时候，系统还需要设置一个外部手动复位电路，电路原理如图 5.3 所示。按下按钮 S2 会实现单片机复位。

5.1.2　中　断

1. 中断类型

中断有 3 种类型：

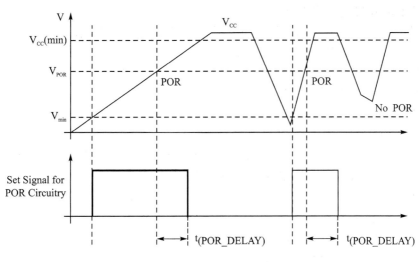

图 5.2 上电复位时序

- 系统复位;
- 非屏蔽(NMI);
- 屏蔽。

2. 中断优先级

中断优先级是固定的,优先级取决于模块在连接链中的排序,一个模块越接近 CPU/NMIRS,优先级越高。当多个中断同时挂起时,中断优先级取决于发生的是哪一个中断。

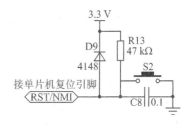

图 5.3 手动复位电路

3. 和中断有关的寄存器

和中断有关的寄存器有中断使能寄存器 IE1、IE2 和中断标志寄存器 IFG1、IFG2,见表 5.1。这里先介绍 IE1 和 IFG1 中的部分位,其他和 USART 模块有关的位以及另外两个寄存器 IE2 和 IFG2 留待后面 USART 模块部分再讲。

表 5.1 中断寄存器

寄存器	符　号	寄存器类型	地　址	初始状态
SFR 中断使能 1	IE1	读/写	000h	由 PUC 复位
SFR 中断使能 2	IE2	读/写	000h	由 PUC 复位
SFR 中断标志 1	IFG1	读/写	002h	由 PUC 复位
SFR 中断标志 2	IFG2	读/写	002h	由 PUC 复位

(1) IE1:中断使能寄存器 1

Bit7	Bit6	Bit5	Bit4	Bit3	Bit2	Bit1	Bit0
			NMIIE				WDTIE

NMIIE:Bit 4,NMI 中断使能。

0:中断禁止;

1:中断使能。

WDTIE:Bit 0,Watchdog 定时器中断使能。此位用于看门狗定时器在定时间隔模式时中断使能,在看门狗模式无需设置此位。

0:中断禁止;

1:中断使能。

Bit7~5、Bit3~1 这些位用于其他模块。

(2) IFG1:中断标志寄存器 1

Bit7	Bit6	Bit5	Bit4	Bit3	Bit2	Bit1	Bit0
			NMIIFG				WDTIFG

NMIIFG:Bit 4,NMI 中断标志,NMIIFG 必须由软件复位。

0:无中断;

1:中断挂起。

Bit3~1 这些位用于其他模块,参看器件说明书。

WDTIFG:Bit 0,看门狗定时器中断标志。

在看门狗模式,该标志保持置位直到由软件复位。

在定时间隔模式,该标志被中断服务函数自动复位或者可以由软件复位。

0:无中断;

1:中断挂起。

Bit7~5、Bit3~1 这些位用于其他模块。

4. 中断向量和中断处理函数

系统产生中断之后,CPU 需要马上处理该中断,处理的方法是由用户根据应用程序的需要编写一个中断服务函数,该函数被放置在程序存储器中某个地方。每一个中断处理函数都有一个由 CPU 分配给它的确定的起始地址,每一个中断都有一个中断向量,中断函数的起始地址就存在这个中断向量内,即中断向量指向该中断处理函数存储区首地址。中断向量的前面由系统默认符号♯pragma 标明,例如看门狗定时器的中断向量就写为:

```
♯pragma vector = WDT_VECTOR
```

一个看门狗定时器的中断处理函数的格式如下:

```
// 看门狗定时器中断服务函数
#pragma vector = WDT_VECTOR
__interrupt void watchdog_timer(void)
{
    ADC12CTL0 |= ADC12SC;                    //启动 SD12 转换
}
```

中断处理函数的内容由用户程序的需要而定,示例中是让它启动一个 SD12 模数转换。表 5.2 列出了单片机 MSP430F1611 中常用的中断向量。

表 5.2　单片机 MSP430F1611 部分中断向量名

中断名	中断向量
WDT 看门狗定时器	#pragma vector=WDT_VECTOR
PORT1 端口中断	#pragma vector=PORT1_VECTOR
PORT2 端口中断	#pragma vector=PORT2_VECTOR
UART0 接收中断	#pragma vector=UART0RX_VECTOR
UART0 发送中断	#pragma vector=UART0TX_VECTOR
UART1 接收中断	#pragma vector=UART1RX_VECTOR
UART1 发送中断	#pragma vector=UART1TX_VECTOR
USART0 发送中断	#pragma vector=USART0TX_VECTOR
USART0 接收中断	#pragma vector=USART0RX_VECTOR
USART1 发送中断	#pragma vector=USART1TX_VECTOR
USART1 接收中断	#pragma vector=USART1RX_VECTOR
ADC	#pragma vector=ADC_VECTOR

5.1.3　工作模式

MSP430 系列单片机特别适合于超低功耗应用,除了正常的工作模式 AM 之外,它还有 LPM0~LPM4 共 5 种不同的低功耗工作模式,使用这些模式可以大大降低系统功耗,MSP430 不同工作模式的典型电流消耗如图 5.4 所示。

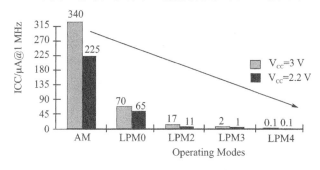

图 5.4　工作模式

工作模式的选用主要考虑以下 3 种不同的需求：

- 超低功耗；
- 速度和数据吞吐量；
- 外设电流消耗最小化。

1. 5 种主要低功耗模式

- LMP0:CPU 关闭,SMCLK、ACLK、RAM 保持、BOR、自动唤醒。
- LMP1:CPU 关闭,SMCLK、ACLK、RAM 保持、BOR、自动唤醒,禁用 DCO。
- LMP2:CPU 关闭,ACLK、RAM 保持、BOR、自动唤醒,启用 DC 生成器。
- LMP3:CPU 关闭,ACLK、RAM 保持、BOR、自动唤醒,禁用 DC 生成器。
- LMP4:关闭 CPU 和所有时钟,RAM 保持、BOR。

2. 进入低功耗工作模式

在主函数中用如下语句即可进入低功耗模式：

```
_BIS_SR(LPM0_bits + GIE);      // 进入 LPM0
_BIS_SR(LPM3_bits + GIE);      // 进入 LPM3
```

3. 退出低功耗模式

一个被允许的中断事件能够从任何低功耗工作模式中唤醒 MSP430,也可以用语句：

```
LPM0_EXIT;                                    //退出 LPM0
```

或者

```
__bic_SR_register_on_exit(LPM0_bits);        //退出休眠
```

5.2　基本时钟模块

MSP430 单片机的基本时钟模块(Basic Clock Module)支持低成本和超低功耗系统,用户能够按照自己的需要从单片机内 3 个不同的时钟信号中选用其中的一个,从而获得系统性能和功耗之间的最佳平衡。基本时钟模块在全软件控制下可以被设置为以下几种方式：

- 不要任何外部元件；
- 用一个外接电阻；
- 用一个或两个外接晶振；
- 用陶瓷振荡器。

5.2.1　基本时钟模块的构成

基本时钟模块由 3 个独立的振荡器时钟源组成，可以产生 3 种时钟信号分别供单片机内部的 CPU 和各个外设模块(Peripheral Modules)使用。

单片机系统中所说的时钟，从电子电路的角度来看，就是一个振荡器。图 5.5 是 MSP430 单片机基本时钟模块的构成框图，它包括 3 个独立的时钟源，也就是 3 个振荡器：

1. LXFT1

这是一个使用外部晶振或谐振器高低频兼容的振荡器，既可以使用 32 768 Hz 的钟表晶体，也可以使用标准的石英晶体或陶瓷谐振器，频率范围为 450 kHz～8 MHz。

2. XT2

使用频率范围为 450 kHz～8 MHz 的标准石英晶体或陶瓷谐振器构成的高频振荡器也可以接入外部时钟源。

3. 数控振荡器 DCO(Digitally Controlled Oscillator)

使用 RC 电路构成的数控振荡器 DCO 的工作频率为 100 kHz～10 MHz。

用上述 3 个振荡器可以产生 3 种时钟信号供单片机内部 CPU 和各种内部资源使用：

1. ACLK 辅助时钟

由 LXFT1 振荡器经 1、2、4、8 分频后获得，可由软件选择供各个外设模块使用。

2. MCLK 主系统时钟

可由软件选择来自 LXFT1、XT2(如果有的话)或者数控振荡器 DCO，经 1、2、4、8 分频后供 CPU 和系统使用。

3. SMCLK 子系统时钟

可由软件选择来自 LXFT1、XT2(如果有的话)或者数控振荡器 DCO，由软件可选经 1、2、4、8 分频后供外设模块使用。

5.2.2　基本时钟模块寄存器

上述 3 种时钟的使用是由基本时钟模块寄存器来控制的，基本时钟模块有 5 个寄存器，如表 5.3 所列。

表 5.3　基本时钟模块寄存器

寄存器	符 号	寄存器类型	地 址	初始状态
DCO 控制寄存器	DCOCTL	读/写	056h	060h 跟随 PUC
基本时钟控制 1	BCSCTL1	读/写	057h	084h 跟随 PUC
基本时钟控制 2	BCSCTL2	读/写	058h	由 POR 复位
SFR 中断使能 1	IE1	读/写	000h	由 PUC 复位
SFR 中断标志 1	IFG1	读/写	002h	由 PUC 复位

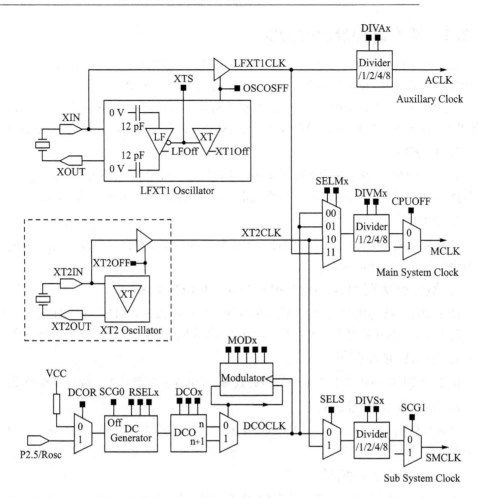

图 5.5　基本时钟模块的构成

这些寄存器各位的意义如下：

（1）DCOCTL：DCO 控制寄存器

Bit7	Bit6	Bit5	Bit4	Bit3	Bit2	Bit1	Bit0
DCOx	DCOx	DCOx	MODx	MODx	MODx	MODx	MODx

DCOx：Bit7～5，DCO 频率，这 3 位选择由 RSELx 位设定的 8 个离散 DCO 的工作频率。

MODx：Bit4～0，调制器选择。

在 DCOX= 7 时不用。

MSP430超低功耗16位单片机开发实例

(2) BCSCTL1：基本时钟系统控制寄存器 1

Bit7	Bit6	Bit5	Bit4	Bit3	Bit2	Bit1	Bit0
XT2OFF	XTS	DIVAx	DIVAx	XT5V	RSELx	RSELx	RSELx

XT2OFF：Bit7，XT2 关闭，开关 XT2 振荡器。

0：XT2 开；

1：XT2 关闭，如果它不是用于 MCLK 或 SMCLK。

XTS：Bit6，LFXT1 模式选择。

0：低频模式；

1：高频模式。

DIVAx：Bit5～4，ACLK 时钟分频系数。

00：/1；

01：/2；

10：/4；

11：/8；

XT5V：Bit3，无用。XT5V 始终复位。

RSELx：Bit2～0，电阻选择。内部电阻被选择在 8 个不同的级别，电阻器值定义的标称频率。设置 RSELx= 0 为最低标称频率。

(3) BCSCTL2：基本时钟系统控制寄存器 2

Bit7	Bit6	Bit5	Bit4	Bit3	Bit2	Bit1	Bit0
SELMx	SELMx	DIVMx	DIVMx	SELS	DIVSx	DIVSx	DCOR

SELMx：Bit7～6，MCLK 选择。选择主时钟 MCLK。

00：DCOCLK；

01：DCOCLK；

10：XT2CLK（如果芯片有 XT2 振荡器则选 XT2，若芯片没有 XT2 则选择 LFXT1CLK）；

11：LFXT1CLK。

DIVMx：Bit5～4，MCLK 时钟分频系数。

00：/1；

01：/2；

10：/4；

11：/8。

SELS：Bit3，SMCLK 选择。选择分主时钟 SMCLK。

0：DCOCLK；

1：XT2CLK（如果芯片有 XT2 振荡器则选 XT2，若芯片没有 XT2 则选择

LFXT1CLK)。

DIVSx：Bit 2~1，SMCLK 时钟分频系数。

00：/1；

01：/2；

10：/4；

11：/8。

DCOR：Bit0，DCO 电阻选择。

0：内部电阻；

1：外接电阻。

(4) IE1：中断使能寄存器 1

Bit7	Bit6	Bit5	Bit4	Bit3	Bit2	Bit1	Bit0
						OFIE	

OFIE：Bit1，振荡器故障中断使能。

0：中断禁止；

1：中断使能。

其余位用于其他模块。

(5) IFG1：中断标志寄存器 1

Bit7	Bit6	Bit5	Bit4	Bit3	Bit2	Bit1	Bit0
						OFIFG	

OFIFG：Bit1，振荡器故障中断标志。

0：无中断；

1：中断挂起。

其余位用于其他模块。

5.2.3　基本时钟模块初始化

一个 PUC(Power-Up Clear)信号之后，MCLK 主时钟和 SMCLK 分主时钟来自数控振荡器 DCO，这时 DCO 的控制位 RSELx＝4、DCOx＝3，前面说过 DCO 的工作频率范围在 100 kHz~10 MHz 之间，因此上电复位之后，DCO 工作在一个中等大小的频率(不同单片机系列此频率不尽相同，MSP430F14x 系列工作频率大约为 0.8 MHz，MSP430F161x 系列单片机的工作频率大约为 1.2 MHz)，也就是说此时 MSP430F161x 单片机的 MCLK 主时钟和 SMCLK 子系统时钟工作频率是 1.2 MHz。ACLK 辅助时钟来自低频模式(LF)的 LXFT1 振荡器。因此在上电复位或者看门狗定时器溢出之后，系统的默认时钟是这个样子的。

为了使用一个合适的时钟，用户应该在主函数的开始对基本时钟模块进行初始化设置。系统时钟对功耗的影响很大,工作频率越高,系统的效率越高,但是功耗也随之增大。对于一个用电池供电的手持电子设备来说,为求在系统性能和功耗之间的最佳平衡,在系统时钟设置时应遵循以下原则:

(1) 在满足系统性能的前提下,尽量采用较低的时钟频率,以降低功耗。

(2) 尽量使用 DCO,以节省晶振的成本。

(3) 对时间基准要求较高时,可采用 32 768 Hz 钟表晶体,以降低成本和缩小体积。

本书中的例程中就是根据系统的不同需要,采用了不同的时钟系统,请读者注意。

5.3　看门狗定时器

看门狗定时器 WDT 是一个 16 位定时器,看门狗的主要作用是当单片机程序在运行中出现软件错误时重启单片机,如果不用看门狗,它也可以作为一个 15 位时间间隔定时器,在定时间隔到达时产生中断。MSP430x1xx 系列单片机的看门狗具有如下功能:

- 4 个软件可选择的时间间隔;
- 看门狗模式;
- 时间间隔模式;
- WDT 控制寄存器的访问受密码保护;
- $\overline{\text{RST/NMI}}$ 引脚控制功能;
- 可选的时钟源;
- 可以停止,以节省功耗。

5.3.1　看门狗定时器的寄存器

看门狗定时器内部有一个 16 位的计数器和一个控制寄存器,当计数器溢出时可产生中断并置位中断标志。另外还有可选的时钟源。看门狗定时器只有一个控制寄存器 WDTCTL 用来控制它的功能,另外还有 IE1 和 IFG1 两个寄存器的某些位与它的工作有关。

看门狗控制寄存器 WDTCTL 是一个 16 位的读/写寄存器,它的 Bit15～8 是保护密码(WDTPW),读地址是 069h,必须被写成 05Ah。Bit7～0 的功能见表 5.4。

表 5.4　看门狗控制寄存器低 8 位功能

Bit7	Bit6	Bit5	Bit4	Bit3	Bit2	Bit1	Bit0
WDTHOLD	WDTNMIES	WDTNMI	WDTTMSEL	WDTCNTCL	WDTSSEL	WDTISx	

WDTHOLD:Bit7,看门狗定时器保持。此位停止看门狗定时器。设置 WDTHOLD= 1 不使用 WDT 看门狗时节省功耗。

0:不停止看门狗；

1:停止看门狗。

WDTNMIES:Bit6,看门狗定时器 NMI 的边沿选择。当 WDTNMI = 1 时,此位选择 NMI 中断的边缘。修改此位可以触发一个 NMI。当 WDTNMI=0 时修改此位,以避免触发一个偶然的 NMI。

0:NMI 上升沿；

1:NMI 下降沿。

WDTNMI:Bit5,看门狗定时器 NMI 的选择。此位选择 RST/NMI 引脚的功能。

0:RST 功能；

1:NMI 功能。

WDTTMSEL:Bit4,看门狗模式选择。

0:看门狗模式；

1:时间间隔定时器模式。

WDTCNTCL:Bit3,看门狗定时器/计数器清零,设置 WDTCNTCL=1,清计数器值到 0000h 时,WDTCNTCL 被自动复位。

0:No action；

1:WDTCNT = 0000h。

WDTSSEL:Bit2,看门狗定时器时钟源选择。

0:SMCLK；

1:ACLK。

WDTISx:Bit1～0,看门狗定时器时间间隔选择。这两位选择看门狗定时器的时间间隔,当时间间隔到时置位 WDTIFG 标志,并且/或者产生一个 PUC(Power - Up Clear)信号。

00:看门狗时钟/32 768；

01:看门狗时钟/8192；

10:看门狗时钟/512；

11:看门狗时钟/64。

5.3.2　看门狗定时器的使用

1. 看门狗定时器上电后的初始状态

一个 PUC 信号之后,看门狗模块使用 DCO 时钟,并自动配置为复位间隔为 32 ms 的初始看门狗模式。用户必须在该复位间隔期满前重新设置或停止看门狗。

2. 如果不使用看门狗,必须在主函数的开始用一条语句来停止看门狗

```
WDTCTL = WDTPW + WDTHOLD;                    // 停止看门狗
```

3. 用看门狗做间隔定时器

用看门狗的间隔定时器功能做定时器是一个简便易行的方法,只需一条语句用来设置间隔时间,并且允许看门狗中断,然后就可以关闭 CPU 进入低功耗模式,等待中断唤醒,最后在看门狗中断处理函数中去做用户要定时进行的工作。

5.3.3　看门狗定时器编程示例

例 5.1 看门狗定时器工作在间隔定时器模式,定时器溢出时产生中断,在中断服务函数中控制一个发光二极管的亮灭。读者可以尝试在中断服务函数中做其他需要的工作。为了使定时间隔时间准确,看门狗时钟采用了接有 32 768 Hz 手表晶体的 ACLK 时钟源,ACLK 用 2 分频,定时间隔可以做到 2 s,用 8 分频,定时间隔可以做到 8 s。程序如下:

【例 5.1】 看门狗定时器模式

```
//   ACLK = 32 768 Hz   MCLK = SMCLK = default DCO = UCLKO = DCO/2
//      WDT 时钟用 ACLK = 32 768 Hz,2 分频时间间隔是 2 s
# include ＜msp430x16x.h＞
//------------------------------------------------------------
void main(void)
{
  unsigned int i;
  for (i = 1000; i > 0; i--);        //延时
  P2DIR | = 0x01;                    // P2.0 输出方向
  P2OUT = 0xFF;                      // P2.0 全部输出高电平
  BCSCTL1 | = DIVA_0;                // ACLK = 32 768 ,ACLK/2 = 8 s
  WDTCTL = WDT_ADLY_1000;            // WDTCLK = ACLK = 32 768 Hz,间隔时间 = 1 000 ms
  IE1 | = WDTIE;                     // WDT i 中断允许
  _BIS_SR(LPM0_bits + GIE);          // 进入 LPM0 模式  等待中断
}

// Watchdog Timer interrupt service routine
# pragma vector = WDT_VECTOR
__interrupt void watchdog_timer(void)
{
  P2OUT ^= 0x01;                        // 翻转 P2.0 引脚
}
```

123

5.4　数字 I/O 端口

　　MSP430F1xx 系列单片机有多达 6 个数字 I/O 端口 P1～P6。每个端口有 8 个 I/O 引脚。每个 I/O 引脚都可被单独配置为输入或输出方向,每个 I/O 线可以单独读取或写入。

　　端口 P1 和 P2 还具有中断能力。P1 和 P2 的每个 I/O 中断线可以单独启用和配置,包括配置中断输入信号的上升沿或下降沿有效。P1 的所有 I/O 线共用同一中断向量,P2 的所有 I/O 线共用另一个相同的中断向量。

　　数字 I/O 端口的功能包括:

- 独立可编程的 I/O 线;
- 输入或输出的任意组合;
- 单独配置的 P1 和 P2 中断;
- 独立的输入和输出数据寄存器;
- 部分 MSP430 系列单片机的 P1 和 P2 端口引脚内部有上拉电阻,例如 MSP430F2xx 系列、MSP430G2xx 系列。

5.4.1　数字 I/O 端口的寄存器

　　(1) 数字 I/O 端口 P1～P6,其中每一个端口都有下面 4 个寄存器:

- 输入寄存器 PxIN;
- 输出寄存器 PxOUT;
- 方向寄存器 PxDIR;
- 功能选择寄存器 PxSEL。

　　(2) P1 和 P2 端口另外还有 3 个和中断有关的寄存器:

- 中断使能寄存器 P1IE、P2IE;
- 中断标志寄存器 P1IFG、P2IFG;
- 中断边沿选择寄存器 P1IES、P2IES。

　　(3) 内部有上拉电阻的 P1 和 P2 端口还有 P1REN、P2REN 寄存器。

5.4.2　数字 I/O 端口的初始化

　　程序中使用的端口的每一个引脚都要根据所用功能不同,分别配置其相关的寄存器才能正常使用,使用中断和不使用中断的 I/O 引脚初始化的方法是不同的,具体用法如下所述。

　　(1) 不做中断使用的 I/O 引脚的初始化:应配置 I/O 功能、输出方向,举例如下:在开始位置定义引脚:

```
#define SDA BIT7              // SDA 引脚在 P1.7
```

```
#define SCL BIT4                          // SDL 引脚在 P1.4
```

在端口初始化函数中配置引脚：

```
P1DIR = SDA + SCL + LED;                  // SDA、SCL、LED 引脚为输出方向
P1REN = SDA + SCL;                        // SDA、SCL 引脚使用上拉电阻
P1OUT = SDA + SCL;                        // SDA、SCL 引脚输出为高
```

（2）带中断 I/O 引脚的初始化：
在开始位置定义引脚：

```
#define S1 BIT1                           //搜索键在 P1.1
```

在端口初始化函数中配置引脚：

```
P1IE  | = S1;                             // S1 开中断
P1IES | = S1;                             // S1 上升沿中断
P1IFG & = ～S1;                           // S1  IFG 中断标志位清零
P1DIR & = ～S1;                           // S1 为输入模式
```

（3）未使用的 I/O 引脚应配置为 I/O 功能、输出方向，并悬空在 PCB 板上，以降低功耗。不用的引脚的 PxOUT 位值无需考虑，因为引脚是悬空的。

5.4.3　数字 I/O 端口编程示例

例 5.2 在 P1.3 引脚接一个按键开关 S2，P1.0 引脚接一个 LED。配置 P1.3 为中断工作模式，下降沿中断，当按下 S2 时产生中断，在中断服务处理函数中翻转 LED，使 LED 循环亮灭。可以使用 3.4 节介绍的 MSP430_LaunchPad 实验板来做这个实验，硬件电路如图 3.22 所示。读者也可以使用其他任意型号符合要求的 MSP430 单片机实验板来做。完整的程序语句如下：

【例 5.2】　P1 端口引脚中断

```
#include   <msp430g2211.h>
void main(void)
{
  WDTCTL = WDTPW + WDTHOLD;               //停止看门狗
  P1DIR | = 0x01;                         //置 P1.0 引脚到输出方向

  P1IE | = 0x08;                          //P1.3 允许中断
  P1IES | = 0x08;                         //P1.3 下降沿中断
  P1IFG & = ～0x08;                       //P1.3 IFG 中断标志清零

  _BIS_SR(LPM4_bits + GIE);               //进入 LPM4 模式等待中断 w/interrupt
}
// Port 1 interrupt service routine
#pragma vector = PORT1_VECTOR
__interrupt void Port_1(void)
```

```
{
    P1OUT ^= 0x01;                          //翻转 P1.0 引脚
    P1IFG &= ~0x08;                         // P1.3 IFG 中断标志清零
}
```

5.5　通用同步/异步接收/发送器(USART)的 UART 异步模式

大部分 MSP430 系列单片机都有一个通用同步/异步接收/发送器(USART)，MSP430x12xx，MSP430x13xx，MSP430x15x 系列单片机只有一个 USART0，MSP430x14x 和 MSP430x16x 系列另外还有第二个相同的 USART 模块 USART1。

通用同步/异步接收/发送器(USART)外设接口是一种全双工串行数据通信接口，MSP430 系列单片机中的 USART 可以用一个硬件模块支持多种串行通信模式：UART(通用异步串行接收/发送器)模式和 SPI 同步模式以及 I2C 模式。本节先讨论 UART 异步模式的使用。

当 SYNC=0 时，USART 进入 UART 模式。在 UART 异步模式下，MSP430 的 USART 通过两个外部引脚 URXD 和 UTXD 连接到外部系统。

UART 模式的功能包括：

● 7 或 8 位数据，带奇、偶校验或无校验位；
● 独立的发送和接收移位寄存器；
● 独立的发送和接收缓冲寄存器；
● LSB 的第一个数据的发送和接收；
● 用于多处理器系统通信的内置空闲线和地址位通信协议；
● 接收器开始边缘检测，用于自动唤醒 LPMx 模式；
● 带调制的可编程波特率支持小数波特率；
● 状态标志错误检测和抑制以及地址检测；
● 用于接收和发送的独立中断能力。

在 UART 模式下，USART 以固定的比特率异步发送和接收字符到另一台设备。每个字符的时序基于 USART 波特率。发送和接收使用相同的波特率频率。

5.5.1　USART 的初始化和复位

USART 可以由一个 PUC 或置位 SWRST 位复位。一个 PUC 信号之后，SWRST 位被自动置位，保持 USART 在复位状态。当 SWRST 位置位时，复位 URXIEx、UTXIEx、URXIFGx、RXWAKE、TXWAKE、RXERR、BRK、PE、OE 和 FE 位，并且置位 UTXIFGx 和 TXEPT 位。SWRST 不改变接收和发送使能标志 URXEx 和 UTXEx。清零 SWRST 使 USART 被释放开始运行。

USART 初始化/重新配置的过程如下：

(1) 置位 SWRST；

(2) 用 SWRST ＝ 1 初始化所有的 USART 寄存器(包括 UxCTL)；

(3) 通过 SFR 的 MEx(URXEx 和/或 UTXEx)启用 USART 模块；

(4) 通过软件清除 SWRST；

(5) 通过 SFR 的 IEx(URXIEx 和/或 UTXIEx)启用中断(可选)。

5.5.2　USART 的控制和状态寄存器

USART 有 11 个控制和状态寄存器，见表 5.5。MSP430F1611 单片机还有一个 USART1，它的控制和状态寄存器与此基本相同，见表 5.6。通过配置这些控制和状态寄存器用户就可以使用 USART。

表 5.5　USART0 的控制和状态寄存器

寄存器	符　号	寄存器类型	地　址	初始状态
USART 控制寄存器	U0CTL	读/写	070h	001h with PUC
发送控制寄存器	U0TCTL	读/写	071h	001h with PUC
接收控制寄存器	U0RCTL	读/写	072h	000h with PUC
调制控制寄存器	U0MCTL	读/写	073h	Unchanged
波特率控制寄存器 0	U0BR0	读/写	074h	Unchanged
波特率控制寄存器 1	U0BR1	读/写	075h	Unchanged
接收缓冲寄存器	U0RXBUF	读	076h	Unchanged
发送缓冲寄存器	U0TXBUF	读/写	077h	Unchanged
SFR 模块使能寄存器 1	ME1	读/写	004h	000h with PUC
SFR 中断使能寄存器 1	IE1	读/写	000h	000h with PUC
SFR 中断标志寄存器 1	IFG1	读/写	002h	082h with PUC

表 5.6　USART1 的控制和状态寄存器

寄存器	符　号	寄存器类型	地　址	初始状态
USART 控制寄存器	U1CTL	读/写	078h	001h with PUC
发送控制寄存器	U1TCTL	读/写	079h	001h with PUC
接收控制寄存器	U1RCTL	读/写	07Ah	000h with PUC
调制控制寄存器	U1MCTL	读/写	07Bh	Unchanged
波特率控制寄存器 0	U1BR0	读/写	07Ch	Unchanged
波特率控制寄存器 1	U1BR1	读/写	07Dh	Unchanged
接收缓冲寄存器	U1RXBUF	读	07Eh	Unchanged
发送缓冲寄存器	U1TXBUF	读/写	07Fh	Unchanged
SFR 模块使能寄存器 1	ME2	读/写	005h	000h with PUC
SFR 中断使能寄存器 1	IE2	读/写	001h	000h with PUC
SFR 中断标志寄存器 1	IFG2	读/写	003h	020h with PUC

下面是各个寄存器详细的位功能：

(1) UxCTL：USART 控制寄存器

Bit7	Bit6	Bit5	Bit4	Bit3	Bit2	Bit1	Bit0
PENA	PEV	SPB	CHAR	LISTEN	SYNC	MM	SWRST

PENA：Bit7，奇偶校验位使能。

0：禁止奇偶校验；

1：使能奇偶校验。

PEV：Bit6，奇偶选择，不用奇偶校验时该位不用。

0：奇校验；

1：偶校验。

SPB：Bit5，停止位选择，发送停止位的个数。接收器总是会检查一个停止位。

0：1 个停止位；

1：2 个停止位。

CHAR：Bit4，字符数据长度。

0：7 位 数据；

1：8 位 数据。

LISTEN：Bit3，监听启用。监听位选择环回模式。

0：监听不启用；

1：监听启用，UTXDx 内部反馈到接收器。

SYNC：Bit2，同步模式。

0：UART 异步模式；

1：SPI 同步模式。

MM：Bit1，多处理器模式选择。

0：空闲线多处理器协议；

1：地址位多处理器协议。

SWRST：Bit0，软件复位使能。

0：禁止，USART 复位释放操作；

1：使能，USART 逻辑保持在复位状态。

(2) UxTCTL：USART 发送控制寄存器

Bit7	Bit6	Bit5	Bit4	Bit3	Bit2	Bit1	Bit0
Unused	CKPL	SSELx	SSELx	URXSE	TXWAKE	Unused	TXEPT

Bit 7、1 没有用。

CKPL：Bit6，时钟极性选择。

0：UCLKI = UCLK；

1：UCLKI ＝ 倒 UCLK。

SSELx：Bit5～4，信号源选择。这些位选择 BRCLK 的时钟源。

00：UCLKI；

01：ACLK；

10：SMCLK；

11：SMCLK。

URXSE：Bit3，UART 接收开始边缘。该位使 UART 启动接收边缘的功能。

0：禁止；

1：使能。

TXWAKE：Bit2，发射器唤醒。

0：下一个发送的字符是数据；

1：下一个发送的字符是地址。

TXEPT：Bit0，发送器空标志。

0：UART 正在发送 UxTXBUF 中的数据；

1：发送移位寄存器和 UxTXBUF 为空或 SWRST ＝1。

(3) UxRCTL：USART 接收控制寄存器

Bit7	Bit6	Bit5	Bit4	Bit3	Bit2	Bit1	Bit0
FE	PE	OE	BRK	URXEIE	RXWIE	RXWAKE	RXERR

FE：Bit7，帧错误标志。

0：无错；

1：收到带有低停止位的字符。

PE：Bit6，奇偶校验错误标志。当 PENA ＝ 0，PE 读为 0。

0：无错；

1：收到带有奇偶错误的字符。

OE：Bit5，溢出错误标志。在前一个字符被读出之前，若有一个字符被传输到 UxRXBUF，则该位被置位。

0：无错；

1：发生溢出错误。

BRK：Bit4，间断检测标志。

0：无间断发生；

1：发生间断。

URXEIE：Bit3，收到错误字符中断使能。

0：拒绝错误字符并且 URXIFGx 不被置位；

1：接收错误字符并置位 URXIFGx。

URXWIE：Bit2，接收唤醒中断使能。当接收到一个地址字符时使 URXIFGx 置位。当 URXEIE＝0,如果收到一个有错误的地址字符不会将 URXIFGx 置位。

0:所有收到字符置位 URXIFGx;

1:仅收到地址字符置位 URXIFGx。

RXWAKE:Bit1,接收唤醒标志。

0:收到的字符是数据;

1 收到的字符是一个地址;

RXERR:Bit 0,接收错误标志,该位表示一个字符收到错误(S)。当 RXERR＝1,或更多的错误标志(FE,PE,OE,BRK)也被置位。读取 UxRXBUF 时 RXERR 被清零。

0:没有检测到接收错误;

1:检测到接收错误。

(4) UxBR0:USART 波特率控制寄存器 0

Bib7	Bit6	Bit5	Bit4	Bit3	Bit2	Bit1	Bit0
2^7	2^6	2^5	2^4	2^3	2^2	2^1	2^0

(5) UxBR1:USART 波特率控制寄存器 1

Bit7	Bit6	Bit5	Bit4	Bit3	Bit2	Bit1	Bit0
2^{15}	2^{14}	2^{13}	2^{12}	2^{11}	2^{10}	2^9	2^8

UxBRx:波特率控制寄存器。

波特率的有效控制范围为 $3 \leqslant UxBR < 0FFFFH$,其中 $UxBR = \{UxBR1 + UxBR0\}$。UxBR<3 会导致不可预知的接收和发送时序发生。

UxMCTL:USART 调制控制寄存器。

UxMCTLx:Bit7~0,调制位。这些位选择波特率时钟(BRCLK)的调制。

UxRXBUF:USART 接收缓冲寄存器。

UxRXBUFx:Bit7~0,接收数据缓冲器是用户可访问的、包含来自接收移位寄存器最后收到的字符。在 7 位数据模式下,读 UxRXBUF 会复位接收错误位、RXWAKE 位和 URXIFGx 位。UxRXBUF 是最低位(LSB)对齐的,最高位总是被复位。

UxTXBUF:USART 发送缓冲寄存器。

UxTXBUFx:Bit7~0,发送数据缓冲区是用户可访问的,这里保存等待移动到发送移位寄存器的数据和上传输的 UTXDx。写发送数据缓冲区会清除 UTXIFGx。在 7 位数据模式时不使用 UxTXBUF 的最高位,它总是被复位。

(6) ME1:模块使能寄存器 1

Bit7	Bit6	Bit5	Bit4	Bit3	Bit2	Bit1	Bit0
UTXE0†	URXE0†						

UTXE0：Bit7，USART0 发送使能。

0：禁用；

1：使能。

URXE0：Bit 6，USART0 接收使能。

0：禁用；

1：使能。

Bits5～0 这些位其他模块也使用。

† 不适用于 MSP430x12xx 系列，因为 MSP430x12xx 系列有两个 USART，该系列使用 ME2 寄存器中的 USART0 模块使能位，见下面的 ME2 寄存器。

(7) ME2：模块使能寄存器 2

Bit7	Bit6	Bit5	Bit4	Bit3	Bit2	Bit1	Bit0
		UTXE1	URXE1			UTXE0†	RXE0†

Bit7～6 和 Bit3～2 这些位其他模块也使用。

UTXE1：Bit5，USART1 发送使能。

0：禁用；

1：使能。

URXE1：Bit4，USART1 接收使能。

0：禁用；

1：使能。

UTXE0：Bit1，USART0 发送使能。

0：禁用；

1：使能。

URXE0：Bit0，USART0 接收使能。

0：禁用；

1：使能。

(8) IE1：中断使能寄存器 1

Bit7	Bit6	Bit5	Bit4	Bit3	Bit2	Bit1	Bit0
UTXIE0†	URXIE0†						

UTXIE0：Bit7，USART0 发送中断使能。

0：禁止中断；

1：使能中断。

URXIE0：Bit6，USART0 接收中断使能。

0：禁止中断；

1：使能中断。

Bit5～0 这些位其他模块也使用。

† 不适用于 MSP430x12xx 系列,因为 MSP430x12xx 系列有两个 USART,该系列使用 IE2 寄存器中的 USART0 模块中断使能位,见下面的 IE2 寄存器。

(9) IE2:中断使能寄存器 2

Bit7	Bit6	Bit5	Bit4	Bit3	Bit2	Bit1	Bit0
		UTXIE1	URXIE1			UTXIE0‡	URXIE0‡

Bit7～6 和 Bit3～2 这些位其他模块也使用。

UTXIE1:Bit5,USART1 发送中断使能。

0:禁止中断;

1:使能中断。

URXIE1:Bit4,USART1 接收中断使能。

0:禁止中断;

1:使能中断。

UTXIE0‡:Bit1,USART0 发送中断使能。

0:禁止中断;

1:使能中断。

URXIE0‡: Bit0,USART0 接收中断使能。

0:禁止中断;

1:使能中断。

(10) IFG1:中断标志寄存器 1

Bit7	Bit6	Bit5	Bit4	Bit3	Bit2	Bit1	Bit0
UTXIFG0†	URXIFG0†						

UTXIFG0†: Bit7,USART0 发送中断标志,当 U0TXBUF 为空时 UTXIFG0 被置位。

0:无中断;

1:中断。

URXIFG0†: Bit6,USART0 接收中断标志,当 U0RXBUF 已收到一个完整的字符时,URXIFG0 被置位。

0:无中断;

1:中断。

Bit5～0 这些位其他模块也使用。

† 不适用于 MSP430x12xx 系列,因为 MSP430x12xx 系列有两个 USART,该系列使用 IFG2I 寄存器中的 USART0 模块中断使能标志位,见下面的 IFG2 寄存器。

(11) IFG2:中断标志寄存器 2

Bit7	Bit6	Bit5	Bit4	Bit3	Bit2	Bit1	Bit0
		UTXIFG1	URXIFG1			UTXIFG0	URXIFG0

Bit7~6 和 Bit3~2 这些位其他模块也使用。

UTXIFG1:Bit5,USART1 发送中断标志,当 U1TXBUF 为空时置位 UTX-IFG1。

0:无中断;

1:中断。

URXIFG1:Bit4,USART1 接收中断标志,当 U1RXBUF 已收到一个完整的字符时,置位 URXIFG1。

0:无中断;

1:中断。

UTXIFG0:Bit1,USART0 发送中断标志,当 U0TXBUF 为空时置位 UTX-IFG0。

0:无中断;

1:中断。

URXIFG0:Bit0,USART0 接收中断标志,当 U0RXBUF 已收到一个完整的字符时,置位 URXIFG0。

0:无中断;

1:中断。

‡ 仅适用于 MSP430x12xx 系列。

5.5.3　USART 在 UART 异步模式时的编程示例

USART 在 UART 异步模式时和上位机 RS-232 串口进行通信是 USART 最基本的也是最主要的功能。由于 RS-232 串口采用的信号电平和单片机不同,因此在单片机和上位机之间要接入电平匹配电路,常用的芯片型号为 MAX3232,因为 MSP430 单片机采用 3.3 V 电压,所以 MAX 芯片也要用 3 V 工作的型号 MAX3232,不能用 MAX232。电路原理图如图 5.6 所示。

上位机串口通信软件网上有很多种都可以使用,上位机和单片机系统的通信协议设置要相同,波特率一般为 9 600。例 5.3 是由上位机软件向单片机发送字符,单片机接收中断允许,等待接收上位机发送的字符,收到后再立即把收到的字符发回上位机。

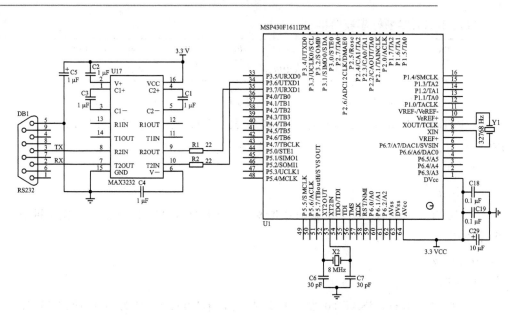

图 5.6　USART 设置为 UART 模式与上位机通信

134

【例 5.3】　USART1 收发上位机数据

```
// 用 USART1 和上位机做串口通信，波特率 9 600

# include <msp430x16x.h>

//----------------------------------------------
void Init_USART1(void)
{
        U1CTL = CHAR;               //数据位为 8bit
        U1TCTL = SSEL1;             //波特率发生器 UCLK = SMCLK
        U1BR0 = 0X41;               //波特率为 8MHz/9600    x9600
        U1BR1 = 0X03;
        U1MCTL = 0X00;              //没有调制
        ME2 | = UTXE1 + URXE1;      //使能 UART1 的 TXD 和 RXD
        IE2 | = URXIE1;             //使能 UART1 的 RX 中断
        P3SEL | = 0xC0;             // P3.6,7 = USART1 option select
        P3DIR | = BIT6;             //P3.6 为输出引脚
        U1CTL & = ~SWRST;           // 初始化 USART 状态机


}
//==============================================
//初始化时钟
void Init_Clock(void)
{
```

```
    BCSCTL1 = RSEL2 + RSEL1 + RSEL0;//XT2 开启 LFXT1 工作在低频模式 ACLK 不分频
                                     //最高的标称频率
    BCSCTL2 = SELS;                  //SMCLK 时钟源为 XT2CLK,不分频
}
//------------------------------------------------

void main(void)
{
  int i;
  WDTCTL = WDTPW + WDTHOLD;       // 停止 WDT
  Init_Clock();
  Init_USART1();
  for (i = 1000; i > 0; i--);     //延时

  _BIS_SR(LPM0_bits + GIE);       // 进入 LPM0 w/中断
}
#pragma vector = UART1RX_VECTOR
__interrupt void usart1_rx (void)
{
  while (! (IFG2 & UTXIFG1));      // USART1 TX 缓冲区准备好?
  U1TXBUF = U1RXBUF;              // U1RXBUF to U1TXBUF
}
```

5.6　通用同步/异步接收/发送器(USART)的 SPI 同步模式

通用同步/异步接收/发送器(USART)还支持 SPI 模式,如前所述,SPI 也是一种串行通信模式,它是同步模式,有独立的同步时钟信号线。USART 模块通过寄存器可以设置为标准的 SPI 模式。USART 在 SPI 模式时具有以下功能:

- 7 位或 8 位数据长度;
- 引脚 3 或者引脚 4SPI 操作;
- 主机或者从机模式;
- 独立的发送和接收移位寄存器;
- 独立的发送和接收缓冲寄存器;
- 可选的 UCLK 时钟极性和相位控制;
- 在主机模式 UCLK 时钟频率可编程;
- 发送和接收独立的中断能力。

5.6.1　USART SPI 同步模式的原理

在 SPI 同步模式下,一般单片机作为主机,可以和多个作为从机的器件实现串行

数据的发送和接收,它们共同使用一个由主机提供的共享时钟,主机通过 STE 引脚
来确定多个器件中的哪一个器件接收和发送数据。USART 通过 4 个外部引脚 SI-
MO、SOMI、UCLK 和 STE 与这些器件相连,其中 SIMO 和 SOMI 是数据输入输出
线,UCLK 是共享时钟信号线,这 3 根信号线是多个器件共用的,STE 是器件选通信
号线,每个器件需要独自有一根,STE 平时为高电平,从器件被禁止。当某个器件的
STE 线为低时,该器件被选通。表 5.7 为 SPI 同步模式各信号线的功能。

表 5.7　SPI 同步模式信号线

	SIMO	SOMI	UCLK	STE
主机	数据输出	数据输入	时钟输出	选通输出
从机	数据输入	数据输出	时钟输入	选通输入

5.6.2　USART SPI 同步模式使用的寄存器

USART 在 SPI 同步模式时使用的寄存器和它在 UART 异步模式时是一样的,
详见表 5.5,但是其中有几个寄存器的个别位含义有所不同。

(1) UxCTL:USART 控制寄存器

Bit7	Bit6	Bit5	Bit4	Bit3	Bit2	Bit1	Bit0
		I2C†	CHAR	LISTEN	SYNC	MM	SWRST

前 3 位不同,Bit7～6 没有用,Bit5 是模式选择,Bit1 是主从机选择,其余位含义
不变。

I2C†:Bit5,I2C 模式使能,当 SYNC = 1 时,该位选择 I2C 或 SPI 模式。

0:SPI 模式;

1:I2C 模式。

CHAR:Bit4,字符数据长度。

0:7 位数据;

1:8 位数据。

LISTEN:Bit3,监听启用。监听位选择环回模式。

0:监听不启用;

1:监听启用。UTXDx 内部反馈到接收器。

SYNC:Bit2,同步模式。

0:UART 模式;

1:SPI 模式。

MM:Bit1,主从机选择。

0:USART 从机;

1:USART 主机。

SWRST:Bit0,软件复位使能。

0:禁止,USART 复位释放操作;

1:使能,USART 逻辑保持在复位状态。

(2) UxTCTL:USART 发送控制寄存器

Bit7	Bit6	Bit5	Bit4	Bit3	Bit2	Bit1	Bit0
CKPH	CKPL	SSELx	SSELx	Unused	Unused	STC	TXEPT

CKPH:Bit7,时钟相位选择,控制 UCLK 的相位。

0:一般的 UCLK 时钟方案;

1:UCLK 被延迟了 1 个半周期。

CKPL:Bit6,时钟极性选择。

0:无效电平是低的,UCLK 的上升沿数据被输出,UCLK 的下降沿输入数据被锁存。

1:无效电平是高的,UCLK 的下降沿数据被输出,UCLK 的上升沿输入数据被锁存。

SSELx:Bit5~4,信号源选择。这些位选择 BRCLK 的时钟源。

00:外部 UCLK (仅对从模式有效);

01:ACLK (仅对主模式有效);

10:SMCLK (仅对主模式有效);

11:SMCLK (仅对主模式有效)。

Bit 3、2 没有用。

STC:Bit1,从机发送模式。

0:4 引脚 SPI 模式,STE 使能;

1:3 引脚 SPI 模式,STE 禁止。

TXEPT:Bit0,发送器空标志,禁止用于从模式。

0:发送等候在 UxTXBUF 中的数据;

1:UxTXBUF 和 TX 移位寄存器为空。

(3) UxRCTL:USART 接收控制寄存器

Bit7	Bit6	Bit5	Bit4	Bit3	Bit2	Bit1	Bit0
FE		OE					

只用了 FE(Bit7)帧错误标志和 OE(Bit5)溢出错误标志,其余位没有用。

FE:Bit7,帧错误标志。该位表示当 MM=1 和 STC=0 时出现总线冲突,在从模式下不使用。

0:未检测到冲突;

1:在 STE 负边缘发生,说明总线冲突。

OE：Bit5，溢出错误标志。当 UxRXBUF 中的前一个字符在被读取之前，又有一个字符被传入到 UxRXBUF，此时该位被置位。UxRXBUF 被读时 OE 会自动复位，当 SWRST＝1，或可复位软件。

0：无错；

1：溢出错误。

（4）UxBR0：USART 波特率补充说明寄存器 0

（5）UxBR1：USART 波特率补充说明寄存器 1

（6）UxBRx：波特率控制寄存器

UxBR＝{UxBR1＋ UxBR0}用于设置波特率，若 UxBR＜2 会导致不可预知的 SPI 操作。

（7）UxMCTL：USART 调制控制寄存器

调制控制寄存器在 SPI 模式时不使用，设置为 000h。

（8）ME1：模块使能寄存器 1

Bit7	Bit6	Bit5	Bit4	Bit3	Bit2	Bit1	Bit0
	USPIE0†						

USPIE0†：Bit 6，USART0 SPI 使能。

0：模块禁止；

1：模块使能；

† 不适用于 MSP430x12xx 系列，因为 MSP430x12xx 系列有两个 USART，该系列使用 ME2 寄存器中的 USART0 模块使能位，见下面的 ME2 寄存器。

（9）ME2：模块使能寄存器 2

Bit7	Bit6	Bit5	Bit4	Bit3	Bit2	Bit1	Bit0
			USPIE1				USPIE0‡

USPIE1：Bit4，USART1 SPI 使能。

0：禁止；

1：使能。

USPIE0‡：Bit0，USART0 SPI 使能。

0：禁止；

1：使能。

‡ 仅适用于 MSP430x12xx 系列。

IE1、IE2、IFG1、IFG2 寄存器和上节 USART 异步模式中这些寄存器的位功能完全相同，这里不再赘述。

5.6.3　USART SPI 同步模式的初始化和使用

当设置 SYNC＝1 ，I2C＝0 时，USART 进入 SPI 模式。首先要在 MEx 寄存器

使能 USART 模块(USPIEx),其次要在 UxCTL 寄存器中设置数据位数 CHAR、同步模式 SYNC、主从模式 MM,在 UxTCTL 寄存器中选择时钟源、SPI 的引脚模式 STC,在 UxBR 中设置波特率,最后 SWRST 清零释放 USART 操作。下面是一段 USART1 在 SPI 模式时的初始化函数:

```
//-------------------------------------------------
void Init_USART1(void)
{
  ME2 |= USPIE1;                            // USART1 在 SPI 模式
  U1CTL |= CHAR + SYNC + MM;                // 8 位 SPI 主机模式
  U1TCTL |= CKPH + SSEL1 + SSEL0 + STC;     // 时钟源 UCLK = SMCLK,引脚 3 模式
  U1BR0 = 0x02;                             // UCLK/2
  U1BR1 = 0x00;                             // 0
  U1MCTL = 0x00;                            // 没有调制
  U1CTL &= ~SWRST;                          // 初始化 USART
  P5SEL |= 0x0E;                            // P5.1~3 引脚为 SPI 选项
  P5DIR |= 0x01;                            // P3.0 输出方向
}
```

初始化后,使用 SPI 模式传输数据的编程十分简单,只要检查中断标志寄存器中的发送中断或接收中断位是否被置位(=1),就可以收发数据。

例如 IFG2 寄存器中,当发送缓存 U1TXBUF 为空时,发送中断标志 UTXIFG1=1。这时就可以把要发送的数据写入发送缓存进行发送。

当接收缓存 U1RXBUF 已收到一个完整的字符时,接收中断标志 URXIFG1=1。这时就可以从接收缓存中读出收到的数据。参看 5.5.3 中的 IFG2 寄存器说明。

下面是使用 USART1 在 SPI 模式时发送和接收数据的典型语句:

```
while (IFG2 & UTXIFG1 ==0);        // 等待 TX 发送准备好
U1TXBUF = pBuffer[i];              // 写入发送数据到发送缓存

while (IFG2 & URXIFG1 ==0);        // 等待 RX 接收缓存满
pBuffer[i] = U1RXBUF;              // 从接收缓存收到一字节数据
```

语句 while (IFG2 & UTXIFG1 ==0)也可以写作 while (!(IFG2 & UTXIFG1)),这两种表达意思是一样的。

5.6.4　USART SPI 同步模式编程示例

虽然一般单片机都有几个并行口,但有时还是不够用,需要扩展它的并行口。已经有像 8255 这样专用的可编程并行口扩展芯片供用户选用。这里介绍一种用串行口来扩展并行口的方法。在 MSP430 单片机中可以用 USART SPI 同步模式配合移位寄存器 74HC164 来扩展并行端口。单片机的串行口若不用作串行通信的话,可以

用来扩展并行口。

　　74LS164 是串入并出的移位寄存器,MSP430F1611 单片机把数据以 8 位为一组,按照从低位到高位的顺序,由主机数据输出 SIMO1 引脚发送到 74LS164 的 AB 串行数据输入端,时钟 UCLK1 信号接入 74LS164 的 CLK 时钟端,作为移位时钟信号,这样就可以用 USART 串行口通过 74LS164 扩展出一个并行数据输出口。若要扩展多个 8 位并行输出口,可以将几个 74LS164 串接起来,把前一个 74LS164 的最高位输出引脚接到下一个 74LS164 的 AB 串行输入端,所有的 74LS164 时钟引脚并接到一起接移位时钟脉冲,就可以扩展出几个并行数据口。图 5.7 就是用一个 USART 串口和 4 个 74LS164 扩展出了 4 个 8 位并行数据输出口,可以用来驱动 4 位 LED 数码显示器。

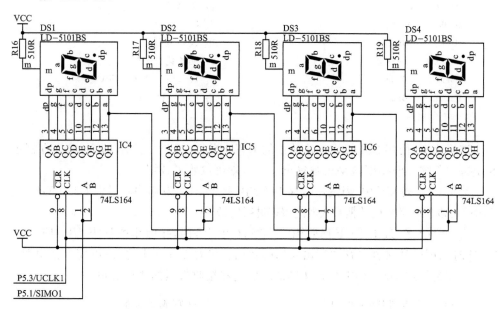

图 5.7　用串行口和 4 个 74LS164 扩展 4 个并行口

　　软件方面首先把 USART 配置在 SPI 模式,使用上节给出的初始化函数 Init_ USART1()。在 MSP430F1611 中 USART1 引脚 P5.1 是 SIMO1,引脚 P5.3 是时钟 UCLK1,这里使用 3 引脚主机模式。

　　例 5.4 是在 4 位 LED 上显示 1234。要显示的数据存储在 dis_buf[4]字符数组中,函数 display(char * p)用来把数组中的 4 个字符一个一个地通过 SPI 端口送到 HC164 寄存器驱动 LED 显示,字符数据在送显示之前还要通过查表转换成 LED 显示器对应的段码,才能正常显示。

　　【例 5.4】 USART1 在 SPI 模式驱动 4 位 LED 显示器

```
// 用 MSP430P1611  的 USART1 工作在 SPI  模式,驱动 HC164 4 位 LED 显示。
// ACLK = n/a   MCLK = SMCLK = default DCO = UCLK1 = DCO/2
```

```
// 74HC164CP_P5.3/SCLK
// 74HC164AB_P5.1/SDO
#include <msp430x16x.h>
//--------------------------
void display(char * p)
{
  char table[23] = {0xC0,0xF9,0xA4,0xB0,0x99,0x92,0x82,0xF8,0x80,0x90,
          0x88,0x83,0xC6,0xA1,0x86,0x8E,0x8C,0xC1,0x89,0xC7,0x91,0xBF,0xFF};
  char i;

  for(i = 0;i<4;i++)
  {
    while (! (IFG2 & UTXIFG1));            // USART1 发送缓冲准备好?
    U1TXBUF = table[ * p];                 // 段码查表
    p++;
  }
}
//----------------------------------------------------
void main(void)
{
  int i;
  char dis_buf[4] = {0x04,0x03,0x02,0x01};    // 显示 1234
  WDTCTL = WDTPW + WDTHOLD;                    // 停止看门狗
  Init_USART1();
  for (i = 1000; i > 0; i--);                  // 延时

   display(dis_buf);

  while(1)
   {
     ;                                         //空循环
   }

}
```

5.7　通用同步 /异步接收 /发送器(USART)的 I2C 模式

通用同步/异步接收/发送器(USART)可以工作在 I2C 模式(只能在 USART0
上实现),使得 MSP430 单片机能够很方便地使用具有 I2C 接口的外设。USART 使
用在 I2C 模式时功能十分强大,符合 Philips 半导体 I2C 规范 V2.1,它具有如下

性能：

- 字节/字的格式转换；
- 7 位和 10 位器件寻址模式；
- 通用调用；
- 启动/重新启动/停止；
- 多主发送器/从机接收模式；
- 多主机接收/从机发送模式；
- 混合主发送/接收和接收/发送模式；
- 标准模式下可达 100 kbps 和快速模式高达 400 kbps 支持；
- 内置的 FIFO 缓冲读取和写入；
- 可编程时钟发生器；
- 16 位宽数据访问，以最大限度地提高总线吞吐量；
- 自动数据字节计数；
- 专为低功耗设计；
- 从接收器 START 检测，用于由 LPMx 模式自动唤醒；
- 丰富的中断能力。

5.7.1　USART 在 I2C 模式使用的寄存器

USART 在 I2C 模式使用的寄存器见表 5.8，共有 13 个，其中有 3 个是和中断有关的，为了节省篇幅，这里只对几个主要寄存器做详细介绍。

表 5.8　USART 在 I2C 模式使用的寄存器

寄存器名称	代　号	寄存器类型	地　址	初始状态
I2C 中断使能	I2CIE	读写	050h	Reset with PUC
I2C 中断标志	I2CIFG	读写	051h	Reset with PUC
I2C 数据计数	I2CNDAT	读写	052h	Reset with PUC
USART 控制	U0CTL	读写	070h	001h with PUC
I2C 发送控制	I2CTCTL	读写	071h	Reset with PUC
I2C 数据控制	I2CDCTL	只读	072h	Reset with PUC
I2C 预分频	I2CPSC	读写	073h	Reset with PUC
I2C 时钟高	I2CSCLH	读写	074h	Reset with PUC
I2C 时钟低	I2CSCLL	读写	075h	Reset with PUC
I2C 数据	I2CDRW/I2CDRB	读写	076h	Reset with PUC
I2C 自己地址	I2COA	读写	0118h	Reset with PUC
I2C 从机地址	I2CSA	读写	011Ah	Reset with PUC
I2C 中断向量	I2CIV	只读	011Ch	Reset with PUC

(1) U0CTL:USART0 控制寄存器 I2C 模式

Bit7	Bit6	Bit5	Bit4	Bit3	Bit2	Bit1	Bit0
RXDMAEN	TXDMAEN	I2C	XA	LISTEN	SYNC	MST	I2CEN

RXDMAEN:Bit7,接收 DMA 使能。在 I2C 模块接收数据后该位使能 DMA 控制器,用来从 I2C 模块发送数据。当 RXDMAEN＝1 时,RXRDYIE 被忽略。

0:禁止。

1:使能。

TXDMAEN:Bit6,发送 DMA 使能。该位使能 DMA 控制器,用来提供数据用于传输到 I2C 模块。当 TXDMAEN＝1 时,TXRDYIE 被忽略。

0:禁止。

1:使能。

I2C:Bit5,I2C 模式使能,当 SYNC＝1 时,该位选择 I2C 或 SPI 模式。

0:SPI 模式。

1:I2C 模式。

XA:Bit4,扩展寻址。

0:7 位寻址。

1:10 位寻址。

LISTEN:Bit3,监听。该位选择环回模式。仅当 MST ＝ 1 和 I2CTRX＝ 1(主发送器)时 LISTEN 有效。

0:普通模式。

1:SDA 内部反馈到接收器(环回)。

SYNC:Bit2,同步模式。

0:UART 模式。

1:SPI 或 I2C 模式。

MST:Bit1,主从机选择,该位选择主模式或从模式。当仲裁为丢失或产生一个停止条件时 MST 位被自动清除。

0:从机模式。

1:主机模式。

I2CEN:Bit0,I2C 使能。该位使能或禁止 I2C 模块。起始状态时此位被置位,此时它作为 SWRST 功能用于对 UART 或 SPI 进行设置。一个上电复位之后当 I2C 和 SYNC 位被首次设置,此位变为 I2CEN 功能,并被自动清零。

0:禁止 I2C。

1:使能 I2C。

(2) I2CTCTL：I2C 发送控制寄存器

Bit7	Bit6	Bit5	Bit4	Bit3	Bit2	Bit1	Bit0
I2CWORD	I2CRM	I2CSSELx		I2CTRX	I2CSTB	I2CSTP	I2CSTT

只有当 I2CEN ＝0 时可修改。

I2CWORD：Bit7，I2C 字模式。选择 I2C 数据寄存器为字节或字模式。

0：字节模式。

1：字模式。

I2CRM：Bit6，I2C 重复模式。

0：I2CNDAT 定义传输的字节数。

1：传输的字节数由软件控制，不用 I2CNDAT。

I2CSSELx Bit5～4，I2C 时钟源选择。当 MST ＝1 和仲裁丢失，自动使用外部 SCL 信号。

00：无时钟，I2C 模块处于非活动状态。

01：ACLK。

10：SMCLK。

11：SMCLK。

I2CTRX：Bit3，I2C 当 MST ＝ 1 时该位选择 I2C 控制器的发送或接收功能。当 MST ＝ 0，地址字节的 R/W 位定义数据的方向。I2CTRX 必须重新设置为正确的从机模式操作。

0：接收模式，在 SDA 引脚接收数据；

1：发送模式，在 SDA 引脚发送数据。

I2CSTB：Bit2，开始字节。当 MST ＝ 1 时，设置 I2CSTB 位，在 I2CSTT＝ 1 时启动一个起始字节。起始字节开始后，I2CSTB 被自动清零。

0：无效；

1：发 START 条件和启动字节(01h)，但没有停止条件。

I2CSTP：Bit1，STOP 位。此位用来产生 STOP 条件。STOP 条件之后 I2CSTP 被自动清零。

0：无效。

1：发 STOP 条件。

I2CSTT：Bit0，START 位。此位用来产生 START 条件。START 条件之后 I2CSTT 被自动清零。

0：无效。

1：发 START 条件。

(3) I2CDRW，I2CDRB：I2C 数据寄存器

Bit15	Bit14	Bit13	Bit12	Bit11	Bit10	Bit9	Bit8
			I2CDRW High Byte				

Bit7	Bit6	Bit5	Bit4	Bit3	Bit2	Bit1	Bit0
			I2CDRW Low Byte				
			I2CDRB				

I2CDRW/I2CDRB

Bit15～0：I2C 数据。当 I2CWORD＝ 1 时，寄存器名为 I2CDRW，使用高、低两个字节；当 I2CWORD＝ 0 时，寄存器名为 I2CDRB，只用低位字节。当 I2CWORD＝ 1 时，任何企图修改寄存器的字节指令将失败，并且寄存器不会更新。

(4) I2CNDAT：I2C 发送字节计数寄存器

Bit7	Bit6	Bit5	Bit4	Bit3	Bit2	Bit1	Bit0
			I2CNDATx				

I2CNDATx：Bit7～0，I2C 字节的数量。此寄存器对主机模式支持自动数据字节计数。在字模式，I2CNDATx 必须是偶数。

5.7.2　USART 在 I2C 模式时的初始化

当 USART0 用在 I2C 模式时，其各位的定义不同于用于 SPI 或 UART 模式，U0CTL 寄存器中的默认值是 UART 模式，要用于 I2C 模式时，必须设置 SYNC 和 I2C 位，模块初始化之后 I2C 模块处于准备好发送或接收状态，设置 I2CEN 才能释放 I2C 模块进行操作。

配置和重新配置 I2C 模块时，必须先设置 I2CEN ＝0，以避免不可预知的情况发生。设置 I2CEN＝0 具有以下作用：

- I2C 通信停止；
- SDA 和 SCL 引脚处于高阻抗状态；
- I2CTCTL 寄存器的 Bit3～0 被清零，Bit7～4 不变；
- I2CDCTL 和 I2CDR 寄存器被清零；
- 发送和移位寄存器被清零；
- U0CTL，I2CNDAT，I2CPSC，I2CSCLL，I2CSCLH 寄存器不变；
- I2COA，I2CSA，I2CIE，I2CIFG，和 I2CIV 寄存器不变。

设置时有以下几点注意事项：

(1) USART 设置为 I2C 方式之后，先要用语句 U0CTL &＝～I2CEN 禁止 I2C 模块，等设置完毕后，最后再用语句 U0CTL ｜＝ I2CEN 激活它。

(2) 时钟频率不能太高，否则不能正常工作。用 I2CPSC 位预分频。

（3）器件地址要右移一位，因为这里只用了 7 位地址，读写控制位被弃之不用，由 I2CTRX 位控制数据流的方向，也就是控制读或者写。

下面是一个 USART0 用在 I2C 模式时的初始化函数示例：

```
void Init_I2C(void)                      //I2C 初始化
{
    P3SEL = 0x0A;                        // P3.1 和 P3.3 设置为 I2C 引脚
    P3DIR & = ～0x0A;                    // 设置 P3.1 和 P3.3 引脚的方向

    U0CTL | = I2C + SYNC;                //选择为 I2C 模式
    U0CTL & = ～I2CEN;                   //禁止 I2C 模块

    //7 位地址,字节模式,时钟为 SMCLK,不用 DMA
    I2CTCTL = I2CTRX + I2CSSEL_2;        //发送模式
    I2CSA = 0x90>>1;                     //从器件地址右移一位

    I2CPSC = 80;                         //时钟为 SMCLK/80

    I2CSCLH = 0x03;                      //SCL 高电平为:5 ＊I2C 时钟

    I2CSCLL = 0x03;                      //SCL 低电平为:5 ＊I2C 时钟

    U0CTL | = I2CEN;                     //I2C 模块有效

}
```

5.7.3　TMP102 低功耗温度传感器

TMP102 也是 TI 公司的产品，和 TI 的 MSP430 单片机一样，TMP102 也是一款超低功耗器件，它在连续工作时的耗电仅为几个微安，而且具有超温实时报警功能，因此特别适合与 MSP430 单片机系统配套使用，二者配套可谓珠联璧合，充分利用了超低功耗器件的特点，可以开发出使用电池供电、工作时间长达几年无需更换电池的温度监测系统。TMP102 体积很小，采用小型 SOT563 封装，只有小米粒般大小。其主要性能指标如下：

- 分辨率：12 或 13 位；
- 精度：0.5 ℃（−25～＋85 ℃）；
- 工作温度范围：−40～＋125 ℃；
- 工作电流：最大 10 μA；
- Shutdown 电流：最大 1 μA；
- 工作电压范围：1.4～3.6 V；
- 数字输出：二线制串口；
- 封装：小型 SOT563。

图 5.8 是 TMP102 的引脚图，ALERT 是超温报警中断信号输出，当超温时该引脚输出报警有效信号电平（与配置有关，输出高或者低电平）。TMP102 是 I2C 总线

制器件,SCL 和 SDA 是二线制串口信号,ADD0 是地址引脚,按其连接的不同 TMP102 可以有 4 个不同的 I2C 总线地址,见表 5.9。当 ADD0 接地时,TMP102 的写地址是 0x90,读地址是 0x91。

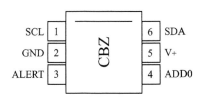

图 5.8　TMP102 引脚图

表 5.9　引脚 ADD0 接法对应的地址

二进制地址	ADD0 连接到
1001000	Ground
1001001	V+
1001010	SDA
1001011	SCL

TMP102 内部有 5 个寄存器,寄存器结构见图 5.9。各寄存器的功能详述如下:

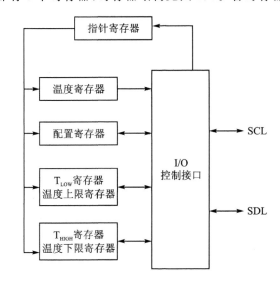

图 5.9　TMP102 内部寄存器

① 指针寄存器

表 5.10 是指针寄存器。指针寄存器是一个 8 位寄存器,但是只用了最低 P1 和 P0 两位,在读写 TMP102 时,用它来指明是读写 TMP102 内哪一个寄存器,相当于 TMP102 的内部地址寄存器。表 5.11 是 P1 和 P0 对应的内部寄存器。

表 5.10　指针寄存器

P7	P6	P5	P4	P3	P2	P1	P0
0	0	0	0	0	0	寄存器位	

表 5.11　指针寄存器的 P1 和 P0 位

P1	P0	指向的寄存器
0	0	温度寄存器(只读)
0	1	配置寄存器(Read/Write)
1	0	温度上限寄存器(读/写)
1	1	温度下限寄存器(读/写)

② 温度寄存器

TMP102 的温度值有 12 位,因此温度寄存器是两个 8 位寄存器,温度值的高 8 位在高位字节,见表 5.12,低 4 位在低位字节的高 4 位,低 4 位恒为 0,见表 5.13。TMP102 还有一种 13 位分辨率的温度格式,它们在温度寄存器中的格式在表 5.12 和表 5.13 中的最下面一行。13 位格式使 TMP102 能测量高于 128 ℃、最高到 150 ℃的温度。表 5.14 和表 5.15 分别是 12 位和 13 位时对应的摄氏温度值。

表 5.12　温度寄存器的高位字节

D7	D6	D5	D4	D3	D2	D1	D0
T11	T10	T9	T8	T7	T6	T5	T4
(T12)	(T11)	(T10)	(T9)	(T8)	(T7)	(T6)	(T5)

表 5.13　温度寄存器的低位字节

D7	D6	D5	D4	D3	D2	D1	D0
T3	T2	T1	T0	0	0	0	
(T4)	(T3)	(T2)	(T1)	(T0)	(0)	(0)	(1)

表 5.14　12 位数字对应的摄氏温度值

温度/℃	二进制数字输出	HEX
128	0111 1111 1111	7FF
127.9375	0111 1111 1111	7FF
100	0110 0100 0000	640
80	0101 0000 0000	500
75	0100 1011 0000	4B0
50	0011 0010 0000	320
25	0001 1001 0000	190
0.25	0000 0000 0100	004
0	0000 0000 0000	000
−0.25	1111 1111 1100	FFC
−25	1110 0111 0000	E70
−55	1100 1001 0000	C90

表 5.15　13 - Bit 数字对应的摄氏温度值

温度/℃	二进制数字输出	HEX
150	0 1001 0110 0000	0960
128	0 1000 0000 0000	0800
127.9375	0 0111 1111 1111	07FF
100	0 0110 0100 0000	0640
80	0 0101 0000 0000	0500
75	0 0100 1011 0000	04B0
50	0 0011 0010 0000	0320
25	0 0001 1001 0000	0190
0.25	0 0000 0000 0100	0004
0	0 0000 0000 0000	0000
−0.25	1 1111 1111 1100	1FFC
−25	1 1110 0111 0000	1E70
−55	1 1100 1001 0000	1C90

③ 配置寄存器

表 5.16 是配置寄存器,配置寄存器有两个字节,是 5 个寄存器中最复杂的一个,用来配置 TMP102 的数据位、极性、工作方式、转换速率和报警等。

- EM 位数模式:EM＝0 为 12 位;EM＝1 为 13 位。
- CR1 和 CR0 转换速率:TMP102 有 4 种不同的转换速率,见表 5.17。
- AL 报警:AL 是只读位,它提供了和报警有关的内部比较器模式状态的信息,注意 AL 位和报警引脚 ALERT 是不同的。
- TM 温度比较模式:TM＝0,比较器(Comparator mode)模式;TM＝1,中断(Interrupt mode)模式。
- POL 报警引脚输出极性:POL＝0,报警引脚 AL 低有效;POL＝1,报警引脚 AL 高有效。当温度变化时,报警引脚的输出和 TM、POL 两者的设置都有关系,见图 5.10。

表 5.16　配置寄存器

字节	D7	D6	D5	D4	D3	D2	D1	D0
1	OS	R1	R0	F1	F0	POL	TM	SD
	0	1	1	0	0	0	0	0
2	CR1	CR0	AL	EM	0	0	0	0
	1	0	1	0	0	0	0	0

表 5.17　转换速率设定

CR1	CR0	转换速率/Hz
0	0	0.25
0	1	1
1	0	4（默认）
1	1	8

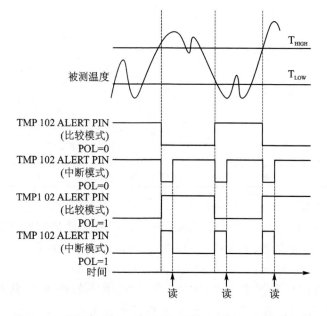

图 5.10　报警引脚 ALERT 的输出和 TM、POL 设置的关系

- SD(Shut Down)停机模式：SD＝1 时 TMP102 进入停机模式，以节省功率，这时内部除了串口外所有电路停止工作，耗电仅为 0.5 μA。SD＝0 时 TMP102 又恢复连续温度转换工作。

- F1 和 F0(Fault Queue)故障队列：为了避免超温误报，只有当超温连续出现数次才启动报警输出。F1 和 F0 可以设定 4 种条件，见表 5.18。

表 5.18　F1 和 F0 故障队列

F1	F0	连续故障次数
0	0	1
0	1	2
1	0	4
1	1	6

- OS 单次转换：在 SD(Shut Down)停机模式时，向 OS 位写入 1，可以启动

一次温度转换,在转换期间,OS 变为 0,单次转换完成后,TMP102 又返回到 SD 模式。这种模式适合于那些不需要连续监测温度的场合,可以节省功率。单次转换可以有更高的转换速率,转换时间仅需要 26 ms,读出时间小于 20 μs,使用单次转换可以达到每秒 30 多次的转换速率。

④ 温度上限寄存器

温度上限寄存器和温度寄存器类似,有两个字节,用来存储温度报警的上限值 T_{HIGH},见表 5.19。上面一行是 12 位格式,下面一行是 13 位格式。

在比较器模式时(TM=0),当温度值等于或大于 T_{HIGH},并且检测到的次数达到 F1 和 F0 设定的次数时,报警输出引脚 ALERT 就会变为有效。直到温度跌落到温度下限值 T_{Low} 以下,并且检测到的次数达到 F1 和 F0 设定的次数时,报警输出引脚 ALERT 才会变为无效。

同样在中断模式时(TM=1),当温度值等于或大于 T_{HIGH},并且检测到的次数达到 F1 和 F0 设定的次数时,报警输出引脚 ALERT 就会变为有效,但是只要读器件的任何一个寄存器;或者器件成功地响应了系统管理总线报警响应地址(SMBus Alert Response Address)或者器件被置于停机模式(Shutdown Mode),报警输出引脚 ALERT 就会被清除。用通用访问复位命令(General Call Reset Command)复位器件也可以清除报警输出引脚 ALERT,但是这时器件内部的寄存器也会被复位清零,返回到比较器模式(TM=0)。

表 5.19　温度上限寄存器

字节	D7	D6	D5	D4	D3	D2	D1	D0
1	H11	H10	H9	H8	H7	H6	H5	H4
	(H12)	(H11)	(H10)	(H9)	(H8)	(H7)	(H6)	(H5)
字节	D7	D6	D5	D4	D3	D2	D1	D0
2	H3	H2	H1	H0	0	0	0	0
	(H4)	(H3)	(H2)	(H1)	(H0)	(0)	(0)	(0)

⑤ 温度下限寄存器

温度下限寄存器和温度上限寄存器类似,它用来存储温度报警的下限值 T_{LOW},见表 5.20。

表 5.20　温度下限寄存器

字节	D7	D6	D5	D4	D3	D2	D1	D0
1	L11	L10	L9	L8	L7	L6	L5	L4
	(L12)	(L11)	(L10)	(L9)	(L8)	(L7)	(L6)	(L5)
字节	D7	D6	D5	D4	D3	D2	D1	D0
2	L3	L2	L1	L0	0	0	0	0
	(L4)	(L3)	(L2)	(L1)	(L0)	(0)	(0)	(0)

5.7.4　USART 在 I2C 模式时的编程示例

TMP102 有一个 I2C 总线接口和单片机通信,用来设置传感器的工作模式和读取温度数据等,因此本节以 TMP102 为例介绍 USART 在 I2C 模式时的编程方法。

1. TMP102 在 MSP430 单片机系统中的硬件电路原理

和单片机 MSP430F1611 的连接电路见图 5.11。TMP102 是一个超低功率器件,在它的 V+电源引脚上要加一个 RC 滤波器以减少噪声,电阻 RF 的值宜小于 5 kΩ,电容 CF 的值应大于 10 nF。地址引脚 ADD0 不同的接法可以使它有 4 个可用的地址,见表 5.9,这样在同一个系统就可以使用 4 个 TMP102。ALERT、SCL 和 SDA 这 3 根线都需要上拉电阻。图中右边是 4 位 LED 数码管显示器。

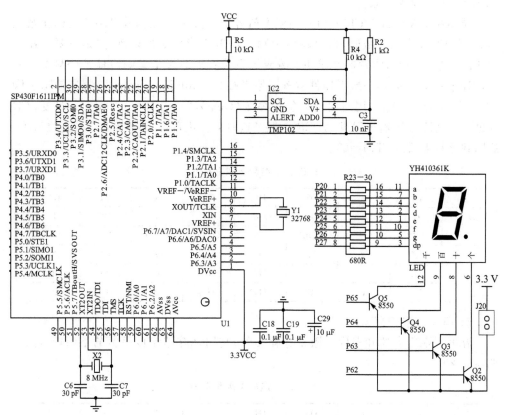

图 5.11　TMP102 应用电路图

按照 I2C 接口总线的工作模式配置,这里单片机 MSP430F1611 工作在主机模式,TMP102 工作在从机模式。

2. TMP102 编程原理

如果没有特殊要求,上面所讲的 TMP102 内部那些寄存器无需配置,使用它们的默认值传感器就可以正常工作。这样 TMP102 的编程仅有一个工作,那就是通过其 I2C 接口从其温度寄存器中读取它的两字节温度数据,读取该数据的 I2C 总线时序如表 5.21 所列。

表 5.21　单片机读 TMP102 温度寄存器数据的 I2C 总线时序

开始条件	写入TMP102器件写地址0x90	收应答信号	写入指针寄存器0x00	收应答信号	开始条件	写入TMP102器件读地址0x91	收应答信号	读温度字节1	发应答信号	读温度字节2	发应答信号	停止条件

(1) 主机发送开始条件;

(2) 写入 TMP102 从器件地址 0x90,写数据方向;

(3) 主机接收从机应答;

(4) 写入 TMP102 从器件地址内部指针寄存器地址 0x00;

(5) 主机接收从机应答;

(6) 主机重启开始条件;

(7) 写入 TMP102 从器件地址 0x90,读数据方向;

(8) 主机接收从机应答;

(9) 主机读温度高位字节,主机发应答给从机;

(10) 主机读温度低位字节,主机发应答给从机;

(11) 主机发送停止条件。

读 TMP102 温度寄存器两字节数据的 I2C 总线程序就是按照上面的内容和顺序编写的,下面是读 Tmp102 两字节温度数据的函数编程实例:

```
//-------------------------------------------------
unsigned int Tmp102_Read(void)          //读 Tmp102 两字节温度数据
{
    union
    {
      unsigned char c[2];
      unsigned int x;
    }temp;
    while (I2CDCTL&I2CBUSY);             //等待 I2C 模块完成所有操作
    I2CWriteInit();                      //写操作初始化
    I2CNDAT = 1;                         //传输数据长度,一个控制字节和一个地址字节
    TxBuffer = 0x00;                     //写指针寄存器 0x00 指向 Tmp102 内部温度寄存器
    I2CIFG & = ~ARDYIFG;                 //清中断标志
```

```
    I2CTCTL | = I2CSTT;                          //产生开始条件
    while((~I2CIFG)&ARDYIFG);                    //等待传输完成

    I2CReadInit();                               //读操作初始化
    I2CNDAT = 2;                                 //读两个字节的数据

    I2CTCTL | = I2CSTT;                          //重新开始
    while(I2CTCTL & I2CSTT);                     //开始条件发出？

    __bis_SR_register(LPM0_bits + GIE);          //进入休眠等待中断
    temp.c[0] = RxBuffer;                        //高位数据
    __bis_SR_register(LPM0_bits + GIE);
    temp.c[1] = RxBuffer;                        //低位数据

    I2CTCTL | = I2CSTP;                          //停止条件
    while(I2CTCTL & I2CSTP);                     //确认停止条件

    return temp.x;                               //返回数据
}
```

Tmp102_Read(void)函数说明：

(1) 写操作初始化函数 I2CWriteInit(void)和读操作初始化 I2CReadInit()在后面所讲的 i2c.h 文件中。写操作初始化函数设置数据流从主机写入从机，读初始化函数设置主机由从机读回数据。

(2) TMP102 的两字节温度值存放在内部地址为 00H 的寄存器内，因此要先写 0x00 到指针寄存器，然后再读两字节温度数据。

(3) 设置寄存器 I2CTCTL 中的 I2CSTT 位为 1 时，产生开始条件。写操作初始化之后的开始条件，等待主机写数据到从机的传输完成。读初始化之后的开始条件等待主机由从机读回数据。这两个开始条件之间不能有停止条件，读取数据完成后，最后产生停止条件。

(4) 开始条件之后产生中断，发送(写)或接收(读)数据是在中断处理函数中进行的,,这一点请读者务必注意！中断处理函数在后面的 i2c.h 文件中。

通过这个实例请读者仔细思考用 MSP430 单片机的 USART 模块在 I2C 模式中是如何读写从器件数据的。

3. 完整的程序示例

在主函数中调用函数 Tmp102_Read(void)就能读取 TMP102 两字节的温度值，完整的程序见例 5.5，包括主函数和 i2c.h 文件：

【例 5.5】 USART0 在 I2C 模式读 TMP102 温度数据

```
# include   <msp430x16x.h>
# include "i2c.h"
# include "leddisplay.h"
// ==========================================
```

```
void main(void)
{
  union
        {
            unsigned char c[2];
            unsigned int x;
        }temp2;
    WDTCTL = WDTPW + WDTHOLD;                //停止看门狗

    Init_USART1();
    DelayMs(100);
    display(dis_buf);

    Init_I2C();                              //I2C 初始化
    _EINT();                                 //开中断

    while(1)
    {
        temp2.x = Tmp102_Read();             //读两字节温度数据

        if(temp2.c[0]&0x80)                  //若为负数
          {
            temp2.x = ~(temp2.x) + 1;        //取反加 1
          }
        dis_buf[3] = temp2.c[0]/100;         //百位
        dis_buf[2] = (temp2.c[0]%100)/10;    //十位
        dis_buf[1] = temp2.c[0]%10;          //个位
        temp2.c[1]>>=4;
        dis_buf[0] = xiaoshu(temp2.c[1]);    //小数

        display(dis_buf);                    //LED 数码管显示
      DelayMs(2);                            //延时

    }
}
```

主函数 main(void)说明：

(1) I2C 初始化函数 Init_I2C()包括在 i2c.h 中。

(2) 语句_EINT()允许中断,中断处理函数在 i2c.h 文件最后面。

(3)调用 Tmp102_Read()函数读两字节温度数据。

(4)读出的温度值经过处理可以用 4 位 LED 数码管显示,显示格式为 0XX.x 包括一位小数。有关显示所用的函数包括在 leddisplay.h 文件中,这里省略,在随书的光盘中有。

i2c.h 文件的内容如下：

```
#define SLAVEADDR    0x90;                          //TMP102 地址
void Init_I2C(void);                                //I2C 初始化
void I2CWriteInit(void);                            //写模式初始化.
void I2CReadInit(void);                             //读模式初始化

unsigned char RxBuffer;
unsigned char TxBuffer;

void Init_I2C(void)                                 //I2C 初始化
{
    P3SEL = 0x0A;                                   // P3.1 和 P3.3 设置为 I2C 引脚
    P3DIR &= ~0x0A;                                 //设置 P3.1 和 P3.3 引脚的方向

    U0CTL |= I2C + SYNC;                            //选择为 I2C 模式
    U0CTL &= ~I2CEN;                                //禁止 I2C 模块

    //7 位地址,字节模式,时钟为 SMCLK,不用 DMA
    I2CTCTL = I2CTRX + I2CSSEL_2;                    //发送模式
    I2CSA = 0x90>>1;                                //从器件地址右移一位
    I2COA = 0x01A5;                                 //设置本身的地址
    I2CPSC = 80;                                    //时钟为 SMCLK/80

    I2CSCLH = 0x03;                                 //SCL 高电平为:5 * I2
    I2CSCLL = 0x03;                                 //SCL 低电平为:5 * I2C 时钟

    U0CTL |= I2CEN;                                 //I2C  模块有效

}

void I2CWriteInit(void)                             //写模式
{
    U0CTL |= MST;                                   //主(Master)模式
    I2CTCTL |= I2CTRX;                              //传输模式,R/W 为:0
    I2CIFG &= ~TXRDYIFG;                            //清除中断标志
    I2CIE = TXRDYIE;                                //发送中断使能
}

void I2CReadInit(void)                              //读模式
{
    I2CTCTL &= ~I2CTRX;                             // I2CTRX = 0 接收模式(R/W bit = 1)
    I2CIE |= RXRDYIE;                               // 接收中断使能
}

//中断服务函数
#pragma vector = USART0TX_VECTOR
__interrupt void ISR_I2C(void)
{
  switch (__even_in_range(I2CIV, I2CIV_STT))
```

```
    {
        case I2CIV_RXRDY:                        //接收准备好中断
        {
            RxBuffer = I2CDRB;
            __bic_SR_register_on_exit(LPM0_bits);  //退出休眠
            break;
        }
        case I2CIV_TXRDY:                        //发送准备好中断
        {
            I2CDRB = TxBuffer;
            break;
        }
    }
}
```

5.8　定时器 A

MSP430 单片机中的定时器 A 是一个带有 3 个捕获/比较寄存器的 16 位定时器/计数器。它支持多个捕获/比较、PWM 输出和间隔定时。定时器 A 拥有丰富的中断功能。中断可以从计数器溢出条件产生,也可以从每个捕捉/比较寄存器产生。

定时器 A 的功能包括:

● 具有 4 种工作模式的异步 16 位定时器/计数器;

● 可选择和可配置的时钟源;

● 3 个可配置的捕获/比较寄存器;

● 具有 PWM 功能的可配置输出;

● 异步输入和输出锁存;

● 具有能够快速解码所有定时器 A 中断的中断向量寄存器。

5.8.1　定时器 A 的寄存器

定时器 A 的寄存器见表 5.22,这些寄存器都是 16 位的,其中有几个寄存器是相类似的。所以只介绍下面几个主要的寄存器。

表 5.22　定时器 A 的寄存器

寄存器	符　号	寄存器类型	地　址	初始状态
定时器 A 控制	TACTL	Read/write	0160h	Reset with POR
定时器 A 计数	TAR	Read/write	0170h	Reset with POR
定时器 A 捕获比较控制 0	TACCTL0	Read/write	0162h	Reset with POR

续表 5.22

寄存器	符号	寄存器类型	地址	初始状态
定时器 A 捕获比较 0	TACCR0	Read/write	0172h	Reset with POR
定时器 A 捕获比较控制 1	TACCTL1	Read/write	0164h	Reset with POR
定时器 A 捕获比较 1	TACCR1	Read/write	0174h	Reset with POR
定时器 A 捕获比较控制 2	TACCTL2	Read/write	0166h	Reset with POR
定时器 A 捕获比较 2	TACCR2	Read/write	0176h	Reset with POR
定时器 A 中断向量	TAIV	Read only	012Eh	Reset with POR

(1) TACTL:定时器 A 控制寄存器

Bit15	Bit14	Bit13	Bit12	Bit11	Bit10	Bit9	Bit8
Unused						TASSELx	

Bit7	Bit6	Bit5	Bit4	Bit3	Bit2	Bit1	Bit0
IDx		MCx		Unused	TACLR	TAIE	TAIFG

Bit15~10 未使用。

TASSELx:Bit9~8,Timer_A 时钟选择。

00:TACLK;

01:ACLK;

10:SMCLK;

11:INCLK。

IDx:Bit7~6,输入分频器,此位选择输入时钟的分频器。

00:/1;

01:/2;

10:/4;

11:/8。

MCx:Bit5~4,模式控制,设定 MCx=00h,当定时器 A 不用时节省电能。

00:停止模式,定时器不用;

01:增模式,定时器计数增加至 TACCR0;

10:连续模式,定时器计数直到 0FFFFh;

11:增/减模式:定时器计数增加至 TACCR0,然后减到 0000h。

Bit3 未使用。

TACLR:Bit2,定时器 A 清零。此位复位寄存器 TAR、时钟分频器和计数器方向。TACLR 自动复位并总是读作零。

TAIE:Bit1,定时器 A 中断使能,此位使能 TAIFG 中断请求。

0:禁止中断;

1:使能中断。

TAIFG:Bit0 定时器 A 中断标志。

0:无中断；

1:有中断。

(2) TACCTLx:捕获/比较控制寄存器

Bit15	Bit14	Bit13	Bit12	Bit11	Bit10	Bit9	Bit8
CMx		CCISx		SCS	SCCI	Unused	CAP

Bit7	Bit6	Bit5	Bit4	Bit3	Bit2	Bit1	Bit0
OUTMODx			CCIE	CCI	OUT	COV	CCIFG

CMx:Bit15~14,捕获模式。

00:无捕获；

01:在上升沿捕获；

10:在下降沿捕获；

11:在上升沿和下降沿都捕获。

CCISx:Bit13~12,捕获/比较输入选择,这些位选择 TACCRx 输入信号。

00:CCIxA；

01:CCIxB；

10:GND；

11:VCC。

SCS:Bit11,同步捕获源。该位用于同步定时器时钟与捕获输入信号。

0:异步捕获；

1:同步捕获。

SCCI:Bit10,同步捕获/比较输入,所选 CCI 输入信号由 EQUx 信号锁定,可读取该位。

Bit9 未使用,只读,总是读作 0。

CAP:Bit8,捕获模式。

0:比较模式；

1:捕获模式。

OUTMODx:Bit7~5,输出模式。模式 2,3,6 和 7 对 TACCR0 是无用的,因为 EQUx=EQU0。

000:输出 bit 值；

001:Set；

010:Toggle/reset；

011:Set/reset；

100：Toggle；

101：Reset；

110：Toggle/set；

111：Reset/set。

CCIE：Bit4，捕获/比较中断使能，该位使能对应于 CCIFG 标志的中断请求。

0：不能中断；

1：能中断。

CCI：Bit3，捕获/比较输入，所选的输入信号能被此位读。

OUT Bit2 输出。对于输出模式 0，该位直接控制输出的状态。

0：输出低；

1：输出高。

COV：Bit1，捕获溢出。该位表示一个捕获溢出发生。COV 必须用软件被重置。

0：无捕获溢出发生；

1：捕获溢出发生。

CCIFG：Bit0，捕获/比较中断标志。

0：无中断挂起；

1：中断挂起。

5.8.2　定时器 A 的使用

1. 定时器 A 的模式控制

定时器 A 有 4 种操作模式：停止、向上、连续和向上/向下，如表 5.23 所示。操作模式使用 MCx 位来选择。

表 5.23　Timer 的模式

MCx	模　式	说　明
00	停止	定时器停止
01	加	定时器重复计数由零向上到 TACCR0 的值
10	连续	定时器连续重复计数从 0 到 0FFFFh
11	加/减	定时器加/减重复计数从零到 TACCR0 的值然后返回减少到零

2. 16 位定时器/计数器

定时器 A 有一个 16 位定时器/计数器 TAR，它在时钟信号的每个上升沿递增或递减（取决于操作模式）。TAR 可用软件读出或写入。此外，当定时器溢出时可以产生一个中断。设置 TACLR 位可清除 TAR，也可清除时钟分频器和向上/向下模式计数方向。

修改定时器 A 的寄存器时的注意事项：

- 要注意在修改其操作之前停止定时器(带异常中断使能,中断标志,TACLR 的),以避免出现错误的操作情况。
- 当定时器的时钟对 CPU 时钟是异步的,任何读取 TAR 时,也许会导致定时器无法工作或发生不可预知的结果。定时器正在运行中可以用多次读取的方式结合软件来判断数据是否正确。
- 任何对 TAR 的写入将立即生效。

3. 时钟源选择和分频

定时器的时钟源可以是 ACLK、SMCLK 或通过 TACLK 或 INCLK 的外部时钟。用 TASSELx 位来选择时钟源。所选时钟源可能会直接传递到定时器或使用 IDX 位除以 2,4 或 8 传递到定时器。TACLR 被置位时,时钟分频器复位。

4. 启动定时器

通过以下方式定时器可以被启动,或者重新启动:

- 定时器计数,当 MCX>0 并且时钟源是有效的。
- 当定时器模式是向上或者向上/向下,通过写"0"到 TACCR0 定时器可以被停止。然后可以通过写非零值到 TACCR0 重新启动该定时器。在这种情况下,定时器从零开始在向上的方向递增。

5.8.3　定时器 A 的编程示例

利用定时器的定时功能可以控制一个 LED 灯闪亮的快慢,例 5.6 设置定时器 A 工作在向上计数模式,ACLK 时钟源用 32 768 Hz 晶振,CCR0 允许中断。在 CCR0 中写入计数值启动定时器,当 TAR 计数溢出时产生中断,在中断处理函数中翻转 P2 输出端口,控制 LED 周期性的亮灭。

【例 5.6】　定时器 A

```
// Toggle rate = 32 768/(2 * 32 768) = 0.5 个周期,使用 32 768 Hz 晶体
# include <msp430x16x.h>

void main(void)
{
  WDTCTL = WDTPW + WDTHOLD;              // 停止 WDT
  P2DIR = 0xff;                         // P2 端口所有引脚输出方向
  P2OUT = 0x00;
  CCTL0 = CCIE;                         // CCR0 中断使能
  CCR0 = 32 768;
  TACTL = TASSEL_1 + MC_1;              // 时钟源 ACLK,加计数模式

  _BIS_SR(LPM3_bits + GIE);             // 进入睡眠模式 LPM3 等待中断
}

// Timer A0 interrupt service routine
```

```
#pragma vector = TIMERA0_VECTOR
__interrupt void Timer_A (void)
{
  P2OUT ^= 0xff;                              // LED 翻转亮灭
}
```

5.9　模数转换器 ADC12

　　MSP430 单片机中的 ADC12 模块支持快速的 12 位模拟到数字的转换。该模块实现了一个 12 位 SAR(逐次逼近寄存器,Successive Approximation Register)核心,采样选择控制,具有参考电压发生器和一个 16 字转换与控制缓冲器。在没有任何 CPU 干预的情况下,转换与控制缓冲器允许多达 16 个独立的 ADC 采样进行转换与存储。

　　ADC12 的功能包括:
- 大于 200 ksps 的最大转换率;
- 单调,无丢失码的 12 位转换器;
- 采样和保持具有由软件或定时器控制的可编程采样周期;
- 转换启动用软件、定时器 A 或 Timer_B;
- 软件选择片上参考电压产生(1.5 V 或 2.5 V);
- 软件选择内部或外部参考;
- 8 个可单独配置的外部输入通道;
- 用于内部温度传感器的转换通道,AVCC 和外部参考;
- 正负可选的独立信道参考源;
- 可选择的转换时钟源;
- 单通道、重复单通道、顺序、重复顺序转换模式;
- ADC 内核和参考电压可单独断电;
- 快速解码的 18 位 ADC 中断的中断向量寄存器;
- 16 个转换结果存储寄存器。

5.9.1　ADC12 的寄存器

　　ADC12 共有 37 个寄存器,包括控制寄存器 0、1,中断使能寄存器、中断标志寄存器和中断向量寄存器,16 个存储器 0~15 和 16 个存储控制寄存器 0~15。主要寄存器各位的功能详述如下:

(1) ADC12CTL0：ADC12 控制寄存器 0

Bit15	Bit14	Bit13	Bit12	Bit11	Bit10	Bit9	Bit8
SHT1x				SHT0x			

Bit7	Bit6	Bit5	Bit4	Bit3	Bit2	Bit1	Bit0
MSC	REF2_5V	REFON	ADC12ON	ADC12OVIE	ADC12 TOVIE	ENC	ADC12SC

仅在 ENC＝0 时可修改。

SHT1x：Bit15 ～ 12，采样和保持时间，这些位定义 ADC12MEM8 ～ ADC12MEM15 寄存器在采样周期内 ADC12CLK 时钟周期的个数。

SHT0x：Bit11～8，采样和保持时间，这些位定义 ADC12MEM0～ADC12MEM7 寄存器在采样周期内 ADC12CLK 时钟周期的个数，如表 5.24 所列。

表 5.24　ADC12CLK 时钟周期个数

SHTx 位	ADC12CLK 时钟周期	SHTx 位	ADC12CLK 时钟周期
0000	4	1000	256
0001	8	1001	384
0010	16	1010	512
0011	32	1011	768
0100	64	1100	1 024
0101	96	1101	1 024
0110	128	1110	1 024
0111	192	1111	1 024

MSC：Bit7，多重采样和转换。仅适用于顺序或重复模式。

0：采样定时器需要一个 SHI 信号的上升沿触发每个采样和转换。

1：SHI 信号的第一个上升沿触发采样定时器，但是进一步的采样和转换就会按所完成的转换周期自动进行。

REF2_5V：Bit6，参考电压。REFON 也必须被置位。

0：1.5 V；

1：2.5 V。

REFON：Bit5，参考电压发生器开关。

0：参考电压关；

1：参考电压开。

ADC12ON：Bit4，ADC12 开关。

0：ADC12 关；

1：ADC12 开。

ADC12OVIE：Bit3，ADC12MEMx 溢出中断使能，GIE 位也必须被置位。

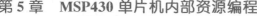

0:溢出中断不能；

1:溢出中断能。

ADC12 TOVIE:Bit2,ADC12 转换时间溢出中断使能,GIE 位也必须被置位。

0:转换时间溢出中断不能；

1:转换时间溢出中断能。

ENC:Bit1,转换使能。

0:ADC12 不能；

1:ADC12 能。

ADC12SC:Bit0,启动转换,软件控制采样和转换开始。ADC12SC 和 ENC 可以一起设置一个指令。ADC12SC 是自动复位。

0:不启动采样转换；

1:启动采样转换。

(2) ADC12CTL0:ADC12 控制寄存器 1

Bit15	Bit14	Bit13	Bit12	Bit11	Bit10	Bit9	Bit8
CSTARTADDx				SHSx		SHP	ISSH
Bit7	Bit6	Bit5	Bit4	Bit3	Bit2	Bit1	Bit0
ADC12DIVx			ADC12SSELx		CONSEQx		ADC12BUSY

仅在 ENC=0 时可修改。

CSTARTADDx:Bit15～12,转换的起始地址。这些位选择 ADC12 转换存储器的寄存器,该寄存器被用于一个单一的转换或在一个序列转换中的第一个转换。CSTARTADDx 的值是 00～0Fh,对应 ADC12MEM0～ADC12MEM15。

SHSx:Bit11～10,采样保持源选择。

00:ADC12SC 位；

01:Timer_A. OUT1；

10:Timer_B. OUT0；

11:Timer_B. OUT1。

SHP:Bit9,采样保持脉冲模式选择,该位选择采样信号(SAMPCON)的源,是采样定时器的输出或者是直接的采样输入信号。

0:SAMPCON 信号源自采样输入信号；

1:SAMPCON 信号源自采样定时器。

ISSH:Bit8,翻转采样和保持信号。

0:采样输入信号不翻转；

1:采样输入信号翻转。

ADC12DIVx:Bit7～5,ADC12 时钟分频器。

000:/1；

001:/2;

010:/3;

011:/4;

100:/5;

101:/6;

110:/7;

111:/8。

ADC12 SSELx:Bit4～3,ADC12 时钟源选择。

00:ADC12OSC;

01:ACLK;

10:MCLK;

11:SMCLK。

CONSEQx:Bit2～1,转换序列模式选择。

00:单通道单转换;

01:按通道的顺序;

10:重复单通道;

11:重复按通道的顺序。

ADC12 BUSY:Bit0,ADC12 忙,该位表示一个采样或转换操作正在进行。

0:无操作;

1:一个顺序采样或转换正在进行。

(3) ADC12MEMx:ADC12 转换存储寄存器

Results:Bit15～0,转换结果是 12 位、右对齐的。Bit11 是最高位 MSB。Bit15～12 始终为 0。写转换寄存器会损坏结果。

(4) ADC12MCTLx:ADC12 转换存储控制寄存器

Bit7	Bit6	Bit5	Bit4	Bit3	Bit2	Bit1	Bit0
EOS	SREFx			INCHx			

仅在 ENC＝0 时可修改。

EOS:Bit7,序列结束。表示在一个序列中的最后一个转换。

0:序列未结束;

1:序列结束。

SREFx:Bit6～4,参考选择。

000:VR＋ ＝ AVCC 并且 VR－＝ AVSS;

001:VR＋ ＝ VREF＋并且 VR－＝ AVSS;

010:VR＋ ＝ VeREF＋并且 VR－＝ AVSS;

011:VR＋ ＝ VeREF＋并且 VR－＝ AVSS;

100:VR＋ ＝ AVCC 并且 VR－＝ VREF－/ VeREF－;

101:VR＋ ＝ VREF＋并且 VR－＝ VREF－/ VeREF－;

110:VR＋ ＝ VeREF＋并且 VR－＝ VREF－/ VeREF－;

111:VR＋ ＝ VeREF＋并且 VR－＝ VREF－/ VeREF－。

INCHx:Bit3～0,输入通道选择。

0000:A0;

0001:A1;

0010:A2;

0011:A3;

0100:A4;

0101:A5;

0110:A6;

0111:A7;

1000:VeREF＋;

1001:VREF－/VeREF－;

1010:温度传感器;

1011:(AVCC－AVSS) / 2;

1100:(AVCC－AVSS) / 2;

1101:(AVCC－AVSS) / 2;

1110:(AVCC－AVSS) / 2;

1111:(AVCC－AVSS) / 2。

(5) ADC12IE:ADC12 中断使能寄存器,ADC12IFG:ADC12 中断标志寄存器都是 16 位

ADC12IFGx:Bit15～0,ADC12MEMx 中断标志。当一个转换结果加载到相应的 ADC12MEMx 时,这些位被设置。如果相应的 ADC12MEMx 被访问,或者可以用软件复位,ADC12IFGx 位都被复位。

0:无中断挂起;

1:中断挂起。

(6) ADC12IV:ADC12 中断向量寄存器

Bit15	Bit14	Bit13	Bit12	Bit11	Bit10	Bit9	Bit8

Bit7	Bit6	Bit5	Bit4	Bit3	Bit2	Bit1	Bit0
			ADC12IVx				

ADC12 中断向量的值如表 5.25 所列。

表 5.25　ADC12IVx Bit15～0ADC12 中断向量的值

ADC12IV 内容	中断源	中断标志	中断优先级
000h	无中断挂起	—	
002h	ADC12MEMx 溢出	—	最高
004h	转换时间溢出		
006h	ADC12MEM0 中断标志	ADC12IFG0	
008h	ADC12MEM1 中断标志	ADC12IFG1	
00Ah	ADC12MEM2 中断标志	ADC12IFG2	
00Ch	ADC12MEM3 中断标志	ADC12IFG3	
00Eh	ADC12MEM4 中断标志	ADC12IFG4	
010h	ADC12MEM5 中断标志	ADC12IFG5	
012h	ADC12MEM6 中断标志	ADC12IFG6	
014h	ADC12MEM7 中断标志	ADC12IFG7	
016h	ADC12MEM8 中断标志	ADC12IFG8	
018h	ADC12MEM9 中断标志	ADC12IFG9	
01Ah	ADC12MEM10 中断标志	ADC12IFG10	
01Ch	ADC12MEM11 中断标志	ADC12IFG11	
01Eh	ADC12MEM12 中断标志	ADC12IFG12	
020h	ADC12MEM13 中断标志	ADC12IFG13	
022h	ADC12MEM14 中断标志	ADC12IFG14	
024h	ADC12MEM15 中断标志	ADC12IFG15	最低

5.9.2　ADC12 的内部温度传感器

ADC12 有一个内部温度传感器,要使用该温度传感器,用户需要选择模拟输入通道 INCHx＝1 010。如果一个外部通道被选中,其他所有配置都随之完成,包括参考选择,转换存储器选择等。

内部温度传感器典型的的传递函数如图 5.12 所示。使用温度传感器时,采样周期必须大于 30 μs,对于大多数应用程序温度传感器的偏移误差很大,可能需要校准。选择温度传感器会自动打开片上参考电压发生器作为温度传感器的参考电压。但是,它不能使 VREF＋输出,或影响转换的参考选择。用于转换的参考选择,温度传感器与任何其他信道是相同的。

MSP430 内嵌的温度传感器是一个输出电压随环境温度而变化的温度二极管,表 5.26 是它的一些基本电气特性。按照 TI 公司提供的资料,这个温度二极管的输出电压和对应的温度近似成简单的线性关系。所测温度可由的公式(5.1)求出:

$$T=(V_{ST}-V_{0℃})/\text{TC}_{Sensor} \tag{5.1}$$

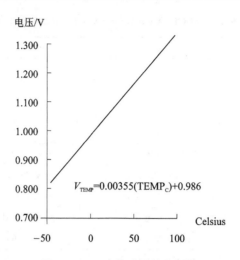

图 5.12　温度传感器转换函数

其中，T：测量到的温度，单位℃；V_{ST}：ADC 模块通道 10 测得的电压，单位 mV；$V_{0℃}$：0℃时传感器的输出电压，单位 mV；TC_{Sensor}：传感器的转换电压，即温度每升高 1℃，输出电压的变化值，单位为 mV/℃。

表 5.26　MSP430 内嵌温度传感器基本特性

参数	测试条件	最小值	典型值	最大值	单位
$V_{0℃}$	$V_{cc} = 2.2\ V/3\ V$	$986(1-5\%)$	986	$986(1+5\%)$	mV
TC_{Sensor}	$V_{cc} = 2.2\ V/3\ V$, TA=0℃	$3.55(1-3\%)$	3.55	$3.55\ (1+3\%)$	mV/℃
t_{Sensor}	$V_{cc} = 2.2\ V/3\ V$	30			μs

12 位 ADC 模块，V_{ST}可以通过公式(5.2)求得：

$$V_{ST} = [\ ADC12_{CH10}\ ADC12_{CH10}/(2^{12}-1)\ ] \times V_{R+} \tag{5.2}$$

其中，$ADC12_{CH10}$：通道 10 所测得的温度传感器的 12 位 A/D 值；V_{R+}：正参考电压，这里等于 1 500，单位 mV；

因此公式(5.2)变为：

$$V_{ST} = ADC12_{CH10}/4\ 095 \times 1\ 500 \tag{5.3}$$

代入表 5.26 中提供的 $V_{0℃}$ 和 TC_{Sensor} 典型值，由公式(5.1)就可算出温度值：

$T = (V_{ST}-986)/3.35 = (ADC12_{CH10}/4\ 095 \times 1\ 500-986)/3.55 = ADC12_{CH10} \times 423/4\ 096 - 278$

变换上面的公式可得：

$$T = (ADC12_{CH10} - 2\ 692) \times 423/4\ 096 \tag{5.4}$$

5.9.3　ADC12 的编程示例

根据上面给出的计算公式(5.4)就可以利用 MSP430 内嵌的温度传感器测量环

境温度,例 5.7 是使用 MSP430F1611 单片机 ADC12 内部温度传感器测量温度的程序示例。用看门狗间隔定时器,时钟用 ACLK = 32 768 Hz,8 分频,间隔 8 s,每 8 s 启动 SD12 温度转换一次。转换结果以摄氏温度值在 4 位 LED 上显示。

【例 5.7】　ADC12 内部温度传感器

```
// USART0 在 SPI 模式驱动 4 位 LED 显示摄氏温度值 0027
//    74HC164CP_P3.3/SCLK
//    74HC164AB_P3.1/SDO

# include <msp430x16x.h>

char dis_buf[4] = {0,0,0,0};
unsigned int rx = 0;
//--------------------------
void display(char * p)
{
    char table[23] = {0xC0,0xF9,0xA4,0xB0,0x99,0x92,0x82,0xF8,0x80,0x90,
            0x88,0x83,0xC6,0xA1,0x86,0x8E,0x8C,0xC1,0x89,0xC7,0x91,0xBF,0xFF};
    char i;
    for(i = 0;i<4;i++)
    {
        while (! (IFG1 & UTXIFG0));          // USART0 发送缓冲准备好?
        U0TXBUF = table[* p];                // 段码查询
        p++;
    }
}

//------------------------------------------
//USART0 的时钟是 DCO,CLK = SMCLK = DOC = 1 200 kHz
void Init_USART0(void)
{
    ME1 |= USPIE0;                          // 使能 USART0 SPI 模式
    U0CTL |= CHAR + SYNC + MM;              // 8 - bit SPI 主机
    U0TCTL |= CKPH + SSEL1 + SSEL0 + STC;   // CLK = SMCLK = DOC = 1 200 kHz, 3 引脚模式
    U0BR0 = 0x02;                           // UCLK/2
    U0BR1 = 0x00;                           // 0
    U0MCTL = 0x00;                          // 无调制
    U0CTL &= ~SWRST;                        // 初始化 USART 状态机
    P3SEL |= 0x0E;                          // P3.1 - 3 SPI 选项选择
    P3DIR |= 0x01;                          // P3.0 输出方向

}
//------------------------------------------
```

```
//sd12 的时钟是 DCO,CLK = SMCLK = DOC = 1 200 kHz
void Init_sd12(void)
{
    ADC12CTL0 = SHT0_8 + REFON + ADC12ON; //设置采样时间,打开 ADC 模块,1.5 V 参考电压
    ADC12CTL1 = SHP;                        // 使用采样定时器
    ADC12MCTL0 = SREF_1 + INCH_10;          // 采样通道为内部温度转换器
    ADC12IE = 0x01;                         // 使能 ADC 中断
    ADC12CTL0 |= ENC;                       // 使能 ADC 转换

}
//------------------------------------------------
void main(void)
{
    unsigned int i;
    for (i = 1000; i > 0; i-- );            //延时
    //Init_Clock();
    Init_USART0();
    Init_sd12();
    P2DIR |= 0x01;                          // P2.0 输出方向
    P2OUT = 0xFF;                           // P2.0 全部输出高电平
    display(dis_buf);

    BCSCTL1 |= DIVA_3;                      // ACLK = 32 768 ,ACLK/8 = 8 s
    WDTCTL = WDT_ADLY_1000;                 // WDTCLK = ACLK = 32 768,间隔时间 = 1 000 ms
    IE1 |= WDTIE;                           // 看门狗中断允许

    _BIS_SR(LPM0_bits + GIE);               // 进入 LPM0 模式 等待中断
}
#pragma vector = ADC_VECTOR
__interrupt void ADC12_ISR (void)
{
    unsigned int rx;
    unsigned long temp;

rx = ADC12MEM0;                             // 取转换结果
//  IntDegC = (ADC12MEM0 − 2 692) * 423/4 096
    temp = rx − 2 692;                      // 转换为摄氏温度值
    temp = temp * 423 ;
    temp = temp / 4 096;
    rx = temp;

    dis_buf[3] = rx/1 000;
    dis_buf[2] = (rx % 1000)/100;
```

```
    dis_buf[1] = (rx % 100)/10;
    dis_buf[0] = rx % 10;
    display(dis_buf);
}

// Watchdog Timer interrupt service routine
#pragma vector = WDT_VECTOR
__interrupt void watchdog_timer(void)
{
    ADC12CTL0 |= ADC12SC;              //启动 SD12 转换
    P2OUT ^= 0x01;                     //翻转 P2.0 引脚
}
```

5.10　具有 LCD 驱动器的 MSP430 单片机的使用

　　MSP430 系列单片机中有一部分型号内置有 LCD(液晶显示屏)驱动器,可直接驱动 LCD 显示器,无需另外的芯片。这里以 MSP430FE425 单片机为例介绍这项功能,并给出一个简单的实例。

5.10.1　MSP430FE425 单片机简介

　　MSP430FE425 单片机内部有 16 KB+256 B 闪存,512 B RAM,内部集成了一个 128 段的 LCD 驱动器,有多种工作方式,它的引脚见图 5.13。

　　和 LCD 驱动有关的引脚如下:

　　S0~S23 是 LCD 的段输出引脚,COM0~3 是 LCD 背板公共引脚。LCD 信号所需的电压由外部加到 R33、R23、R13 和 R03 引脚,这些引脚之间使用一个同样权重的电阻分压器阶梯,可以在其上建立起 LCD 内部所需的模拟电压。电阻值根据不同 LCD 的需求可在 100 kΩ~1 MΩ 之间选取,典型值为 680 kΩ。R33 被接至 VCC 输出,这使得供电梯形电阻可以被关闭,节省在 LCD 不用时的电流消耗。

　　LCD 驱动器产生驱动一个 LCD 显示所需的段和公共信号。LCD 控制器有专用的数据内存保存段驱动器的信息。公共和段信号由所定义的模式生成。该驱动器支持 LCD 的静态,2-MUX,3-MUX 和 4-MUX 模式。

5.10.2　和 LCD 驱动器有关的寄存器

　　MSP430FE42x 有 20 个 LCD 存储器 LCDM1~LCDM20,用来存储要显示的段码信息,还有一个控制寄存器 LCDCTL 用来设定 LCD 驱动器的功能和模式。表 5.27 列出了和 LCD 驱动器相关的存储器和寄存器。

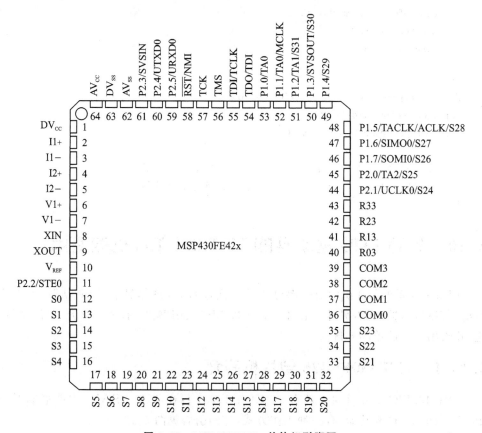

图 5.13　MSP430FE42x 单片机引脚图

表 5.27　和 LCD 驱动器相关的存储器和寄存器

LCD 存储器 20	LCDM20	0A4h
⋮	⋮	⋮
LCD 存储器 16	LCDM16	0A0h
LCD 存储器 15	LCDM15	09Fh
⋮	⋮	⋮
LCD 存储器 1	LCDM1	091h
LCD 控制寄存器	LCDCTL	090h

下面是 LCD 控制寄存器各位的详细功能：

LCDCTL：LCD 控制寄存器。

Bit7	Bit6	Bit5	Bit4	Bit3	Bit2	Bit1	Bit0
LCDPx			LCDMXx		LCDSON	Unused	LCDON

LCDPx：Bit7～5，LCD 端口选择。这些位选择引脚功能为 I/O 端口或 LCD 的字段引脚功能组。这些位仅影响引脚的复用功能。专用的 LCD 引脚状态总是 LCD 功能。

000：非复用引脚是 LCD 功能；

001：S0～S15 是 LCD 功能；

010：S0～S19 是 LCD 功能；

011：S0～S23 是 LCD 功能；

100：S0～S27 是 LCD 功能；

101：S0～S31 是 LCD 功能；

110：S0～S35 是 LCD 功能；

111：S0～S39 是 LCD 功能。

LCDMXx：Bit4～3，LCD mux 率。这些位选择 LCD 模式。

00：静态；

01：2－mux；

10：3－mux；

11：4－mux。

LCDSON：Bit2，LCD 段开启。该位支持由关闭所有段线闪烁的 LCD 应用程序，同时保留 LCD 时序发生器和 R33 启用。

0：所有 LCD 段关闭；

1：所有 LCD 段开启并根据其相应的存储器位置打开或关闭。

Bit1，未使用。

LCDON：Bit0，LCD 开启。该位开启 LCD 上的时序发生器和 R33。

0：LCD 时序发生器和 Ron 关闭；

1：LCD 时序发生器和 Ron 开启。

5.10.3　LCD 驱动器应用实例

这里是一个用 MSP430FE42x 单片机驱动一个 5 位×8 段字符的 LCD 显示器实例。具体的硬件电路原理图见图 5.14。采用了 4－mux 显示方式，4 个公共端 COM0～COM3 都用了。图中的 LCD 显示器有 5 位字符，每一个字符由 8 段组成，和普通的 LED 数码管显示器是类似的。

软件方面先是要对 LCD 驱动器进行初始化设置，另一方面是要把能显示的字符段码制成一个段码表，要显示的字符经过查表后获得相应的段码，5 位字符有 5 个显示缓存器，然后把查到的段码直接送到各位显示缓存器就可以显示了。

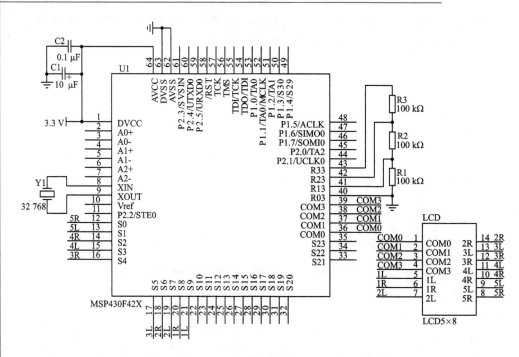

图 5.14　MSP430FE42x 驱动 5×8LCD 应用原理图

【例 5.8】 带 LCD 驱动器的 MSP430 单片机

```
// 在 LCD 上显示温度值，
// ACLK = LFXT1 = 32 768 Hz，MCLK = SMCLK = default DCO = 32 × ACLK = 1 048 576 Hz
# include  <msp430x42x.h>

/* Variable Declarations */
int lcd_buf[5] = {0,0,0,0,0};                    //LCD 显示缓存
char * LCD = LCDMEM;

/* LCD 段码表 */
const char tabel[17] =
{
    0xD7,  //'0'    LCD 字段 a + b + c + d + e + f
    0x06,  // '1'
    0xE3,  // '2'
    0xA7,  // '3'
    0x36,  // '4'
    0xB5,  // '5'
    0xF5,  // '6'
    0x07,  // '7'
    0xF7,  // '8'
    0xB7,  // '9'
    0x77,  // 'A'
    0xF4,  // 'b'
```

```
    0xD1,  // 'c'
    0xE6,  // 'd'
    0xF1,  // 'E'
    0x71,  // 'F'
    0x20   //'-'
};
void title()                                        // 'FE425'
{
  LCDMEM[4] = 0x71;                                 // 万位,最高位
  LCDMEM[3] = 0xF1;
  LCDMEM[2] = 0x36;
  LCDMEM[1] = 0xE3;
  LCDMEM[0] = 0XB5;                                 // 个位,最低位
}
// ----------------------------------------------------
// 初始化 LCD
void Init_lcd(void)
{
  LCDCTL = LCDP1 + LCDP0 + LCD4MUX + LCDON;  // 4 - Mux LCD, segments S0~S23
  BTCTL  = BTFRFQ1;                          // 设置 freqLCD = ACLK/128
}
// ----------------------------------------------------
void main(void)
{
  int i;
  WDTCTL = WDTPW + WDTHOLD;                   // 停止看门狗
  Init_lcd();                                 // 初始化 LCD
  for (i = 0; i < 10000; i++);                // 延时 32 kHz 晶振
  title();                                    // 显示 logo
    for (i = 0; i<5; i++)
  {
    LCD[i] = tabel[lcd_buf[i]];               // 显示字符表
  }
  LCDMEM[1] | = BIT3;                         // 加小数点
  while (1)
  {
    ;
  }
}
```

第 **6** 章

输入和显示电路

　　基本输入输出电路是单片机人机交互必不可少的工具,包括输入和输出两大部分,输入电路用来输入操作人员的指令和数据,由单片机来执行指令和处理数据,显示电路则用来显示指令的执行情况和数据的处理结果等,红外线遥控器也是一种单片机系统的输入设备,红外线信号的解码是运用了定时器 A 的捕获比较功能的编程示例,补充了第 5 章中定时器编程中没有讲到的这一重要功能,它的另外一个重要功能 PWM 输出将在第 7 章的"7.2 定时器 PWM 脉冲控制 LED 灯的亮度"中讲解。

　　常用的输入设备有开关键盘、拨码开关。输出设备包括的种类很多,本章首先介绍 LED 数码显示和 LCD 液晶显示器。

6.1　LED 数码管显示器

6.1.1　LED 数码管

　　LED 数码管是用发光二极管构成的数码显示器,内部用 7 个发光二极管组成字符的 7 段,每一段用小写的英文字母表示,主要用来显示 0~9 这 10 个数字,也可以显示某些英文字母或符号。图 6.1 是数码管的段位结构和引脚正面视图,它的内部有 7 个发光二极管组成的字段,按照一定的组合让有关的字段发光,就可以显示数字和某些字符,故称为 7 段数码管。中间的两个引脚是公共引脚,用来接电源正极或负极。为了显示数字后面的小数点,所以又在里面增加了一个发光二极管,用来显示小数点,用字母 p 来表示。

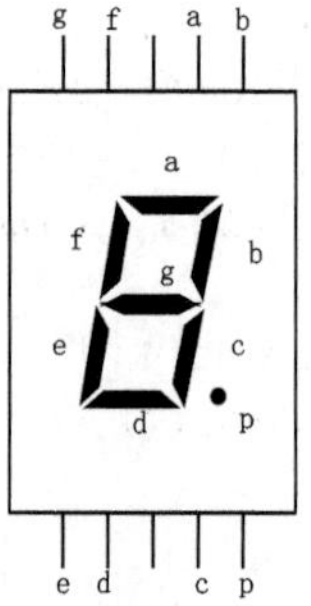

图 6.1　LED 数码显示管

　　LED 数码管按照内部发光二极管接法的不同分为共阳型和共阴型两类。共阳型数码管内部的 8 个发光二极管的阳极是连在一起的,共阴型的则是阴极连在一起的,如图 6.2 所示。

　　在使用共阳型数码管时,要将它们的公共阳极引脚通过一个限流电阻接电源的正极,然后让某些段二极管的阴极接低电平,数码管就会显示某一个数字。共阳型数码管的段码值为 0 时该段发光。

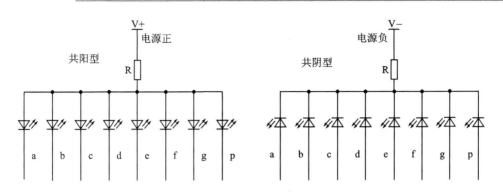

图 6.2　共阳型和共阴型 LED 数码管

共阴型数码管正好与此相反,在使用时要将它们的公共阴极引脚通过一个限流电阻接电源的负极,然后让某些段二极管的阳极接高电平,数码管就会发光显示某一个数字。共阴型数码管的段码值为 1 时该段发光。

要让数码管显示某一个字符,就要让某些段的组合二极管发光,这些对应某一个字符的 7 个段位组合,称为 7 段码,显然共阳型数码管和共阴型数码管的段码是不同的,7 位段码如表 6.1 所列。要注意的是这些段码不包括小数点。如果要让某一位数字后面显示小数点,需要另行处理。

还有一点要说明的是段码值还和单片机端口的接法有关,8 个段位正好可以用单片机的一个 8 位端口连接,例如用 P2 端口驱动段位,一般按照升位的顺序来连接,如表 6.2 所列。表 6.1 就是按照这种接法得出的段码表,如果反过来,段位 a 接 P2.7,段位 b 接 P2.6 等,那么段码表就完全不同了。

表 6.1　七段 LED 数码管段码表

字　符	0	1	2	3	4	5	6	7	8	9
共阳段码	C0H	F9H	A4H	B0H	99H	92H	82H	F8H	80H	90H
共阴段码	3FH	06H	5BH	4FH	66H	6DH	7DH	07H	7FH	6FH
字　符	A	b	C	d	E	F	P	H	Y	—
共阳段码	88H	83H	C6H	A1H	86H	8EH	8CH	89H	91H	BFH
共阴段码	77H	7CH	39H	5EH	79H	71H	73H	76H	6EH	40H

表 6.2　段位和单片机端口的接法

段　位	a	b	c	d	e	f	g	p
端口位	P20	P21	P22	P23	P24	P25	P26	P27

6.1.2　LED 数码管的静态显示

静态显示的 LED 应用电路在例 5.4 中已讲过,硬件电路原理见图 5.7。静态显示的 LED 每一个数码管都有一个 74LS164 驱动器,提供段驱动码给每一位数码管,段码由 74LS164 驱动器锁存,不需要循环刷新,减轻了程序的负担,但是硬件开销比较大。

6.1.3　LED 数码管的动态显示

1. 硬件电路原理

为了节省硬件资源,LED 数码管可以采用动态显示的方法。其电路原理如图 6.3 所示,图中的 LED 是一个 4 位的 LED 数码管显示器,4 位数码管同名的段都连在一起,段码共同由 P2 端口输出驱动数码管。4 个数码管的电源分别由 4 根端口线 P6.2～P6.5 通过三极管 8550 选通,4 位数码管轮流被选通。当某位数码管被选通时,单片机就通过 P2 口发送段码给被选通的那位数码管,此时被选的数码管会发光显示,在任一时刻只有一位数码管被选通发光,其余 3 位不通,4 位数码管是轮流闪亮的。但是由于人眼具有视觉残留效应,只要轮流选通的周期足够短,那么人眼会感到 4 位数码管是在同时发光,这就是动态显示的原理。动态显示要求单片机周期性的发送显示码给数码管,即定时刷新数据,每秒刷新的次数要大于 30 次,否则会产生闪烁。

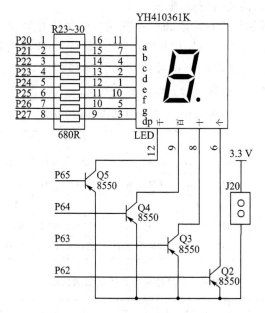

图 6.3　LED 数码管的动态显示

2. 程序示例

例 6.1 是在 4 位 LED 数码管上动态显示 4321 这 4 位数字。P6.2～P6.5 是位选线,对应个、十、百、千位。三极管 Q1～Q4 是 PNP 管用来做位选通,基极在低电平时三极管导通,所以位选线 P6.2～P6.5 输出低电平时三极管导通,从千位开始,位选码 sel＝11110111＝0xf7,先选通千位,然后送千位段码到 P2 口,延时 5 ms,接着右移位选码 sel,sel＝0111011＝0xeb,百位被选通,送百位数到 P2 口,以此类推,直到 4 位数字显示完。注意不要用从个位开始显示然后左移位选码 sel 的方法,这样低位补上来的是零,最终会使 4 位同时都被选通,出现显示混乱。图 6.4 是显示的效果。

图 6.4　4 位 LED 动态显示

【例 6.1】　4 位 LED 动态显示

```
//P2:共阳段码;P65～P62:千百十个位
//在 4 位 LED 数码管上显示 1234
# include <msp430x16x.h>
//共阳码表 0123456789AbCdEFHL-
char table[] = {0x03,0x9F,0x25,0x0D,0x99,0x49,0x41,0x1F,0x01,0x09,
0x11,0xc1,0x63,0x85,0x61,0x71,0x91,0xe3,0xfd};
// ==================================
//初始化时钟
void Init_Clock(void)
{
    BCSCTL1 = RSEL2 + RSEL1 + RSEL0;//XT2 开启 LFXT1 在低频模式 ACLK 不分频 最高标称频率
    BCSCTL2 = SELM1 + SELS;        //MCLK、SMCLK 时钟源为 XT2CLK,不分频
}
//-------------------------------------------------
//初始化端口
void Init_Port(void)
{
    P1DIR = 0xFF;              //P1 口所有引脚设置为输出方向
    P2DIR = 0xFF;              //P2 口所有引脚设置为输出方向
    P6DIR = 0xFF;              //P5 口所有引脚设置为输出方向
}
//-------------------------------------------------
void DelayMs(int ms)
{
    int i;
```

```
    while(ms -- ){
    for(i = 0; i<130;i ++);
    }
}
// ---------------------------------------------------
//4 位数码管显示
void display(char    * p)
{
    char sel,i;
    sel = 0xdf;                    //从千位 P6.5 = 0 开始显示
    for(i = 0;i<4;i ++)
    {
       P2OUT = table[ * p];        //查表取段码送 P2 口
              P6OUT = sel;         //位选码:从千位 P6.5 = 0 开始显示
       DelayMs(1);
              p ++ ;
       sel = sel>>1;               //取下一位
              sel| = BIT7;         //最高位补 1
    }
}

// ************************************************/
void main(void)
{
    char dis_buf[4] = {0x01,0x02,0x03,0x04};
        WDTCTL = WDTPW + WDTHOLD; //关闭看门狗
        Init_Clock();
        Init_Port();
        _DINT();                   //关闭中断
    P2OUT = 0xff;
    P6OUT = 0xff;

    DelayMs(100);

    while(1)
    {

    display(dis_buf);
    DelayMs(10);                   //延时

    }
}
```

6.2 按钮开关输入

6.2.1 一般按钮开关输入

　　按钮开关是最常用的输入控制设备,把一个或几个按钮按图 6.5 所示接到单片机的 I/O 端口线上,另一端接地,当按钮被按下时,连接的端口就会从高电平变为低电平,单片机监测到这个变化,就会执行预定的指令或程序。几个不同的按钮就会执行一系列不同的指令或程序。图中的 S1~S4 这 4 个按钮就是这样子的。按钮程序可采用查询或者中断方式,MSP430 单片机的 P1 和 P2 端口的每一个引脚都有中断功能,因此要使用中断方式的按钮可以接在 P1 和 P2 端口的引脚上。

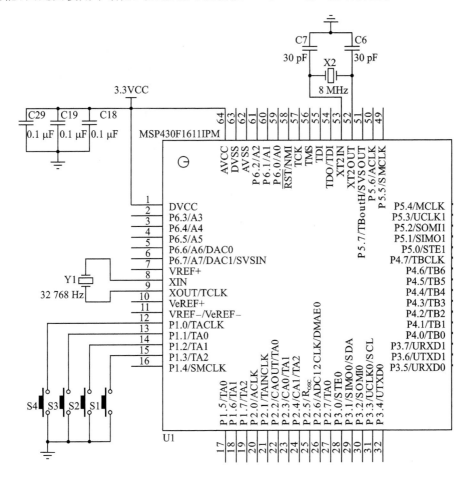

图 6.5 按钮开关输入

当手动按下按钮时,按钮内部的接触电极会产生抖动,在开始的几毫秒时间内,按钮还不能完全闭合,若在此时程序检测会得到错误的结果,为了避免这种情况,在首次检测到按钮闭合后,需要延时一段时间,然后再次检测按钮状态,确认按钮是否确实闭合。实验证明延时 10 ms 左右就可以了。

6.2.2　矩阵键盘输入

前面讲的按钮开关输入每一个按钮要占用一根 I/O 端口线,如果按钮很多的话,就要占用大量的端口线,例如一个 16 键的输入键盘,就要占用 16 根端口线,这样很浪费也不方便,如果按图 6.2 所示的矩阵接法,4 根水平线称为行线,4 根垂直线称为列线,行、列线交叉有 16 个交汇点,把 16 个按钮开关跨接在这 16 个交汇点上,那么只要 8 根端口线就能做成一个 16 键输入键盘,同理 8 根水平线和 8 根垂直线可以有 64 个交汇点,用 16 根端口线就可以做出 64 键的矩阵键盘。图 6.6 是用薄膜做的 16 键矩阵键盘,它有 8 根信号线,把 8 根信号线直接接到某一个端口就可以了。

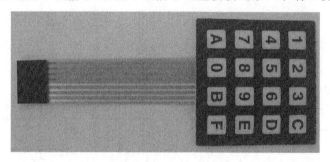

图 6.6　16 键薄膜矩阵键盘

以 16 位矩阵键盘为例,在 16 个节点位置上的每一个键,当它被按下时,读入的端口值和这个键的位置是一一对应的,因此可以由读入端口值来确定是哪一个键被按下了。

例 6.2 具体说明如何用循环查询法来使用矩阵键盘,图 6.7 中把端口线 P4.0~P4.3 作为列检测的输入线,P4.4~P4.7 作为行扫描输出线。int keyscan()是键扫描函数,在这里依次给 4 根行扫描输出线输出低电平,先给第一根行线输出低电平,然后读入 P4 端口的值,如果有键按下,P4 端口的值就会等于该键按下时所对应的一个特定键位值,这些值如表 6.3 所列。

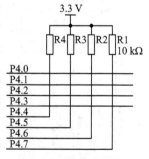

图 6.7　矩阵键盘输入

表 6.3　键值表

键 值	0	1	2	3	4	5	6	7	8	9	10	11	12	13	14	15
端口值	ee	ed	eb	e7	de	dd	db	d7	be	bd	bb	b7	7e	7d	7b	77

　　将读入的 P4 端口值在键值表中查询,如果能查到,说明有键按下,查到了键值也就知道是哪一个键被按下了。如果查不到,说明没有键按下。接着给第二根行线输出低电平,同样去读 P4 端口值,查键值表,以此类推,直到 4 根行输出线全部完成。键扫描函数 int keyscan() 的返回值就是按键的键值。在 P1.2 端口接有一个蜂鸣器,当有键按下时,蜂鸣器会响一下作为提示。用户可以根据返回的键值,安排相应的程序工作。完整的矩阵键盘程序如下:

【例 6.2】　16 键矩阵键盘

```
//P4.7～P4.4 设置为输出方向,P4.3～P4.0 为输入方向
/**************************************************
键盘排列:
f e d c
b a 9 8
7 6 5 4
3 2 1 0

**************************************************/
# include <msp430x16x.h>

# define   Beep_ON        P1OUT| = BIT2
# define   Beep_OFF       P1OUT& = ~BIT2
```

```
// =========================================
//初始化时钟
void Init_Clock(void)
{
    BCSCTL1 = RSEL2 + RSEL1 + RSEL0;//XT2 开启 LFXT1 在低频模式 ACLK 不分频最高标称频率
    BCSCTL2 = SELM1 + SELS;        //MCLK、SMCLK 时钟源为 XT2CLK,不分频
}
// -----------------------------------------
//初始化端口
void Init_Port(void)
{
    P1DIR = 0xFF;             //P1 口所有引脚设置为输出方向
    P2DIR = 0xFF;             //P2 口所有引脚设置为输出方向
    P6DIR = 0xFF;             //P5 口所有引脚设置为输出方向
}
// -----------------------------------------
void DelayMs(int ms)
{
    int i;
    while(ms --){
    for(i = 0; i<130;i ++);
```

```
        }
    }
//------------------------------------------------
//键值表
int key_table(void)
{
    int keynum;
    switch(P4IN)
    {
        case 0xee：    {keynum = 0;}break;    //键 0
        case 0xed：    {keynum = 1;}break;    //键 1
        case 0xeb：    {keynum = 2;}break;    //键 2
        case 0xe7：    {keynum = 3;}break;    //键 3

        case 0xde：    {keynum = 4;}break;    //键 4
        case 0xdd：    {keynum = 5;}break;    //键 5
        case 0xdb：    {keynum = 6;}break;    //键 6
        case 0xd7：    {keynum = 7;}break;    //键 7

        case 0xbe：    {keynum = 8;}break;    //键 8
        case 0xbd：    {keynum = 9;}break;    //键 9
        case 0xbb：    {keynum = 10;}break;   //键 a
        case 0xb7：    {keynum = 11;}break;   //键 b

        case 0x7e：    {keynum = 12;}break;   //键 c
        case 0x7d：    {keynum = 13;}break;   //键 d
        case 0x7b：    {keynum = 14;}break;   //键 e
        case 0x77：    {keynum = 15;}break;   //键 f
    default：    {keynum = 255;}break;

    }
    return keynum;
}
//------------------------------------------------
//键扫描
int keyscan()
{
    int i,keyval = 255;
    int rows = 0xef;                          //行初值第一行 P4.4 = 0
    P4DIR = 0xf0;                             //P4.7～P4.4 引脚设置为输出方向

    for(i = 0;i＜4;i ++)
      {
        P4OUT = rows;                         //第一行 P4.4 = 0
```

184

```
        if(key_table()!= 255)                //若无键按下,键值等于 255
        {
            keyval = key_table();            //有键按下,查键值表
        }
        rows = (rows<<1)|0x01;               //行左移一位到下一行
    }
    return keyval;                           //返回键值
}

//----------------------------------------------------------
void main(void)
{
    char keyvalu = 16;

    WDTCTL = WDTPW + WDTHOLD;                 //关闭看门狗
    Init_Clock();
    Init_Port();
        Beep_OFF;                            //关闭蜂鸣器
        P2OUT = 0xff;
      P6OUT = 0xff;

    _DINT();                                 //关闭中断

    while(1)
    {
        keyvalu = keyscan();                 //扫描键盘读取键值
        if(keyvalu<= 15)
        {
          Beep_ON;                           //若有键按下,蜂鸣器响一下
          DelayMs(50);
          Beep_OFF;
        }
        DelayMs(5);
    }
}
```

6.3　LCD 液晶显示器

　　LCD 液晶显示器具有体积小、功耗低、可彩色显示等一系列优点,在各类电子设备中得到了广泛的应用,特别是在便携式消费类数码产品中几乎独霸天下,在电视机等大屏幕显示设备中也取代了传统的阴极射线显像管,成为市场的主力。单片机中

使用的液晶显示器主要是黑白的字符显示器,最常用的是型号为 LC1602,可以显示两行、每行 16 个字符,下面详细介绍这种显示器的性能和编程方法。

6.3.1 LCD1602 液晶显示器

LCD1602 液晶显示器是目前广泛使用的一种字符型液晶显示模块。它由字符型液晶显示屏(LCD)、控制驱动主电路 HD44780 及其扩展驱动电路 HD44100,少量阻、容元件,结构件等装配在 PCB 板上而成。不同厂商的 1602 芯片可能有所不同,但是使用方法都是一样的。为了降低成本,现在绝大多数是直接将裸片做到板上。

字符型液晶显示模块目前在国际上已经规范化,无论显示屏规格如何变化,其电特性和接口形式都是统一的。因此只要设计出一种型号的接口电路,在指令设置上稍加改动即可使用各种规格的字符型液晶显示模块。它的主要技术参数如下:

（1）液晶显示屏是以若干个 5×8 或 5×11 点阵块组成的显示字符群。每个点阵块为一个字符位,字符间距和行距都为一个点的宽度。

（2）主控制驱动电路为 HD44780（HITACHI）或其他公司全兼容电路,如 SED1278（SEIKO EPSON）、KS0066（SAMSUNG）、NJU6408（NER JAPAN RADIO）。

（3）具有字符发生器 ROM,可显示 192 种字符（160 个 5×7 点阵字符和 32 个 5×10 点阵字符）

（4）具有 64 B 的自定义字符 RAM,可自定义 8 个 5×8 点阵字符或 4 个 5×11 点阵字符。

（5）具有 80 B 的 RAM。

（6）标准的接口特性。

（7）模块结构紧凑、轻巧、装配容易。

（8）单+5 V 或 3 V 电源供电。

（9）低功耗、长寿命、高可靠性。

6.3.2 LCD1602 的引脚功能

LCD1602 的引脚按功能划分可以分为 3 类:

1. 数据线

7～14 引脚为数据线,直接控制方式时 8 根线全用。4 线制时只用 DB7～DB4 这 4 根高位线。

2. 电源类

- 1、2 脚为一、+电源线,千万不要接错,接线错误会导致显示器烧坏。
- 3 脚 V0 为液晶显示器对比度调整端,接正电源时对比度最低,接地电源时对比度最高,对比度过高时会产生"鬼影",可以用一个 10 kΩ 电位器来调整。

● 15、16 脚为背光电源,接入 5 V 电源时应串入适当的限流电阻。

3. 编程控制

● E 端为使能端,当 E 端由高电平跳变成低电平时,液晶模块执行命令。
● RW 为读写信号线,高电平时进行读操作,低电平时进行写操作。
● RS 为寄存器选择,高电平时选择数据寄存器、低电平时选择指令寄存器。

图 6.8 是 LCD1602 液晶显示器的背面照片。可以看到它的引线接口为一字排列的 16 引脚,不同商家的产品外形虽然略有不同,但是引脚排列和功能还是相同的。表 6.4 是它的引脚功能表。

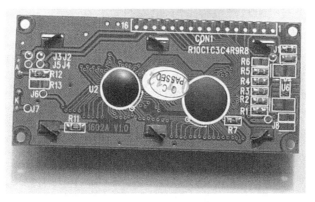

图 6.8　LC1602 液晶显示器的背面

表 6.4　LCD1602 的引脚功能表

引脚号	符 号	状 态	功 能
1	Vss		电源地
2	Vdd		+5 V 逻辑电源
3	V0		液晶驱动电源
4	RS	输入	寄存器选择,1:数据;0:指令
5	R/W	输入	读、写操作选择,1:读;0:写
6	E	输入	使能信号
7	DB0	三态	数据总线(LSB)
8	DB1	三态	数据总线
9	DB2	三态	数据总线
10	DB3	三态	数据总线
11	DB4	三态	数据总线
12	DB5	三态	数据总线
13	DB6	三态	数据总线
14	DB7	三态	数据总线(MSB)
15	LEDA	输入	背光+5V
16	LEDK	输入	背光地

6.3.3　LCD1602 和单片机的连接

LCD1602 和单片机的连接方式有两种,一种是直接控制方式,另一种是间接控制方式。它们的区别只是所用的数据线的数量不同,其他都一样。

1. 直接控制方式

LCD1602 的 8 根数据线和 3 根控制线 E、RS、R/W 和单片机相连,就可以正常工作。实用电路见图 6.9。用 P2 端口做数据线,P1.7~P1.5 这 3 根线做控制信号。VO 引脚是液晶对比度调试端,按图 6.9 的接法用一个 10 kΩ 电位器来调整。也可以用一个适当大小的电阻从该引脚接地,电阻的大小通过调试决定。

MSP430 单片机系统使用的是3.3 V 电源,LCD1602 一般要使用 5 V 电源,当电源电压低至 4 V 时,LCD1602 就不能显示了,所以这里给 LCD1602 单独使用的是 5 V 电源,单片机系统仍然使用 3.3 V 电源。当然,这样使用的话,单片机和 LCD1602 之间的数据线和控制信号线会存在电平匹配的问题,不过实践证明这样连接时,系统仍然可以正常工作。现在也有可以使用 3.3 V 电源的 LCD1602,如果能使用这种 LCD1602,当然是最好了。

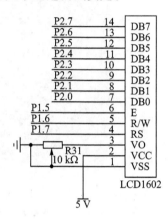

图 6.9　LCD1602 和 MSP430 单片机的连接

2. 间接控制方式

间接控制方式也称为 4 线制工作方式,它是利用 HD44780 所具有的 4 位数据总线的功能,简化电路接口的一种方式。为了减少接线的数量,只采用 DB7~DB4 这 4 根数据线与单片机进行通信,先传送数据或者命令的高 4 位,然后再传送低 4 位。采用 4 线并口通信,可以减少对单片机 I/O 引脚的需求,当设计产品过程中单片机的 I/O 资源紧张的时候可以考虑使用此种方法。

6.3.4　LCD1602 的指令集

LCD1602 液晶显示器有一套由单字节组成的指令集,这些指令可以控制显示器完成各种显示功能。单片机发送相应的指令就可以使显示器正常工作。LCD1602 共有 11 条指令。各指令的功能见表 6.5。

表6.5 指令表

序号	指令	RS	R/W	D7	D6	D5	D4	D3	D2	D1	D0
1	清显示	0	0	0	0	0	0	0	0	0	1
2	光标返回	0	0	0	0	0	0	0	0	1	*
3	置输入模式	0	0	0	0	0	0	0	0	I/D	S
4	显示开关控制	0	0	0	0	0	0	1	D	C	B
5	光标或字符移位	0	0	0	0	0	1	S/C	R/L	*	*
6	置功能	0	0	0	0	1	DL	N	F	*	*
7	置字符发生存储器地址	0	0	0	1	字符发生存储器地址(AGG)					
8	置数据存储器地址	0	0	1	显示数据存储器地址(ADD)						
9	读忙标志或地址	0	1	BF	计数器地址(AC)						
10	写数到CGRAM或DDRAM	1	0	要写的数							
11	从CGRAM或DDRAM读数	1	1	读出的数							

- 指令1:清显示,指令码01H,光标复位到地址00H位置。
- 指令2:光标复位,光标返回到地址00H。
- 指令3:光标和显示模式设置I/D:光标移动方向,高电平右移,低电平左移。
  S:屏幕上所有文字是否左移或者右移。高电平表示有效,低电平则无效。
- 指令4:显示开关控制。
  D:控制整体显示的开与关,高电平表示开显示,低电平表示关显示;
  C:控制光标的开与关,高电平表示有光标,低电平表示无光标;
  B:控制光标是否闪烁,高电平闪烁,低电平不闪烁。
- 指令5:光标或显示移位S/C:高电平时移动显示的文字,低电平时移动光标。
- 指令6:功能设置命令。
  DL:高电平时为8位总线,低电平时为4位总线;
  N:低电平时为单行显示,高电平时双行显示;
  F:低电平时显示5×7的点阵字符,高电平时显示5×10的点阵字符。
- 指令7:字符发生器RAM地址设置。
- 指令8:DDRAM地址设置。
- 指令9:读忙信号和光标地址。BF:为忙标志位,高电平表示忙,此时模块不能接收命令或者数据,如果为低电平表示不忙。
- 指令10:写数据。
- 指令11:读数据。

前9条指令都是在RS=0时使用,即写入的是指令或地址,同时RW=0。此时若RW=1可以读忙信号。最后两条指令在RS=1时使用,读写的是数据,即要显示的字符。在编程时要特别注意这一点。

6.3.5 LCD1602 的应用编程

从 LCD1602 的指令集中可以看出，LCD1602 在应用时的编程主要包括两方面的内容，一个是给它发送命令，指令 1～指令 9 就是这些命令，这些命令包括清显示、光标返回等，当发送这些命令时，要让 RS＝0。另一个是写入或读出数据。指令 10 和指令 11 分别完成这两项功能，这时要让 RS＝1。指令 10 将要显示的数据写入内存中，然后在显示器上显示出来。

应用编程时首先要对 LCD1602 进行初始化，初始化的内容可根据显示的需要选用上述命令。初始化完成后，指定显示的位置，显示字符时要先输入显示字符地址，也就是告诉显示器在哪里显示字符，第一行第一个位置的地址是 00H，但是要注意的是，该位置的地址不能写入 00H，而是要写入 80H，这是因为写入显示地址时要求最高位 D7 恒为高电平 1，所以实际写入的数据应该是 00000000B（00H）＋10000000B（80H）＝10000000B（80H）。同理第二行第一个字符的地址是 40H，实际应该写入的地址是 C0H。接着把要显示的数据写入，这时相应的数据就会在指定的位置显示出来。表 6.6 是 LCD1602 的内部显示地址。

表 6.6 LCD1602 的内部显示地址

1	2	3	4	5	6	7	8	9	10	11	12	13	14	15	16	行数
00	01	02	03	04	05	06	07	08	09	0A	0B	0C	0D	0E	0F	第1行
40	41	42	43	44	45	46	47	48	49	4A	4B	4C	4D	4E	4F	第2行

液晶显示模块是一个慢显示器件，所以在执行每条指令之前要先读入忙标志，当模块的忙标志为低电平时，表示不忙，这时输入的指令才能生效，否则此指令无效。也可以不用读忙标志的方法，而是采用在写入指令后延时一段时间的方法，也能起到同样的效果。

例 6.3 的功能是在液晶显示器的第一行显示："LCD1602－DISPLAY!"在第二行显示"TANGJIXIAN201010"共 16 个字符。除了主函数之外，另外还有 8 个函数，DelayMs()为毫秒延时，延时函数是按照使用 8 MHz 晶振计算的值，如果使用其他晶振则需要另行计算。LcdBusy()函数为 LCD 忙状态检测。另外 6 个是有关 LCD 写入的，函数功能见表 6.7。

表 6.7 6 个 LCD 写入函数功能简介

序 号	函数名	函数功能
1	WriteCommand	写指令
2	WriteData	写数据
3	LCD_set_xy	设置光标位置
4	LCD_write_char	写一个字符
5	LCD_write_string	写一串字符
6	LcdInit	液晶初始化
7	DelayMs	延时
8	LcdBusy	LCD 忙检测

初始化函数中,包括显示方式,关光标,清屏等,包括了 4 条指令,它们的功能分别是:

(1) 8 位数据端口,两行显示,5×7 点阵。

(2) 开启显示,无光标。

(3) AC 递增,画面不动。

(4) 清屏。

在写入这些指令之前要置 RS=0,表示写入的是指令或地址,然后调用写字节函数写入指令,每写入一条指令后都要加适当的延时,才能确保指令有效。

主函数中先初始化系统时钟和端口,然后调用 LCD 初始化函数,设置 LCD 的工作模式等。接着调用写字符串函数在指定的起始地址显示两行字符串,写字符串函数的前两项参数指定显示的起始地址,指针 * s 指向要写入的字符串数组。图 6.10 是例 6.3 程序运行的结果。

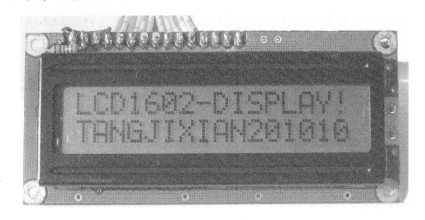

图 6.10   例 6.3 程序运行的结果

【例 6.3】   LCD1602 液晶显示器

```
//LCD1602 电源用 5 V,其他部分用 3.3 V
#include <msp430x16x.h>
#define   uchar unsigned char
#define   uint unsigned int

#define    RS_HIGH    P1OUT| = BIT7      //指令或数据选择
#define    RS_LOW     P1OUT& = ~BIT7

#define    RW_HIGH    P1OUT| = BIT6      //读写信号
#define    RW_LOW     P1OUT& = ~BIT6

#define    E_HIGH     P1OUT| = BIT5      //使能信号
#define    E_LOW      P1OUT& = ~BIT5

#define    BUSY_OUT   P2DIR| = BIT7      //液晶判忙
#define    BUSY_IN    P2DIR& = ~BIT7
```

```
#define      BUSY_DATA   P2IN&BIT7
uchar Data1[16] = {"LCD1602 - DISPLAY!"};
uchar Data2[16] = {"TANGJIXIAN201010"};
// ***************************************************
//延时
void DelayMs(uint ms)
{
    uint i;
    while(ms -- ){
    for(i = 0; i<500;i ++ );
    }
}
// ***************************************************
//测试 LCD 忙碌状态,若处于忙碌状态则不能读写数据
void LcdBusy(void)
{
    RS_LOW;
    RW_HIGH;
    E_HIGH;
    _NOP();_NOP();
    BUSY_IN;
    while(BUSY_DATA);
    BUSY_OUT;
    E_LOW;
}
// ***************************************************
//写指令到 LCD
void WriteCommand(uchar Command)
{
    LcdBusy();
    RS_LOW;
    RW_LOW;
    E_HIGH;
    _NOP();
    _NOP();
    P2OUT = Command;
    _NOP();
    _NOP();
    E_LOW;
```

192

```
}
// *******************************************************
//写数据到 LCD
void WriteData(uchar Data)
{
    LcdBusy();
    RS_HIGH;
    RW_LOW;
    E_HIGH;
    _NOP();
    _NOP();
    P2OUT = Data;
    _NOP();
    _NOP();
    E_LOW;
}
// *******************************************************/
//设置 LCD 光标位置,x 为行坐标,y 为纵坐标
void LCD_set_xy( unsigned char x, unsigned char y )
{
 unsigned char address;
 if (y == 0x01)
  address = 0x80 + x;
 else
     address = 0xc0 + x;
 WriteCommand(address);
}
// *******************************************************
//写入一个字符到 LCD1602,x 为行坐标,y 为纵坐标,dat 是要写入的字符
void LCD_write_char( unsigned x,unsigned char y,unsigned char dat)
{
 LCD_set_xy( x, y );
 WriteData(dat);
}
// *******************************************************
//写入一串字符到 LCD1602,x 为行坐标,y 为纵坐标, * s 是字符串指针
void LCD_write_string(unsigned char X,unsigned char Y,unsigned char * s)
{
    LCD_set_xy( X, Y );                    //set address
```

```
    while ( * s)                         // write character
    {
     P2OUT = * s;
        WriteData( * s);
   s ++ ;
    }
}
// *************************************************
//LCD1602 初始化,包括显示方式,关光标,清屏等
void LcdInit(void)
{
     WriteCommand(0x38);              //8 位数据端口,两行显示,5×7 点阵
     DelayMs(10);
     WriteCommand(0x0c);              //开启显示,无光标
     DelayMs(10);
     WriteCommand(0x06);              //AC 递增,画面不动
     DelayMs(10);
     WriteCommand(0x01);              //清屏
     DelayMs(10);
}

// *************************************************
//初始化时钟
void InitClock(void)
{
    BCSCTL1 = RSEL2 + RSEL1 + RSEL0;   //XT2 开启 LFXT1 工作在低频模式 ACLK 不分频
                                       //最高的标称频率
    BCSCTL2 = SELM1 + SELS;            //MCLK、SMCLK 时钟源为 XT2CLK,不分频
}

// *************************************************
//初始化 MSP430 端口,设置引脚功能及输入输出方式
void InitPort(void)
{
   P1SEL = 0x00;                       //P1 口所有引脚设置为一般的 I/O 口
   P2SEL = 0x00;                       //P2 口所有引脚设置为一般的 I/O 口

   P1DIR = 0xFF;                       //P1 口所有引脚设置为输出方向
   P2DIR = 0xFF;                       //P2 口所有引脚设置为输出方向

}

// *************************************************
```

194

```
//主函数
void main(void)
{
    WDTCTL = WDTPW + WDTHOLD;               //关闭看门狗
    InitClock();                           //初始化系统时钟
    InitPort();                            //初始化端口

    LcdInit();                             //Lcd1602 初始化
    _DINT();                               //关闭总中断
    LCD_write_string(0,1,Data1);           //从第一行起始位置显示字符串 Data1
    LCD_write_string(0,2,Data2);           //从第二行起始位置显示字符串 Data2
    while(1);
}
```

6.4　红外线遥控信号的接收

应用红外线传感器的电子设备很多,最常见的莫过于红外线遥控器了,从电视机、空调器到电风扇、吸顶灯等,现在几乎所有的家用电器都配备了红外线遥控器。在单片机系统中也可以使用红外线遥控器,用一个红外线遥控器给单片机发送不同的编码信号,就可以代替复杂的键盘系统,遥控指挥单片机去做很多不同的事情。在单片机系统中要利用红外遥控功能就是要把收到的红外线脉冲信号解码,根据解码的结果去执行不同的命令。

6.4.1　单片机系统红外线信号接收电路

现在接收红外线信号都使用一体化的红外线接收头,它的外形就像一个大一点的三极管那样,只有电源正、负和信号输出 3 只引脚,如图 6.11 所示。3 个引脚从上到下依次为电源正、电源负和信号输出。

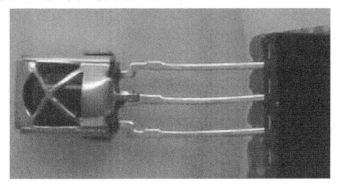

图 6.11　一体化红外线接收器

在 MSP430 单片机系统中使用这样的一体化红外线接收器很简单,只要把接收器的信号输出引脚接到单片机的捕获输入引脚上就可以了,本例中是接在 MSP430 单片机的 P1.1/TA0 引脚。

6.4.2　红外遥控信号编码

目前主流的红外线编码方式有两种,一种是 Philips 的 RC-5,所使用的芯片型号是 28 引脚封装的 SAA3010T。另外一种是日本 NEC 的遥控芯片 uPD6121G,采用脉宽调制码。这里以 RC-5 为例讲解其编码的规则和解码的方法。

RC-5 是一种特殊的曼彻斯特(Manchester)编码系统,在曼彻斯特码中,数据"0"和"1"的脉冲宽度是相同的,每位(bit)的周期 T 都是 1 778 μs,但是相位相反。图 6.12 是 RC-5 码的"0"和"1"的波形图。

标准的曼彻斯特码总共 11 位,除了前面的两位起始位和 1 位控制位之外,后面是 8 位数据位。但是 RC-5 码是一种 14 位曼彻斯特编码系统,它后面有 11 位数据,RC-5 码的一帧数据输出格式如表 6.8 所示,共有 14 位。图 6.13 是发送的一帧 RC-5 遥控码的波形图,这是发送方的波形图,用一体化接收头收到的波形正好和这个相位相反。

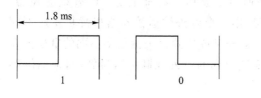

图 6.12　是 RC-5 码的"0"和"1"

图 6.13　发送的一帧 RC-5 码波形图

表 6.8　RC-5 码的一帧数据格式

2 起始位		控制位	5 系统码					6 指令码					
St1	St2	Ctrl	S4	S3	S2	S1	S0	C5	C4	C3	C2	C1	C0

6.4.3　红外遥控信号解码和编程实例

弄清楚遥控信号的编码方法后,就可以依据其编码方法编写它的解码程序。对 RC-5 双相码来说,是根据它们的相位来识别 0 和 1 的,即它的逻辑 0 和逻辑 1 是反相的,程序中是在每一个脉冲到来后的 1/4 周期这一时间点,根据它的电平高低来判断,若为高就是逻辑 1,为低就是逻辑 0。

MSP430 单片机系统解码红外线信号具有得天独厚的优势,利用定时器的捕获/比较功能可以轻而易举地实现。MSP430 单片机的定时器除了定时和计数的基本功能之外,还具有捕获/比较功能,定时器在连续计数的过程中,如果在选定的输入引脚上发生一个脉冲跳变(上升沿、下降沿或两者都是),则该时刻定时器的计数值将被保存在 TACCRx 寄存器中(保存计数值是硬件自动完成的),同时产生中断。这个功能可用来捕获事件发生的时间并以此为基准产生定时间隔。例 6.4 就是利用 Timer_A 的捕获功能来接收红外线脉冲序列信号的,捕获功能可以记下收到首个红外脉冲的时刻,这将为后面解码脉冲序列做好时序准备。接着利用定时器的比较功能完成脉冲解码,按照脉冲的定时周期,产生定时间隔,在每一位脉冲的 T/4 位置读取脉冲的电平高低,Timer_A 能把这个电平值锁存到控制寄存器中的 SCCI 位,这是 MSP430 单片机的的 Timer_A 定时器特有的功能,这样用户可以立即获得该脉冲序列的各位值,也就是完成了解码的任务。

例 6.4 用 Timer_A 解码 RC - 5 遥控码,把红外接收头的信号引脚接在 P1.1/TA0 引脚,定时器设定在捕获模式,下降沿捕获。当有红外脉冲进入时就产生一个下降沿,在图 6.14 中标注为"捕获首个下降沿"的地方产生首个中断,此时的计数值被自动保存到 TACCRx 寄存器中。在中断服务函数处理这个中断时,要立即把捕获模式改为比较模式,并把计数值 TACCRx 增加 1+3/4 个遥控码周期 T,接着再继续启动定时器计数,1+3/4 个周期的计数会跳过第二个起始码,到达控制码所在的 1/4T 位置产生中断,也就是图 6.14 中标注为"比较模式首个中断"的地方产生中断,Timer_A 会自动记录下该位的电平(0 或 1)并存在 CCTL0 控制寄存器的 SCCI 位中,用户可以马上把 SCCI 位移入一个数据缓存器保存,这个收到的第一位数据是遥控码中的控制位,后面接着就是 5 位系统码和 6 位指令码。从图 6.14 中可以看出下来的定时间隔应该是 1T,因此应该在后来的每次比较中断中给 TACCRx 增加 1T,共产生 11 次中断。和前面同样,每次中断后从 SCCI 位读得一位码,移入接收数据缓存中,最后共读得 1+11 位码,这样就完成了一帧 RC - 5 遥控码的解码。

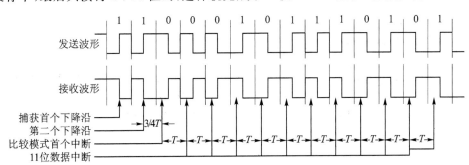

图 6.14　RC - 5 遥控解码原理

作者实验时用了两个不同的遥控器,它们采用的都是 SAA3010T 芯片,实际测试两者的遥控码是相同的,数字按钮 0~9 的指令码也是 0~9。因此调试程序时只要检查这 10 个键值对否,就能说明解码是否成功。控制位是不固定的,在 0 和 1 之间轮换,按一下键发出的控制位若是 0,那么再按发出的控制位就是 1。

RC - 5 码脉冲周期 T=1 778 μs,3/4 周期为 1 335 μs,为了便于设置 TACCRx 计数值,Timer_A 时钟源采用了 8 MHz 主时钟,8 分频到 1 MHz,这样时钟周期正好

是 1 μs。实际上由于晶振器件的误差加上代码运行的时间,程序中的 T 取值为 1 680 μs,3/4 周期取值 1 260 μs。下面是完整的代码。

【例 6.4】　Philips RC5 遥控解码

```
# include <msp430x16x.h>
# include "HardDelay.h"

# define   uint unsigned int
# define   uchar unsigned char

//BEEP,LED 端口定义
# define   beep   BIT0//P1.0
# define   Beep_ON         P1OUT| = beep
# define   Beep_OFF        P1OUT& = ~beep

# define   LED   BIT7//P2.7
# define   LED_OFF     P2OUT| = BIT7
# define   LED_ON      P2OUT& = ~BIT7

//ir 端口定义
# define ir    BIT1       //P1.1
# define ir_IN     P1IN

# define T75     1260    //0.75Tir
# define Tir     1680    //ir 周期

unsigned int count;
unsigned int RXData;

// ====================================
//初始化时钟
void Init_Clock(void)
{
    BCSCTL1 = RSEL2 + RSEL1 + RSEL0;        //XT2 开启 LFXT1 工作在低频模式 ACLK
                                            //不分频最高的标称频率
    BCSCTL2 = SELM1 + SELS;                 //MCLK SMCLK 时钟源为 TX2CLK 不分频

}
//----------------------------------------------------
//初始化端口
void Init_Port(void)
{
    P1DIR = 0xFd;                           //P1.1 口输入方向,其余为输出方向
    P1SEL = 0x02;                           // 设置 P1.1 为 TA0
    Beep_OFF;
    P2DIR = 0xFF;                           //P2 口所有引脚设置为输出方向
    P2OUT = 0xff;
```

```
}
//------------------------------------------------
//红外接收初始化：
void Init_IR(void)
{
    RXData = 0x00;
    count = 12;                              //红外接收位数计数
    CCTL0 = CCIS_0 + CM_2 + SCS + CAP + CCIE; //CCI0A (P1.1)下降沿捕获
    TACTL = TASSEL_2 + MC_2 + ID_3;          //SMCLK/8 + 连续模式
}
//================================================
void main(void)
{
    WDTCTL = WDTPW + WDTHOLD;                //停止看门狗
    Init_Clock();
    Init_Port();

    HW_delay_ms(100);

    while(1)
     {
      Init_IR();
      _NOP();
      _BIS_SR(LPM0_bits + GIE);              //进入节电模式 LPM0 + 中断允许
     }
}

//接收中断：
#pragma vector = TIMERA0_VECTOR
__interrupt void TimerA0(void)
{
  TACCR0 + = Tir;                            //增加一个 ir 周期,Tir = 1 680

  if ( CCTL0 & CAP )                         //如果是捕获模式,收到第一个起始位
  {
    CCTL0 & = ~CAP;                          //改为比较模式
    TACCR0 + = T75;            //增加 0.75 T跳过第二个起始位到控制位的 1/4T 位置读码
  }
  else
  {
    RXData = RXData<<1;                      //当前接收的数据位

    if(CCTL0 & SCCI)                         //读得的码位值在 SCCI 中
    {
```

```
        RXData| = 0x01;                          //码值移入寄存器
    }

    count -- ;                                   //下一位数据
    if (count == 0)
    {
      LED_ON;
      HW_delay_ms(100);
      LED_OFF ;
      _NOP();
      CCTL0& = ~CCIE;                             // 禁止捕获比较器中断
      LPM0_EXIT;                                  // 退出 LPM0
    }
  }
}
```

第 7 章

单片机外部设备的控制

作为一个完整的单片机应用系统,除了输入电路和设备以外,往往还需要输出电路对输入的指令或者信息作出反应,例如控制某些随动设备比如电动机、继电器等完成指定的任务,这样才能构成一个完整的控制系统。从本章开始将介绍几种与此有关的外部设备控制的编程实例。

从单片机内部资源利用这一点来讲,这些实例很多也是对 MSP430 单片机内部模块编程学习的深化,MSP430 单片机内部模块的功能十分强大,在第 5 章的内部资源编程中只讲解了它们的一些基本功能,本章将要介绍的 SD 存储卡是运用 USART 的 SPI 同步模式读写的编程示例,PWM 脉冲控制 LED 灯亮度是运用定时器 A 的 PWM 功能的编程示例。

7.1 SD 存储卡

SD 卡(Seecure Digital Memory Card)的前身叫做多媒体卡(Multimedia Card,MMC),有 7 个引脚,是一种基于 Flash 的新型半导体存储器,它具有体积小、容量大、数据传输快、移动灵活、安全性能好等优点,是许多便携式电子仪器理想的外部存储介质。SD 卡是 MMC 的改进型,外形尺寸不变,但增加了两个引脚,和 MMC 卡引脚兼容,数据传输速度更快,容量更大,现在 4 G 的 SD 卡已经很平常。很多数码产品都广泛使用了 SD 卡,例如数码相机和摄像机中的图像存储都使用 SD 卡,原来使用磁带或硬盘作为存储器的摄录机已经被 SD 卡全面取代。为了进一步缩小体积,现在又出现了外形尺寸更小的 micro SD 卡,只有 SD 卡的四分之一大小,是 8 个引脚,MicroSD 卡仅仅是封装上的不同,协议与 SD 卡相同。这 3 种卡的实物照片见图 7.1。

SD 卡的特性如下:
- 兼容规范版本 1.01。
- 卡上错误校正。
- 支持 CPRM。
- 两个可选的通信协议:SD 模式和 SPI 模式。
- 可变时钟频率 0～25 MHz。
- 通信电压范围:2.0～3.6 V。

图 7.1　MMC SD Micro SD 卡

- 工作电压范围：2.7～3.6V。
- 低电压消耗：自动断电及自动睡醒，智能电源管理。
- 无需额外编程电压。
- 卡片带电插拔保护。
- 正向兼容 MMC 卡。
- 高速串行接口带随即存取：
  - 支持双通道闪存交叉存取；
  - 快写技术：一个低成本的方案，能够超高速闪存访问和高可靠数据存储；
  - 最大读写速率：10 MB/s。
- 最大 10 个堆叠的卡（20 MHz，VCC＝2.7～3.6 V）。
- 数据寿命：10 万次编程/擦除。
- CE 和 FCC 认证。
- PIP 封装技术。
- 尺寸：SD 卡 24 mm×32 mm×1.44 mm；
  - Micro SD 20 mm×21.5 mm×1.4 mm。

　　最初 SD 卡的容量只有数十 MB，现在它的容量不断增加，GB 级的已经很普遍，甚至出现了 TB(1 000 GB)级的产品。

　　SD 卡的内部有 6 个信息寄存器，分别用来保存卡的识别码、相对地址、配置卡、以及保存卡的当前工作状态信息等。各寄存器的名称和功能见表 7.1。在 SPI 模式时不使用 RCA 寄存器。

表 7.1　SD 卡的寄存器组

寄存器	位	功能说明
CID	128	卡识别码
RCA1	16	相对卡地址
DSR	16	输出驱动器配置
CSD	128	卡工作条件信息
SCR	64	配置寄存器
OCR	32	卡工作条件

下面以 Micro SD 卡为例介绍它的性能和使用方法。

7.1.1　SD 卡的硬件结构和 SPI 接口

1. Micro SD 卡的引脚

Micro SD 卡有 8 个引脚,引脚的排列见图 7.2,它的内部包括有接口驱动器、时钟、寄存器组、卡接口控制器、上电检测、存储器核和接口。SD 卡上所有单元由内部时钟发生器提供时钟。

图 7.2　Micro SD 卡的引脚

2. SD 卡的数据传输模式

SD 卡有 SD 和 SPI 两种工作模式,这两种模式的引脚定义也有一些不同,它们的引脚功能见表 7.2。SD 模式是 SD 卡的标准传输模式,需要 6 根信号线,包括:CMD、CLK、DAT0～DAT3。有 4 根数据线,传输速度快。SPI 模式只需要 4 根信号线,8、9 引脚不用。SPI 模式时,这些信号需要在主机端用 10～100 kΩ 的上拉电阻。

SD 模式的数据线宽度是 4 位,所以 SD 模式的传输速度远高于 SPI 模式。

表 7.2　Micro SD 卡的引脚功能

引脚编号	SD 模式			SPI 模式		
	名称	类型	说明	名称	类型	说明
1	DAT2	I/O 或 PP	数据线 2	RSV	I	保留
2	CD/DAT3	I/O 或 PP	卡检测/数据线 3	CS	I	片选(低有效)
3	CMD	PP	命令/回应	DI	I	数据输入
4	VDD	S	电源	VDD	S	电源
5	CLK	I	时钟	SCLK	I	时钟
6	VSS	S	电源地	VSS	S	电源地
7	DAT0	I/O 或 PP	数据线 0	DO	O 或 PP	数据输出
8	DAT1	I/O 或 PP	数据线 1	RSV		保留

注:S:电源供电,I:输入,O:输出,I/O:双向,PP:I/O 使用推挽驱动。

鉴于在单片机中应用时,多数情况下对数据的传输速率要求不是很高,SPI 总线传输的原理在本书的第 4 章已经讲过,大家已经熟悉,所以这里采用 SPI 模式。

3. 在 MSP430 单片机中使用 SD 卡的硬件连接和设置

在 MSP430 单片机中使用 SD 卡的电路原理如图 7.3 所示,经试验 SD 卡和单片机连接无需上拉电阻,但是 MMC 卡需要上拉电阻才能正常工作。采用具有 1 KB 的 RAM 数据存储器的 MSP430F161x 单片机,SD 卡的数据块默认长度为 512 B,这款单片机有利于 SD 卡的数据块读写。更重要的是 MSP430F161x 单片机的 USART 端口可以工作在 SPI 模式,便于 SD 卡使用 SPI 数据传输模式。这里使用 USART1 端口,用 P5.0~P5.3 这 4 根端口线连接 SD 卡的 CS、DI、CLK 和 DO 控制线,在程序中 USART1 端口定义如下:

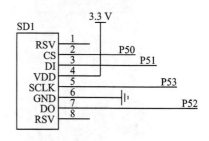

图 7.3　在 MSP430 单片机中使用 SD 卡的电路原理图

```
// SPI 端口定义
#define SPI_PxSEL        P5SEL        // 引脚为特殊功能
#define SPI_PxDIR        P5DIR        // 引脚方向
#define SPI_PxIN         P5IN         // 选择 MSP430 设备数据手册
#define SPI_PxOUT        P5OUT
#define SPI_SIMO         0x02         // 主机输出
#define SPI_SOMI         0x04         // 主机输入
#define SPI_UCLK         0x08         // 时钟
```

```
// SD 卡定义
#define MMC_PxSEL       SPI_PxSEL
#define MMC_PxDIR       SPI_PxDIR
#define MMC_PxIN        SPI_PxIN
#define MMC_PxOUT       SPI_PxOUT
#define MMC_SIMO        SPI_SIMO
#define MMC_SOMI        SPI_SOMI
#define MMC_UCLK        SPI_UCLK

// 片选引脚定义
#define MMC_CS_PxOUT    P5OUT
#define MMC_CS_PxDIR    P5DIR
#define MMC_CS          0x01
#define CS_LOW()    MMC_CS_PxOUT &= ~MMC_CS    //低电平选中卡
#define CS_HIGH()   while(! halSPITXDONE); MMC_CS_PxOUT |= MMC_CS // 高电平不选
```

还要用下面的函数设置 USART 端口工作在 SPI 模式,该函数设置 USART1 端口为 SPI 模式,也可以使用 USART0 端口。

```
void SPISetup(void)
{
  UCTL1 = CHAR + SYNC + MM + SWRST;        // 8-bit SPI 主机
  UTCTL1 = CKPL + SSEL1 + SSEL0 + STC;     // SMCLK 时钟,3 引脚
  UBR01 = 0x02;                            // 波特率 UCLK/2
  UBR11 = 0x00;                            // 0
  UMCTL1 = 0x00;                           // 无调制
  ME2 | = USPIE1;                          // 使能 USART1 为 SPI 模式
  UCTL1 &= ~SWRST;                         // 初始化 USART 状态机
}
```

4. SPI 接口数据的读写

设置在 SPI 模式的 USART 端口数据读写非常简单,写入和读出数据一步完成。SD 卡的 SPI 总线可以在一个 8 位循环中同时实现 1 字节数据的输出和输入。下面是 SPI 接口数据读写函数,输入参数是要写入 SD 卡的一字节数据,返回值是由 SD 卡读出的一字节数据。

```
//通过 SPI 发送和接收一字节数据
unsigned char spiSendByte(const unsigned char data)
{
  while (IFG2&UTXIFG1 == 0);       //等待 TX 发送准备好
  U1TXBUF = data;                  //写入发送数据
  while (IFG2&URXIFG1 == 0);       //等待 RX 接收缓存满
  return (U1RXBUF);                //返回接收的一字节数据
}
```

7.1.2　SD 卡的命令和应答

1. SD 卡的命令

单片机与 SD 是通过特定的命令进行交互的，SD 卡的不同功能由不同的命令实现。SD 卡的命令有四大类，这些命令又被分成 0～9 共 10 个不同的级别。每个级别包括若干具体的命令，命令由主机主动发送。高位在前低位在后：

SD 卡命令长度总是 6 个字节。命令的格式如表 7.3 所示。命令的最高两位"01"是 SD 卡命令的开始标志，最后 1 位"1"是结束标志。

表 7.3　SD 卡命令格式

字节 1			字节 2～5	字节 6	
7	6	5～0	31～0	7～1	0
0	1	命令	命令参数	CRC	1

字节 1 中的低 6 位是命令号，命令号的范围是 0～63，例如命令 CMD17 就是 17 的二进制数 010001。字节 2～5 是命令参数，长度为 4 字节，不同的命令对应不同的参数值。在读或写数据块指令中，这 4 个字节是被读写的数据块地址。

字节 6 中的高 7 位是 CRC 校检码，CRC 校检码只在 SD 模式下起作用。SD 卡在进入 SPI 模式后，不再要求通过 CRC 码来确认命令的传输正确与否，因此仅在 SD 卡上电后的第 1 条切换 SPI 模式命令 CMD0 时需要校检码，此校检码是固定的 0x95，所以一个有效的复位命令 CMD0 是：

0x40，0x0，0x0，0x0，0x0，0x95，SPI 模式时其他命令的 CRC 均可置 1。

CMD0 命令(GO_IDLE_STATE)是软件复位命令，无论卡当前处于何种状态，CMD0 命令设置每个卡进入空闲状态。非活动状态的卡不受此命令。

SD 卡命令共分为 12 类，分别为 Class0～Class11，不同的 SD 卡，根据其功能，支持不同的命令集。常用的 SD 卡命令类如下：

Class0(卡识别、初始化等基本命令)：

　　CMD0：复位 SD 卡。

　　CMD1：MMC 保留命令，响应 00。

　　CMD9：读 CSD 寄存器。

　　CMD10：读 CID 寄存器。

　　CMD12：停止读多块。

　　CMD13：读状态寄存器。

Class2 (读卡命令)：

　　CMD16：设置块的长度。

　　CMD17：读单块。接收正确的第一个响应命令字节为 0xFE，随后是 512 B

的用户数据块,最后为两个字节的 CRC 验证码。

　　　　CMD18:读多块,直至主机发送 CMD12 为止。

　　Class4(写卡命令):

　　　　CMD24:写单块。应答为 0 时说明可以写入数据,大小为 512 B。

　　　　CMD25:写多块。

　　　　CMD27:写 CSD 寄存器。

　　Class5(擦除卡命令):

　　　　CMD32:设置擦除块的起始地址。

　　　　CMD33:设置擦除块的终止地址。

　　　　CMD38:擦除所选择的块。

　　Class6(写保护命令):

　　　　CMD28:设置写保护块的地址。

　　　　CMD29:擦除写保护块的地址。

2. SD 卡命令的应答

　　SD 卡收到命令后,根据不同的命令做出不同的应答。每一条命令都有自己的应答格式。在 SD 协议中定义了 4 种命令应答格式,分别为 R1、R1b、R2 和 R3 格式。R1 应答为 1 个字节,字节各位的含义见表 7.4。

表 7.4　R1 应答格式

位	7	6	5	4	3	2	1	0
含义	开始位 始终为 0	参数 错误	地址 错误	擦除序 列错误	CRC 错误	非法 命令	擦除 复位	闲置 状态

　　R1b 是格式与 R1 完全相同的带有可选的忙信号的命令应答,忙信号可以是任意字节,零值表示卡正忙。非零值表示卡已准备好接收下一条命令。

　　R2 应答是两个字节长,是对 SEND_STATUS 命令的应答。第一个字节与 R1 完全相同,第二个字节的内容见表 7.5。

表 7.5　R2 应答格式字节 2

位	7	6	5	4	3	2	1	0
含义	超出范围/ CSD 覆盖	擦除 错误	写保护 违规	卡 ECC 失败	卡控制 器错误	错误	写保护擦除跳 过/锁定/解锁失败	卡被 锁定

　　R3 应答 5 个字节长,是对 READ_OCR 命令的应答。第一个字节与 R1 完全相同,其余 4 个字节是 OCR 寄存器的内容。

　　主机发送命令并读取命令应答形成一个完整的命令过程。关于命令及其应答的详细内容读者可参看 SD 卡规范(SD Memory Card Specifications)。

除了命令应答之外,SD 卡还有数据应答,每一个数据块被写入 SD 卡之后,会有一个数据应答予以确认,该应答长度为 1 字节,格式见表 7.6。

表 7.6　数据应答格式

位	7	6	5	4	3 2 1	0
值	×	×	×	0	状态位	0

状态位的含义如下:

'010':接收数据。

'101':因 CRC 错误拒绝数据。

'110':因写入错误拒绝数据。

3. 常用 SD 卡命令及其应答

表 7.7 列出了常用 SD 卡的命令及其应答。

表 7.7　常用 SD 卡的命令及其应答

命　令	参数或地址	应　答	功　能
CMD0	0	R1 01	复位 SD 卡
CMD1	0	R1 00	MMC 保留命令响应 00
CMD9	0	R2 FE	读 CSD 寄存器 16 字节
CMD10	0	R2	读 CID 寄存器 16 字节
CMD12	0	R1b	停止读多块时的数据传输
CMD13	0	R1	读 Card_Status 寄存器
CMD16		R1	设定块长度
CMD17	块起始地址 4 字节	R1	读单块
CMD18	块起始地址 4 字节	R1	读多块
CMD24	块起始地址 4 字节	R1	写单块
CMD25	块起始地址 4 字节	R1	写多块

4. SD 卡命令的写入

标准的 SD 卡命令有 6 个字节,向 SD 卡中写入命令,就是要连续写入 6 个字节,每一个命令之前,要先写入 8 个时钟信号,然后使能 SD 卡的片选引脚 CS,即拉低 CS,之后再依次写入 6 个命令字节,命令字节存在一个 6 字节长的数组中。下面是一个命令写入函数的示例,函数有 3 个输入参数,一字节命令,4 字节命令参数,一字节 CRC 校检码。

```
// 发命令到 SD 卡
void mmcSendCmd (const char cmd, unsigned long data, const char crc)
{
```

MSP430超低功耗16位单片机开发实例

```
unsigned char frame[6];
char temp;
int i;
frame[0] = (cmd|0x40);
for(i = 3;i >= 0;i--){
    temp = (char)(data>>(8 * i));
    frame[4 - i] = (temp);
}
frame[5] = (crc);
spiSendFrame(frame,6);          //写一组数据
}
```
这个函数中调用的 spiSendFrame(frame,6)函数如下：
```
//读写一组数据函数
unsigned char spiSendFrame(unsigned char * pBuffer, unsigned int size)
{
    unsigned long i = 0;
// clock the actual data transfer and receive the bytes; spi_read automatically finds
the Data Block
    for (i = 0; i < size; i++){
        while (IFG2&UTXIFG1 ==0);        // 等待 TX 发送准备好
        U1TXBUF = pBuffer[i];            // 写入发送数据
        while (IFG2&URXIFG1 ==0);        // 等待 RX 接收缓存满
        pBuffer[i] = U1RXBUF;            // 返回接收的一字节数据
    }
    return(0);
}
```

这个函数十分有用，它可以通过 SPI 端口写入并且同时读出一组数据。写入和读出的数据存放在 pBuffer 数组中，数组的长度为 size。

5. 获得应答

如果命令写入正常，就会有正确的应答字节返回，因此写入命令还要读出这些应答字节。

```
// 获得一位应答函数
char mmcGetResponse(void)
{
    int i = 0;
    char response;
    while(i <= 64)
    {
    response = spiSendByte(DUMMY_CHAR);
```

```
        if(response == 0x00)break;
        if(response == 0x01)break;
        i++ ;
    }
    return response;
}

// 获得多位应答函数
char mmcGetXXResponse(const char resp)
{
    int i = 0;
    char response;

    while(i< = 1000)
    {
        response = spiSendByte(DUMMY_CHAR);
        if(response == resp)break;
        i++ ;
    }
    return response;
}
```

7.1.3　SD 卡初始化

　　SD 卡加电后,自动进入 SD 模式。主机首先要发送延时序列。这个序列是一个连续的逻辑"1"流,序列的长度最大为 1 ms,序列等于 74 个时钟长度或电源斜率上升的时间,本来在 64 个时钟之后 SD 卡就应该进入通信就绪,增加的 10 个时钟用以消除上电同步问题。

　　SD 卡上电延时 74 个时钟周期后,在 CS 片选线为低的条件下,单片机向 SD 卡发送复位命令 CMDO(GO_IDLE_STATE),如果 SD 卡有 0x01 作为应答,则表明 SD 卡已经进入了 SPI 模式下的 ldle 状态。

　　在等待至少 74 个时钟周期后,向 SD 卡发送 SEND_OP_COND(CMD1)命令,当 SD 卡的应答为 0x00 时,说明 SD 卡已经准备好接收读写操作了。接着就可以发送读或写指令,读取 SD 卡中的寄存器或者数据块,或者向 SD 卡中写入数据块。SD 卡的初始化流程如图 7.4 所示。

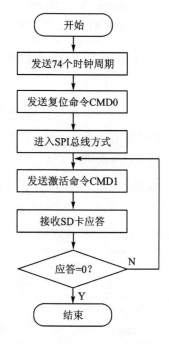

图 7.4　SD 卡的初始化流程

初始化函数如下：

```
//------------------------------------------------
//初始化 SD 卡到 SPI 模式
// Initialize MMC card
char mmcInit(void)
{
  //raise CS and MOSI for 80 clock cycles
  //SendByte(0xff) 10 times with CS high
  //RAISE CS
  int i;
  // Init Port for MMC (default high)
  MMC_PxOUT | = MMC_SIMO + MMC_UCLK;
  MMC_PxDIR | = MMC_SIMO + MMC_UCLK;
  // Chip Select
  MMC_CS_PxOUT | = MMC_CS;
  MMC_CS_PxDIR | = MMC_CS;
  // Init SPI Module
  SPISetup();
  // 使能引脚第二功能
  MMC_PxSEL | = MMC_SIMO + MMC_SOMI + MMC_UCLK;

  CS_HIGH();
  for(i = 0;i< = 9;i + + )
    spiSendByte(DUMMY_CHAR);             //上电时初始化序列
  return (mmcGoIdle());
}
char mmcGoIdle()                         // 设置 SD 卡到 Idle 模式
{
  char response = 0x01;
  CS_LOW();
  mmcSendCmd(MMC_GO_IDLE_STATE,0,0x95);  //发送命令 0 在 SPI 模式
  if(mmcGetResponse()! = 0x01)           //等待卡 READY 响应
    return MMC_INIT_ERROR;
  while(response = = 0x01)
  {
    CS_HIGH();
    spiSendByte(DUMMY_CHAR);
    CS_LOW();
```

```
        mmcSendCmd(MMC_SEND_OP_COND,0x00,0xff);
        response = mmcGetResponse();
    }
    CS_HIGH();
    spiSendByte(DUMMY_CHAR);
    return (MMC_SUCCESS);
}
```

7.1.4　SD 卡的读写

SD 卡初始化完成后，就可以对 SD 卡进行读写操作。读写的内容包括两部分，一是 SD 卡内部的寄存器，二是它的数据存储区。

数据区的读写以块（Block）为单位进行，默认的块大小是 512 B。块也称扇区（Sector），SD 卡中以扇区为单位把所有的数据存储区分为若干个扇区，用扇区号来定位数据块的地址，它们是从 0 开始的一系列自然数，最大值取决于 SD 卡存储区的大小。

SD 卡的扇区中除了供用户使用的数据扇区之外，还有一部分是用来存储一些和用户安全有关的安全保护区，即保护扇区。一个 1 G 大小的 SD 卡有 20 480 个保护扇区，有 1 983 744 个用户数据扇区，所以 1 G 的 SD 卡扇区号为 0～1 983 744。

单块写命令 CMD24，多块写命令 CMD25；单块读命令 CMD17，多块读命令 CMD18。单块读写时，数据块的长度为 512 B，多块读写时 SD 卡在收到 1 个停止命令 CMD12 后会停止读写。

初始化完成之后，使用默认的块读写长度（512 B）就可进行卡的读写。当然，也可用 CMD16 命令来设置卡的块长度。块的读取长度，可以是 1～512 B 之间的任意值；但是对卡的写操作则要求块长度必须为 512 B。无论是卡的读还是写，都要求在读写命令发送后有数据起始字节 FEH，接着是 512 B 的数据块，最后有 2 个字节的循环冗余编码（Cyclic Redundancy Codes，CRC）。

1．读数据块

在需要读取 SD 卡中数据的时候，读 SD 卡的命令字为 CMD17，读数据块命令中有 4 个地址字节是要读取的数据块的地址，也就是扇区号，下面给出的读数据块函数的输入参数就是扇区号，在函数中要将扇区号转换为 4 位字节地址。然后发送带地址的读命令，若 SD 卡接收正确则有应答 00H，然后会送出所读扇区的 512 B 数据，在数据之前是数据起始字节（字头）FEH，512 B 数据之后是 2 个字节的 CRC 验证码。调用了前面的读写一组数据函数 spiReadFrame(pBuffer, count)，它将读出的数据存在指针为 pBuffer 的数组中。图 7.5 是读单块数据的时序，图 7.6 是读单块数据流程图。

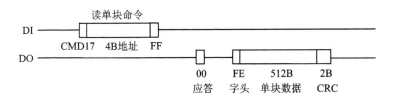

图 7.5　读单块数据时序

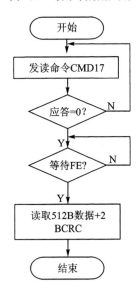

213

图 7.6　读单块数据流程图

```
//-------------------------------------------------------
//读取 SD 卡的数据块 512 B 成功返回 0 输入参数为扇区号,即块地址
char mmcReadBlock(const unsigned long address, const unsigned long count, unsigned char
* pBuffer)
  {
    char rvalue = MMC_RESPONSE_ERROR;
    if (mmcSetBlockLength (count) == MMC_SUCCESS)     // 设定块长度
    {
      CS_LOW ();                                      //片选
      //发送读单块命令 CMD17
      mmcSendCmd (MMC_READ_SINGLE_BLOCK,address, 0xFF);

      // 发送 8 个时钟脉冲延时,
      // 如果卡确认读数据块命令就会发回一个 R1 格式的响应(0x00 是无错误)

      if (mmcGetResponse() == 0x00)
      {
        //若收到数据令牌表示数据的开始
        if (mmcGetXXResponse(MMC_START_DATA_BLOCK_TOKEN) == MMC_START_DATA_BLOCK_TOKEN)
        {
          spiReadFrame(pBuffer, count);               //读数据块
```

```
        spiSendByte(DUMMY_CHAR);                  // CRC 字节
          spiSendByte(DUMMY_CHAR);
        rvalue = MMC_SUCCESS;                      //读数据块成功
      }
      else
      {
        rvalue = MMC_DATA_TOKEN_ERROR;             //没有收到数据令牌 3
      }
    }
    else
    {
      rvalue = MMC_RESPONSE_ERROR;                 // 卡没有确认读命令 2
    }
  }
  else
  {
    rvalue = MMC_BLOCK_SET_ERROR;                  //块设置错误 1
  }
  CS_HIGH ();
  spiSendByte(DUMMY_CHAR);
  return rvalue;
}
```

2. 读寄存器

SD 卡寄存器中最重要的是 CID 寄存器和 CSD 寄存器,这两个寄存器的长度都是 128 位也就是 16 B。命令 CMD9 读取 CSD 寄存器,CMD10 读取 CID 寄存器。从 CSD 寄存器中可获知卡容量、支持的命令集等重要数据。

这里以读取 CID 为例进行说明,读寄存器 CSD 与此类似。CID 寄存器存储了 SD 卡的标识码。每一个卡都有唯一的标识码。CID 寄存器长度为 16 B 即 128 位。CID 寄存器的结构如表 7.8 所示。

表 7.8　CID 寄存器的结构

名　称	符　号	数据宽度	位
生产标识号	MID	8	[127:120]
OEM/应用标识	OID	16	[119:104]
产品名称	PNM	40	[103:64]
产品版本	PRV	8	[63:56]
产品序列号	PSN	32	[55:24]
保留	—	4	[23:20]
生产日期	MDT	12	[19:8]
CRC7 校验合	CRC	7	[7:1]
未使用,始终为 1	—	1	[0:0]

和 SD 存储卡协议不同的是(在那里寄存器的内容是作为命令的响应发送),在 SPI 模式下读 CSD 或 CID 寄存器的内容是一个简单的读块传输。它和读单块数据的时序是完全相似的,只是它的命令中 4 个地址字节均为零。在发送读寄存器命令之后若能接收到正确的应答 00H,SD 卡就会把寄存器的内容发送到 DO 数据线上。数据格式和读数据块的格式是相同的,只是中间的数据不是 512 B,而是 16 B。开始也是起始字节 FEH,中间是 16 B 的寄存器内容,最后为 2 B 的 CRC 验证码。图 7.7 是读寄存器 CID 的时序。

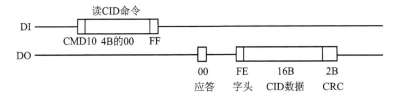

图 7.7　读 CID 寄存器时序

```
// 读 CSD 和 CID 寄存器例程
 char mmcReadRegister (const char cmd_register, const unsigned char length, unsigned
char * pBuffer)
 {
   char uc = 0;
   char rvalue = MMC_TIMEOUT_ERROR;
   if (mmcSetBlockLength (length) == MMC_SUCCESS)
   {
     CS_LOW ();
     mmcSendCmd(cmd_register, 0x000000, 0xff); //读寄存器命令
     // 等待 R1 格式的响应(0x00 是无错误)
     if (mmcGetResponse() == 0x00)
     {
       if (mmcGetXXResponse(0xfe) == 0xfe)
         for (uc = 0; uc < length; uc ++ )
                 pBuffer[uc] = spiSendByte(DUMMY_CHAR);
                 spiSendByte(0xff);
       spiSendByte(DUMMY_CHAR);                //获得 CRC
       spiSendByte(DUMMY_CHAR);
       rvalue = MMC_SUCCESS;
     }
     else
       rvalue = MMC_RESPONSE_ERROR;
     CS_HIGH ();
     spiSendByte(DUMMY_CHAR);                  //发送 8 个时钟脉冲延时
   }
   CS_HIGH ();
```

```
    return rvalue;
}
```

读出的寄存器 16B 数据可以在 LCD 液晶显示器上显示,如图 7.8 所示。每一位数据是一个字节,格式是 0xXX,显示时要用两位十六进制字符,这里为了方便观察,上面一行是高位,下面一行是低位,实际这 16 个数据应该是:

0x44、0x26、0x00、0x2A、0x1F、0xF9、0x83 等。

图 7.8　读出的 CSD 寄存器内容

3. 写数据块

SPI 总线模式支持单块(CMD24)和多块(CMD25)写操作,多块操作是指从指定位置开始写下去,直到 SD 卡收到一个停止命令 CMD12 才停止。单块写操作的数据块长度只能是 512 B。单块写入时,命令为 CMD24,当应答为 0 时说明可以写入数据。接着单片机就可以把数据写入 SD 卡。被写入的数据块格式和读出数据块的格式是完全相同的,第一个字节是起始字节 FEH,接着是 512 B 数据,最后是 2 B 的 CRC,在 SPI 模式中不需要计算 CRC,两字节的 CRC 值固定为 FFH。SD 卡对每个发送给自己的数据块都通过一个数据应答来确认,数据应答是 1 B 长,数据应答字节的格式在前面"7.2.3 SD 卡的命令和应答"一节中已讲过。数据应答字节低 5 位为 00101 时,表明数据块已经被正确写入 SD 卡。然后 SD 卡要对写入的数据编程,这个需要一定的时间,这时 SD 卡会给出忙应答信号 FFH,单片机必须等待 SD 卡忙完之后才能进行下一步的工作。图 7.9 是写单块数据的时序图,图 7.10 是写单块数据的流程图。

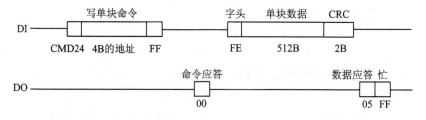

图 7.9　单块写时序

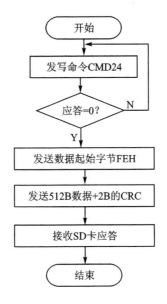

图 7.10　单块写流程图

写单块数据的函数如下：

```
//-------------------------------------------------
//写 512 B 到 SD 卡的某扇区中
//char mmcWriteBlock (const unsigned long address)
   char mmcWriteBlock (const unsigned long address, const unsigned long count, unsigned
char * pBuffer)
   {
     char rvalue = MMC_RESPONSE_ERROR;
     if (mmcSetBlockLength (count) == MMC_SUCCESS)     // 设定块长度
     {
       CS_LOW ();                                      //片选
       mmcSendCmd (MMC_WRITE_BLOCK,address, 0xFF);     // 发送写块命令
       //如果卡确认写数据块命令就会发回一个 R1 格式的响应(0x00 是无错误)
       if (mmcGetXXResponse(MMC_R1_RESPONSE) == MMC_R1_RESPONSE)
       {
         spiSendByte(DUMMY_CHAR);
         spiSendByte(0xfe);                            // 发送数据令牌确认数据开始
         spiSendFrame(pBuffer, count);                 // 发送数据
         spiSendByte(DUMMY_CHAR);                      // 发送 CRC 字节
         spiSendByte(DUMMY_CHAR);
```

```
                mmcCheckBusy();                          // 读数据响应,检查错误
                rvalue = MMC_SUCCESS;
            }
            else
            {
                rvalue = MMC_RESPONSE_ERROR;             //卡没有确认写命令 2
            }
        }
        else
        {
            rvalue = MMC_BLOCK_SET_ERROR;                //块设定错误 1
        }
        CS_HIGH ();
        spiSendByte(DUMMY_CHAR);                         // 发 8 个时钟脉冲延时
        return rvalue;
    }
```

7.1.5　SD 卡程序实例

　　例 7.1 是一个读 SD 卡程序实例,首先用 mmcInit( )函数初始化单片机 MSP430F1611,使其工作在一个 3 线制的 SPI 模式,若初始化成功,则调用 mmcReadRegister()函数读 SD 卡寄存器 CSD 的内容,并且在 LCD 液晶显示器上显示该内容。例程中使用了前面所讲的初始化、读寄存器等几个函数,这里不再赘述。为了节省篇幅,完整的程序代码在随书附带的光盘中,读者可以直接使用。

　　【例 7.1】　读 SD 卡

```
//初始化 SD 卡,读 CSD,并在 LCD 上显示其内容
# include <msp430x16x.h>
# include "spi.c"
# include "mmc.c"
# include "stdio.h"
# include "lcd1602.c"

unsigned char status = 1;
unsigned int timeout = 0;
int i = 0;
//BEEP,LED 端口定义
# define  beep  BIT2//P1.2
# define  Beep_ON      P1OUT| = BIT2
# define  Beep_OFF     P1OUT& = ～BIT2

# define  LED  BIT7//P2.7
# define  LED_OFF      P2OUT| = BIT7
```

```
#define    LED_ON          P2OUT& = ~BIT7
// ***********************************************
//初始化时钟
void InitClock(void)
{
    BCSCTL1 = RSEL2 + RSEL1 + RSEL0;          //XT2 开启 LFXT1 工作在低频模式 ACLK 不分频
                                              //最高的标称频率
    BCSCTL2 = SELM1 + SELS;                   //MCLK、SMCLK 时钟源为 XT2CLK,不分频
}

// ***********************************************
//初始化 MSP430 端口,设置引脚功能及输入输出方式
void InitPort(void)
{
  P1SEL = 0x00;                              //P1 口所有引脚设置为一般的 IO 口
  P2SEL = 0x00;                              //P2 口所有引脚设置为一般的 IO 口

  P1DIR = 0xFF;                              //P1 口所有引脚设置为输出方向
  P2DIR = 0xFF;                              //P3 口所有引脚设置为输出方向
  P2OUT = 0xff;

}
const uchar table[] = "0123456789ABCDEF";//LCD 字符显示表
// - - - - - - - - - - - - - - - - - - - - - - - - - - - - - - -
void disp_csd(unsigned char * p)           //显示 CSD 内容
{
    unsigned int i;
        unsigned char csd_bufh[16] = {0};
        unsigned char csd_bufl[16] = {0};

    for(i = 0;i<16;i ++ )
        {
        csd_bufl[i] = ( * p)&0x0f;
        csd_bufh[i] = ( * p>>4)&0x0f;
        LCD_write_char(i,1,table[csd_bufh[i]]);
        LCD_write_char(i,2,table[csd_bufl[i]]);
        p ++ ;
        }

}
// ***********************************************
//主函数
int main( void )
{
  unsigned char csd_buf[16] = {0};
  WDTCTL = WDTPW + WDTHOLD;                  //关闭看门狗
  InitClock();                              //初始化系统时钟
```

219

```
    InitPort();                                //初始化端口

    LcdInit();                                 //Lcd1602 初始化
    LCD_write_string(0,1,"SIZE =        KB  ");  //第一行显示字符串
    LCD_write_string(0,2,"TANGJIXIAN201302");   //第二行显示字符串

    //初始化 MMC/SD 卡
    while (status != 0)                        //若返回值不是零,出错,将再次进行初始化
    {
      status = mmcInit();
      timeout ++ ;
      if (timeout == 150)                      // 试验 150 次,直到出错
      {
        LED_ON;                                // 超时出错红灯亮
        break;
      }
    }
      Beep_ON;                                 // 初始化正常蜂鸣器响
      HW_delay_ms(100);
      Beep_OFF;

    //读 CSD 寄存器的内容
    mmcReadRegister(MMC_READ_CSD, 16, csd_buf);
    disp_csd(csd_buf);                         //从第一行起始位置显示 CSD 寄存器内容

    mmcGoIdle();                               // 返回到 Idle 模式

    while (1);
}
```

7.2　定时器 PWM 脉冲控制 LED 灯亮度

　　MSP430 单片机的定时器可以直接输出脉冲宽度调制波（Pulse Width Modulation,PWM）,PWM 是一种十分有用的脉冲,可广泛应用于电机调速、LED 照明调节等领域,PWM 调整方式具有绿色节能、效率高、便于实现智能控制等一系列优点。

7.2.1　PWM 脉冲宽度调制的原理

　　脉冲宽度调制的基本原理是通过调整脉冲方波一个周期内的占空比,来调节电路的平均输出电压、电流或功率。把它应用在直流电机电路中就可以用来调整电机的转速、LED 灯的亮度控制等。

　　图 7.11 为脉冲方波的图形。设该脉冲高电平的宽度为 t_1,脉冲周期为 T,$D = t_1/T$,称为占空比。

　　占空比是脉冲方波在一个周期内导通时间和周期的比值,取值范围从 0 到

100%,占空比等于 0 时对应无方波也就是电路关断的情况,等于 1 时对应于电路全导通。通过调节 PWM 波的占空比就可以调整电路的输出电压,从而实现对负载电器的调整。用不同占空比的 PWM 波控制加在电机电枢两端的电压,可以实现电机转速的

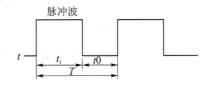

图 7.11　脉冲的占空比

调整;加在 LED 灯的两端可以实现灯光亮度的调整等。

现在很多单片机都有专门的 PWM 输出电路,单片机上的 PWM 模块可以是 8 位、10 位或 16 位的,产生占空比可调的脉冲方波。为了提高调整的精度,可选用 16 位 PWM,其占空比调节范围为 0～65 535,MSP430 系列单片机具有多通道的 16 位 PWM 单元,非常适合做电机的调速控制或 LED 灯光亮度调整。

7.2.2　在 MSP430 单片机中获得 PWM 脉冲

Timer_A 定时器的计数器工作在增计数方式,输出采用模式 7(复位/置位模式),利用 CCR0 控制 PWM 波形的周期,用某个寄存器 CCRx 控制占空比。就可以在 Tax 引脚直接输出 PWM 脉冲,原理如图 7.12 所示。

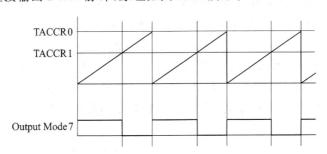

图 7.12　Timer_A 定时器产生 PWM 波

MSP430 单片机中输出 PWM 十分方便灵活,定时器通过软件设置,在某些输出引脚直接输出 PWM 脉冲,无需 CPU 干预,脉冲的周期和占空比都可以灵活地调整。以 MSP430F1611 为例,设置的方法如下:

(1) 设置定时器 Timer_A 工作在模式 1,在 CCR0 寄存器中输入 PWM 脉冲的周期;

(2) 设置 CCTL1 为输出模式 7,在 CCR1 寄存器中写入 PWM 的占空比;

(3) 设置 P1.2 引脚为输出方向、TA1 特殊功能。

这样在 P1.2 引脚就可以得到相应的 PWM 脉冲,要改变 PWM 的占空比只要向 CCR1 寄存器中写入不同的占空比值就可以了。上述第 2 项设置也可以用 CCTL2 和 CCR2,这时在 P1.3/TA2 引脚可以输出 PWM 脉冲。如果同时设置,TA1 和 TA2 都可以输出 PWM 脉冲,并且占空比可以不同。这个方法可以用在两轮电动模

型小车的电路中,用两路 PWM 脉冲分别控制两个电动机,就可以实现小车的加减速运动和左右转弯。设置语句如下:

```
// MSP430F1611 单片机产生两路 PWM 脉冲的设置
    P1DIR |= 0x0C;                  // P1.2 和 P1.3 输出
    P1SEL |= 0x0C;                  // P1.2 和 P1.3 TA1/2 选择
    CCR0 = 512 - 1;                 // PWM 周期
    CCTL1 = OUTMOD_7;               //输出模式 7 reset/set
    CCR1 = 384;                     //CCR1 PWM 占空比 75 %
    CCTL2 = OUTMOD_7;               //输出模式 7reset/set
    CCR2 = 128;                     //CCR2 PWM 占空比 25 %
    TACTL = TASSEL_2 + MC_1;        //时钟 SMCLK,加计数
```

7.2.3　用 PWM 脉冲控制 LED 灯光亮度

按照前面所讲的原理,用 MSP430F1611 单片机和几个电子元件就可以构成一个带有 PWM 脉宽调制的 LED 灯亮度控制电路,实验电路原理如图 7.13 所示。由 MSP430F1611 单片机的 P1.2/TA1 引脚输出的 PWM 脉冲通过一个光电耦合器可以控制 Q1 CMOS 管的通断,从而控制电路中的 LED 灯的亮度。PWM 占空比从 0 到 100% 逐渐变化,灯光的亮度也会从最暗变化到最亮。例 7.2 自动控制 PWM 占空比从 5% 到 100% 变化。为了便于观察,图中的发光二极管是一个 0.5 W 的高亮度发光管,工作电压最少要 3.8 V,电流也比较大,所以要用单独的 5 V 电源。如果读者找不到图中的硬件,也可以不用上面的电路,直接在 MSP430F1611 单片机的 P1.2/TA1 引脚接一个普通发光二极管也可以观察到发光亮度的变化。

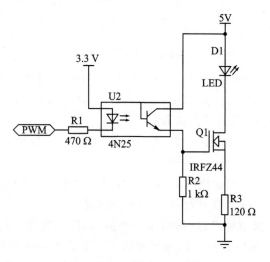

图 7.13　用 PWM 脉冲控制 LED 灯光亮度

下面是实现上述功能的 C 程序。

【例 7.2】 PWM 控制 LED 灯光

```
//MSP430F1611 单片机 PWM 控制 LED 灯光亮度
# include <msp430F1611.h>
void main()
{
  WDTCTL = WDTPW + WDTHOLD;              //关看门狗
  P1DIR = 0xff;
  P1OUT = 0x00;
  P1SEL |= BIT2;                        // P1.2/TA1 输出引脚
  CCR0 = 2000;                          // PWM 周期约为 2 ms
  CCTL1 = OUTMOD_7;                     // PWM 输出模式 Reset/Set
  CCR1 = 100;                           // PWM 占空比初始值 = CCR1/CCR0

  TACTL = TASSEL_2 + MC_1;              //Timer A 时钟源 SMCLCK = DCO = 1 MHz,加计数

  unsigned int n;                       //延时循环变量

  while(1)
    {
        for(n = 0;n<50000;n++);         //每过一段时间就自动加一个档次的亮度
        CCR1 = CCR1 + 100;              //占空比增加一个等级
        if(CCR1 == 2000) CCR1 = 100;    //若占空比到最大值则回复到初始值
    }
}
```

第 **8** 章

单片机和上位机通信

除了单片机之外，在微计算机家族中广泛使用的还有个人计算机（Personnel Computer,PC），单片机只是微计算机家族中的一个小兄弟，由于受到系统资源的限制，和它的老大哥个人计算机比较起来，单片机的信息处理能力还是受到很大的限制。简单的说，现代个人计算机都配备有多达几百个 GB 的海量硬盘存储器，有高达几个 GHz 的主频工作速度，这些都是单片机所望尘莫及的。在实际应用中，为了弥补单片机的这些不足，往往有必要让单片机和 PC 协同作战，把单片机的数据上传给 PC，让 PC 来存储和处理这些数据，这样能使单片机系统的功能变得更加强大。通常把单片机系统中的 PC 称为上位机。上位机在单片机系统中应用的关键就是二者之间的数据通信，本章将讨论这一问题。

8.1 RS-232C 串口和单片机通信

计算机或计算机与终端之间的数据传送可以采用串行通信和并行通信两种方式。由于串行通信方式使用线路少、成本低，特别是在远程传输时，避免了多条线路特性的不一致而被广泛采用。在串行通信时，要求通信双方都采用一个标准接口，使不同的设备可以方便地连接起来进行通信。单片机要和上位机通信必须有连接二者的硬件设备，这就是串行端口。关于单片机串口在"5.5 通用同步/异步接收/发送器（USART）的 UART 异步模式"小节中已经讲过。与单片机串口对应的，在上位机一端就是 RS-232-C 串行通信接口。

计算机一般都有一个或多个串行端口，它们依次为 COM1、COM2…这些串口提供了外部设备与 PC 进行数据传输的通道。串口在 CPU 和外设之间充当解释器的角色。当字符数据从 CPU 发送给外设时，这些字符数据将被转换成串行比特流数据；当接收数据时，比特流数据被转换为字符数据传递给 CPU。

8.1.1 RS-232-C 标准

RS-232-C 接口是早期计算机普遍采用的一种串行通信接口。RS-232-C 标准的全称是 EIA-RS-232-C 标准，它是 1970 年由美国电子工业协会（EIA）联合贝尔、调制解调器厂家及计算机终端生产商共同制定的用于串行通信的标准。EIA

(Electronic Industry Association)是美国电子工业协会的缩写，RS（Recommeded Standard）代表推荐标准，232 是标识号，C 代表 RS－232 的最新一次修改（1969），在这之前，曾有 RS－232－B、RS－232－A 等标准。RS－232－C 标准中规定了计算机串行通信的电气机械连接、电气特性、信号功能及传输过程等一系列协议。

1. 接口的物理连接

RS－232－C 总线标准设有 25 条信号线，包括一个主通道和一个辅助通道，采用一个 25 引脚的 DB25 连接器，实际上 RS－232－C 的 25 条引线中有许多是很少使用的，在计算机与终端通信中一般只使用 3～9 条引线。所以通常采用 DB9 的 9 芯插座，IBM PC 上的 COM1、COM2 接口就是 RS－232－C 接口。过去的计算机机箱一般有两个。现在的计算机中 RS－232－C 接口已经逐渐被 USB 接口所取代，新机箱可能只有一个。大多数笔记本计算机上已经没有了。但是在单片机和个人计算机的通信中依然还需要它。为了在这些没有 RS－232－C 串口的计算机上使用串口，还出现了 USB 转串口的芯片和专用转换器。

RS－232－C 最常用的 9 条引线的信号内容如表 8.1 所示，DB9 插座的实物照片见图 8.1。

图 8.1　RS－232－C 标准 DB9 的 9 芯插座

表 8.1　RS－232－C 标准 DB9 插头信号

引脚号	名　称	说　明
1	CD	载波检测
2	RXD	接收数据
3	TXD	发送数据
4	DTR	数据终端准备好
5	SG	信号地
6	DSR	数据准备好
7	RTS	请求发送
8	CTS	清除发送
9	RI	振铃提示

单片机与 PC 连接的 RS－232－C 接口使用的信号线更少，不使用对方的传送控制信号，只需 3 条接口线，即"发送数据"、"接收数据"和"信号地"。传输线采用屏蔽双绞线。

2. 接口的逻辑电平

RS－232－C 中任何一条信号线的电压均为负逻辑关系，噪声容限为 2 V。要求接收器能识别低至＋3 V 的信号作为逻辑"0"，高到－3 V 的信号作为逻辑"1"。

225

逻辑 1：−3～−15 V

逻辑 0：+3～+15 V

3. 传输速率

RS-232-C 标准规定的数据传输速率为每秒 50、75、100、150、300、600、1 200、2 400、4 800、9 600、19 200 bps。

4. 传输距离

RS-232-C 标准规定驱动器允许有 2 500 pF 的电容负载,通信距离将受此电容限制,例如,采用 150 pF/m 的通信电缆时,最大通信距离为 15 m;若每米电缆的电容量减小,通信距离可以增加。传输距离短的另一原因是 RS-232 属单端信号传送,存在共地噪声和不能抑制共模干扰等问题,因此一般用于 20 m 以内的通信。

8.1.2　系统编程综述

把单片机和上位机的 RS-232-C 接口连接在一起,连接的电路原理图见图 5.6。

硬件电路连接好之后,要实现两者之间的通信,需要分别对单片机和上位机进行编程,单片机端的编程在"5.5 通用同步/异步接收/发送器(USART)的 UART 异步模式"小节中已经讲过。

上位机的编程需要使用高级语言,例如 Visual Basic、Visual C♯ 或者 Visual C++等。微软的 Visual Studio 是一套完整的开发工具,功能十分强大,上述语言在 Visual Studio 共用一个相同的集成开发环境 (IDE),这样就能够进行工具共享,并能够轻松地创建混合语言解决方案。目前 Visual Studio 的最新版本是 2010,简称 VS2010。

这里简单介绍使用 Visual C♯ 对串口编程的方法。限于篇幅,关于使用 Visual C♯ 编程的详细方法读者可参考 C♯ 编程的专著。

8.1.3　SerialPort 组件简介

Visual C♯ 中有专门用于计算机串口通信的 SerialPort 组件,用于支持程序对串口的访问。利用 SerialPort 开发串口应用程序非常便捷,编程工作量较小,开发周期短,表 8.2 和表 8.3 分别是 SerialPort 组件的常用属性和方法。

表 8.2　SerialPort 的常用属性

名　称	说　明
BaseStream	获取 SerialPort 对象的基础 Stream 对象
BaudRate	获取或设置串行波特率
BreakState	获取或设置中断信号状态
BytesToRead	获取接收缓冲区中数据的字节数

续表 8.2

名　称	说　明
BytesToWrite	获取发送缓冲区中数据的字节数
CDHolding	获取端口的载波检测行的状态
CtsHolding	获取"可以发送"行的状态
DataBits	获取或设置每个字节的标准数据位长度
DiscardNull	获取或设置一个值,该值指示 Null 字节在端口和接收缓冲区之间传输时是否被忽略
DsrHolding	获取数据设置就绪（DSR）信号的状态
DtrEnable	获取或设置一个值,该值在串行通信过程中启用数据终端就绪（DTR）信号
Encoding	获取或设置传输前后文本转换的字节编码
Handshake	获取或设置串行端口数据传输的握手协议
IsOpen	获取一个值,该值指示 SerialPort 对象的打开或关闭状态
NewLine	获取或设置用于解释 ReadLine( )和 WriteLine( )方法调用结束的值
Parity	获取或设置奇偶校验检查协议
ParityReplace	获取或设置一个字节,该字节在发生奇偶校验错误时替换数据流中的无效字节
PortName	获取或设置通信端口,包括但不限于所有可用的 COM 端口
ReadBufferSize	获取或设置 SerialPort 输入缓冲区的大小
ReadTimeout	获取或设置读取操作未完成时发生超时之前的毫秒数
ReceivedBytesThreshold	获取或设置 DataReceived 事件发生前内部输入缓冲区中的字节数
RtsEnable	获取或设置一个值,该值指示在串行通信中是否启用请求发送（RTS）信号
StopBits	获取或设置每个字节的标准停止位数
WriteBufferSize	获取或设置串行端口输出缓冲区的大小
WriteTimeout	获取或设置写入操作未完成时发生超时之前的毫秒数

表 8.3　SerialPort 的常用方法

方法名称	说　明
Close	关闭端口连接,将 IsOpen 属性设置为 False,并释放内部 Stream 对象
Open	打开一个新的串行端口连接
Read	从 SerialPort 输入缓冲区中读取
ReadByte	从 SerialPort 输入缓冲区中同步读取一个字节
ReadChar	从 SerialPort 输入缓冲区中同步读取一个字符
ReadLine	一直读取到输入缓冲区中的 NewLine 值
ReadTo	一直读取到输入缓冲区中指定 value 的字符串
Write	已重载。将数据写入串行端口输出缓冲区
WriteLine	将指定的字符串和 NewLine 值写入输出缓冲区

8.1.4　RS－232－C 接口 C♯编程示例

了解了 SerialPort 的基本属性后,就可以利用 SerialPort 编写上位机的串口通信程序,例 8.1 的功能是从计算机串口发送一组字符串,然后再由计算机串口接收这组字符串,为了方便在一台计算机上实现收发,需要把计算机串口的 2、3 引脚用一根导线临时连接起来,连好后就可以编写这个串口通信程序了,具体步骤如下:

(1) 运行 VS2008,单击菜单栏中的"新建"并选择"项目"选项,弹出如图 8.2 所示的"新建项目"对话框。

图 8.2　创建新项目

在对话框的"项目类型"中选"Visual C♯","模板"选"Windows 窗体应用程序",下面的"名称"文本框中输入新建项目的名称:RS-232,单击"确定"按钮退出,建成如图 8.3 所示的新项目。

(2) 在 Form1 窗体中添加控件,窗体中要用的控件和组件都在左边的工具箱中,如图 8.4 所示单击左边的工具箱。

首先从工具箱中拖出 SerialPort 组件到 Form1 窗体中,然后从公共控件中添加两个 Button 控件,分别用于执行发送数据和接收数据,然后添加两个 TextBox 控件,用于输入发送数据和显示接收数据。最后再添加两个 Label 控件,用于标注发送和接收数据的 TextBox。做好的用户界面见图 8.5。

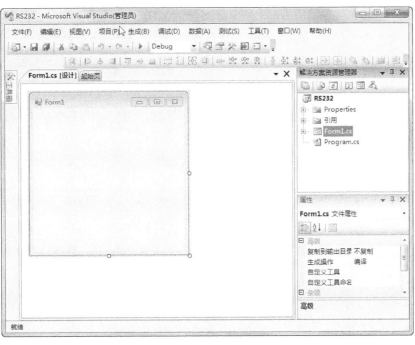

图 8.3　建成的新项目

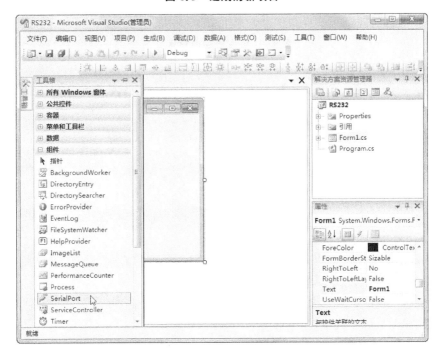

图 8.4　工具箱

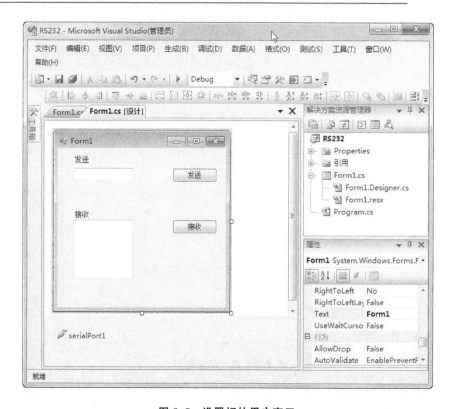

图 8.5　设置好的用户窗口

（3）加入程序代码

双击"发送"按钮,出现代码输入窗口,在 button1_Click 处理函数的大括号内输入下面的代码:

```
private void button1_Click(object sender, EventArgs e)
{
    serialPort1.PortName = "COM1";
    serialPort1.BaudRate = 9600;
    serialPort1.Open();
    byte[] data = Encoding.Unicode.GetBytes(textBox1.Text);
    string str = Convert.ToBase64String(data);
    serialPort1.WriteLine(str);
    MessageBox.Show("数据发送成功!","系统提示");
}
```

同样双击"接收"按钮,在出现的 button2_Click 接收按钮处理函数的大括号内输入下面的代码:

```
private void button2_Click(object sender, EventArgs e)
{
```

```
byte[] data = Convert.FromBase64String(serialPort1.ReadLine());
textBox2.Text = Encoding.Unicode.GetString(data);
serialPort1.Close();
MessageBox.Show("数据接收成功!","系统提示");
}
```

　　写好的代码如图 8.6 所示,代码文件名为 Form1.cs,C♯的代码文件后缀是 cs,单击工具栏上的"保存"按钮,保存代码文件。

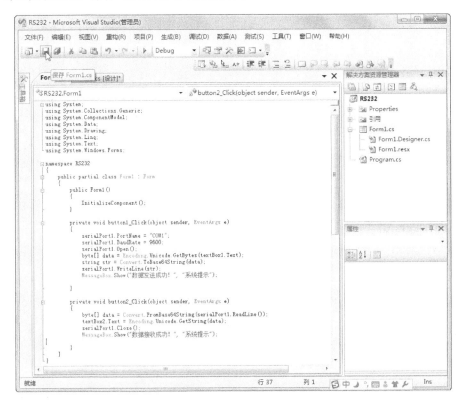

图 8.6　输入代码

　　接着单击工具栏右边的"启动调试"按钮,运行并调试这个程序,用户程序开始运行。在发送文本框中输入要发送的字符,例如输入字符"RS232",单击"发送"按钮,如果发送正常,就会弹出如图 8.7 所示的"数据发送成功"提示窗口。

　　接着单击"接收"按钮,如果接收正常也会弹出和图 8.7 类似的"数据接收成功"提示窗口,同时在接收文本框中显示收到的字符"RS232",这样程序就调试好了,如图 8.8 所示。最后在"调试"菜单中

图 8.7　数据发送成功

单击"停止调试"按钮,结束调试工作。

图8.8 运行并调试程序

完整的代码如下：

【例8.1】 RS-232上位机程序

```csharp
using System;
using System.Collections.Generic;
using System.ComponentModel;
using System.Data;
using System.Drawing;
using System.Linq;
using System.Text;
using System.Windows.Forms;

namespace RS232
{
    public partial class Form1 : Form
    {
        public Form1()
        {
            InitializeComponent();
        }
        private void button1_Click(object sender, EventArgs e)
        {
            serialPort1.PortName = "COM1";
            serialPort1.BaudRate = 9600;
            serialPort1.Open();
```

```
        byte[] data = Encoding.Unicode.GetBytes(textBox1.Text);
        string str = Convert.ToBase64String(data);
        serialPort1.WriteLine(str);
        MessageBox.Show("数据发送成功!","系统提示");
    }
    private void button2_Click(object sender, EventArgs e)
    {
        byte[] data = Convert.FromBase64String(serialPort1.ReadLine());
        textBox2.Text = Encoding.Unicode.GetString(data);
        serialPort1.Close();
        MessageBox.Show("数据接收成功!","系统提示");
    }
  }
}
```

8.2　RS－485 接口和单片机通信

RS-232-C 接口虽然实现了计算机之间的串行数据通信,但是它却有许多不尽人意的地方,主要有以下 4 个方面:

(1) 只能实现点对点通信,不能组网。

(2) 传输距离太短,仅为十几米。

(3) 传输速率低,最高也只有几百 K。

(4) 工作电压高。

针对上面的问题,人们对 RS-232-C 串行接口进行了改进,出现了 RS-485 接口标准,它也以串行方式进行数据传输,却完全克服了 RS-232-C 接口的上述缺点,因此很快在工业控制领域获得了广泛的应用,特别是在组网的工控设备中大显神通,它具有以下特点:

(1) RS-485 的电气特性:逻辑"1"以两线间的电压差为＋(2～6)V 表示;逻辑"0"以两线间的电压差为－(2～6)V 表示。接口信号电平比 RS-232-C 降低了,不易损坏接口电路的芯片,且该电平与 TTL 电平兼容,方便与 TTL 电路连接。

(2) RS-485 的数据最高传输速率为 10 Mbps。

(3) RS-485 接口采用平衡驱动器和差分接收器的组合,抗共模干扰能力增强,即抗噪声干扰性好。

(4) RS-485 最大的通信距离约为 1 219 m,最大传输速率为 10 Mbps,传输速率与传输距离成反比,在 100 kbps 的传输速率下,才可以达到最大的通信距离,如果需传输更长的距离,需要加 485 中继器。

（5）RS-485 总线支持多点传输,一般最大支持 32 个节点,如果使用特制的 485 芯片,可以达到 128 个或者 256 个节点,最大的可以支持到 400 个节点。

8.2.1　RS-485 接口在单片机系统中的使用

由于 RS-485 接口依然是串行数据传输方式,因此它在单片机系统中的使用方法和 RS-232-C 接口的用法是类似的。

1. 单片机端

要加入一个专用的 RS-485 接口芯片,例如 MAX485、SP3485 等芯片,用它来代替 RS-232-C 接口中所用的 MAX232 芯片,如图 8.9 所示。图中使用的是 SP3485。SP3485 的数据线连接的仍然是单片机的串口,与 MAX232 不同的是 SP3485 多了两根用于收发控制转换的引脚 RE 和 DE,因为 SP3485 是一种半双工通信,收发不能同时进行,需要用这两个引脚切换。两个引脚连在一起用单片机的一根 I/O 线控制,高电平时发送数据,低电平时接收。

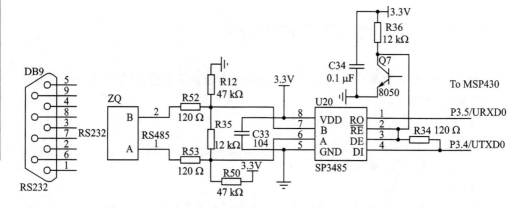

图 8.9　RS-485 接口芯片和 MSP430 单片机连接电路原理图

2. 上位机端

PC 没有专门的 RS-485 接口,只有 RS-232-C 接口。因此需要用一个转换器把 SP3485 芯片传输的 RS-485 接口数据转换成 RS-232-C 接口方式,图 8.10 中上面就是转换器的实物。转换器的左边连接到计算机的 RS-232-C 接口,转换器的右边标有 A、B 的两个端子用导线连接到单片机中 SP3485 芯片的 A、B 两个引脚,注意 A、B 要一一对应,不可接反,否则会造成数据传输错误。图 8.10 中上面是转换器,下面是接有 SP3485 芯片的 MSP430 单片机系统。

8.2.2　RS-485 接口上位机编程

综上所述,一个使用 RS-485 接口的单片机和上位机通信,它的硬件设备在通信链路的最两端和使用 RS-232-C 接口的系统是相同的,即在单片机一端还是单

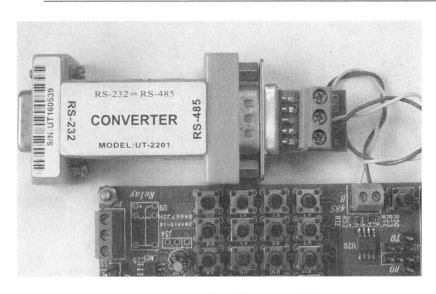

图 8.10　使用 RS - 485 转换器的 MSP430 单片机系统

片机的串口,在上位机一端还是 RS - 232 - C 接口,因此上位机 RS - 485 接口的编程和 RS - 232 - C 接口的编程几乎是相同的,读者可以参照 RS - 232 - C 接口上位机的编程编写 RS - 485 接口上位机的程序。

8.3　USB 接口和单片机通信

USB 接口是个人计算机最流行的串行接口总线,除了一般串行总线的优点之外,它还具有硬件简单易用、传输速率快、自带 5 V 电源等一系列突出的特点,因此在各类计算机外设和数码产品中得到了广泛的应用。很多单片机都没有 USB 接口,但是现在出现了一种 USB 转串口的专用芯片,可以把 USB 信号转换为串口,这样就可以在没有 USB 接口的单片机中通过单片机的串口和上位机通信。

8.3.1　USB 转换芯片 TUSB3410

TUSB3410 是 TI 公司推出的一款用于 USB 端口对 UART 端口的桥接器,它包括了 USB 总线与上位机进行通信所必需的全部逻辑电路,可以让单片机使用 USB 总线与上位机进行通信。符合 USB2.0 规范,支持最高 12 Mb/s 的全速传输,支持 USB 中止、恢复及远程唤醒功能。同时,其内部包含一个 8052 的 CPU 核、16 KB RAM、10 KB ROM,4 个通用 I/O 口,具有 USB 总线供电和自带电源两种供电模式。TUSB3410 有两种封装,常用的封装引脚如图 8.11 所示。

8052 微控制器单元内部 16 KB 的 RAM 可以从主机或从外部板载内存通过 I2C 总线加载,10 KB 的 ROM 允许单片机在系统启动时配置 USB 端口,ROM 代码还

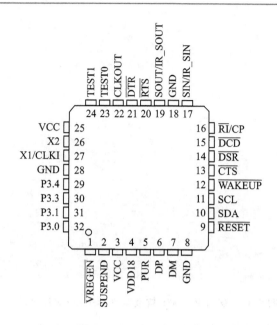

图 8.11　TUSB3410 引脚

包含一个 I2C 引导加载程序。器件的所有功能,如 USB 命令译码、UART 设置和错误报告等,是由上位机主持的 TUSB3410 内部的单片机固件进行管理的。

　　TUSB3410 可用于建立一个单片机(不限于单片机可以是很多具有标准串口的器件)和 PC 通过 USB 通信的接口,在有关的配置完成后,数据流从 PC 通过 USB OUT 命令到 TUSB3410,在 SOUT 引脚从 TUSB3410 输出到单片机。相反,数据流从单片机由 SIN 引脚输入到 TUSB3410,然后通过 USB IN 命令进入 PC,如图 8.12 所示。

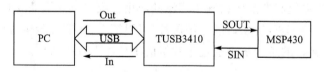

图 8.12　TUSB3410 数据流

8.3.2　TUSB3410 在 MSP430 单片机中的应用

　　图 8.13 是单片机 MSP430F1612 使用 TUSB3410 的电路原理图,两个主要的组件是 USB 到串口桥控制器 TUSB3410(U1)和 MSP430F1611(U2)。也可以直接使用 MSP430F16x 系列器件中的任何一款。MSP430 的运行频率为 8 MHz。TUSB3410 使用 12 MHz 晶体提供其运行所需的时钟。图中 TUSB3410 的 SIN 和 SOUT 引脚连接到 MSP430F16x 单片机的 USART0 端口,二者通过 UART 串口进行数据交换,TUSB3410 和 PC 通过 USB 接口进行数据交换,这样就实现了

MSP430F16x 单片机和 PC 之间的**数据交换**。

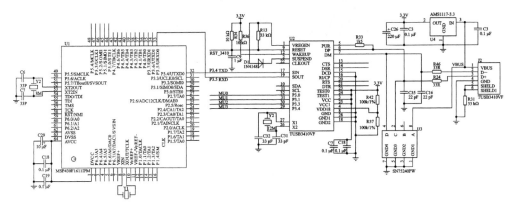

图 8.13　TUSB3410 在 MSP430F16x 单片机中的应用电原理图

　　TUSB3410 的 USB 数据线连接到一个标准的 USB B 型 PCB 贴装连接器,通过 USB 连接线连接实验板到计算机。USB 连接器上使用了 TI 的瞬态电压抑制器 SN75240(U3),它可以为 USB 接口提供更可靠的 ESD 保护。实践证明没有瞬态电压抑制器 SN75240 的保护,TUSB3410 很容易损坏。

　　单片机系统使用 USB 总线供电,一般的 USB 端口可以提供 100 mA 5 V 的电源。现在很多 USB 端口都可以提供高达 300 mA5 V 的电源,这里使用了一片 AMS1117 - 33 LDO(U4)产生 3.3 V 电源供接口电路使用,该芯片最大可输出 800 mA 的电流,因此还可以为相连的 MSP430F16x 单片机供电。

　　图 8.14 是用万能板制作的实验电路板,图中下面是 TUSB3410 芯片部分,上面是单片机部分,用一条 4 芯线把 TUSB3410 的 SIN、SOUT 引脚、正负电源线和上面的 MSP430F1611 单片机连接在一起,两部分全部由 USB 5 V 电源经 AMS1117 - 33 降压后的 3.3 V 电源供电。

　　把实验电路板插入计算机的 USB 接口,计算机会显示发现新硬件,这个新硬件就是 TUSB3410,打开计算机的“控制面板”,单击“系统”,在弹出的“系统属性”窗口中单击“硬件”,在“设备管理器”窗口中的“端口(COM 和 LTP)”项目下会出现一个新的 COM 端口——TUSB3410 Device(COM6),如图 8.15 所示,这里的串口号是 COM6,不同的计算机系统也许是其他端口号,这就是由 TUSB3410 产生的虚拟串口,单片机的串口就可以通过这个虚拟串口用计算机的 USB 端口和上位机通信。

8.3.3　TUSB3410 和上位机通信编程示例

　　有了这个用 TUSB3410 得到的虚拟串口,就可以在没有物理串口的计算机上用 USB 接口和单片机进行串口通信了。当然这还需要给单片机编程,同时要有相应的上位机程序。

图 8.14　实验电路板

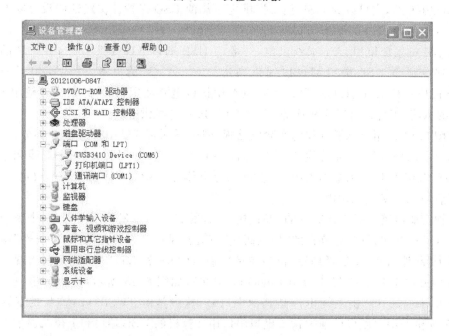

图 8.15　TUSB3410 虚拟串口

1. 单片机串口通信程序

　　例 8.2 程序的功能是：单片机等待接收上位机发来的数据，然后把收到的数据再发送回上位机。实验电路板中的 MSP430F16x 单片机使用的串口是 USART0 端口，波特率为 9 600。

【例 8.2】　通过 TUSB3410 和上位机通信

```
//通过 TUSB3410 和上位机通信,波特率 9 600

# include <msp430x16x.h>

//-------------------------------------------------
void Init_USART0(void)
{
        U0CTL = CHAR;                   //数据位为 8bit
        U0TCTL = SSEL1;                 //波特率发生器 UCLK = SMCLK
        U0BR0 = 0X41;                   //波特率为 8 MHz/9 600    x9600
        U0BR1 = 0X03;
        U0MCTL = 0X00;                  //没有调制
        ME1 | = UTXE0 + URXE0;          //使能 UART0 的 TXD 和 RXD
        IE1 | = URXIE0;                 //使能 UART0 的 RX 中断
        P3SEL | = 0x30;                 // P3.4, P3.5 = USART0 option select
        P3DIR | = BIT4;                 //P3.4 为输出引脚
        U0CTL & = ~SWRST;               // 初始化 USART 状态机

}
//=======================================
//初始化时钟
void Init_Clock(void)
{
    BCSCTL1 = RSEL2 + RSEL1 + RSEL0; //XT2 开启 LFXT1 工作在低频模式 ACLK 不分频
                                     //最高的标称频率
    BCSCTL2 = SELS;                     //SMCLK 时钟源为 XT2CLK,不分频
}
//-------------------------------------------------

void main(void)
{
  int i;
  WDTCTL = WDTPW + WDTHOLD;          // 停止看门狗
  Init_Clock();
  Init_USART0();
  for (i = 1000; i > 0; i--);        // 延时

  _BIS_SR(LPM0_bits + GIE);          // 进入 LPM0 等待中断
}

# pragma vector = UART0RX_VECTOR
__interrupt void usart0_rx (void)
{
  while (! (IFG1 & UTXIFG0));        // USART0  TX 缓冲准备好?
  U0TXBUF = U0RXBUF;                 // 从接收缓冲 U0RXBUF 到发送缓冲 U0TXBUF

}
```

2．上位机程序

上位机程序可以使用本章例 8.1 的程序,该程序中的串口号为 COM1,由于 TUSB3410 虚拟串口的端口号一般来说不会是 COM1,所以程序中的串口号设置语句要依照 TUSB3410 虚拟串口的端口号做修改,这里的是 COM6,读者要依据自己计算机控制面板中显示的端口号设置,如图 8.16 所示。

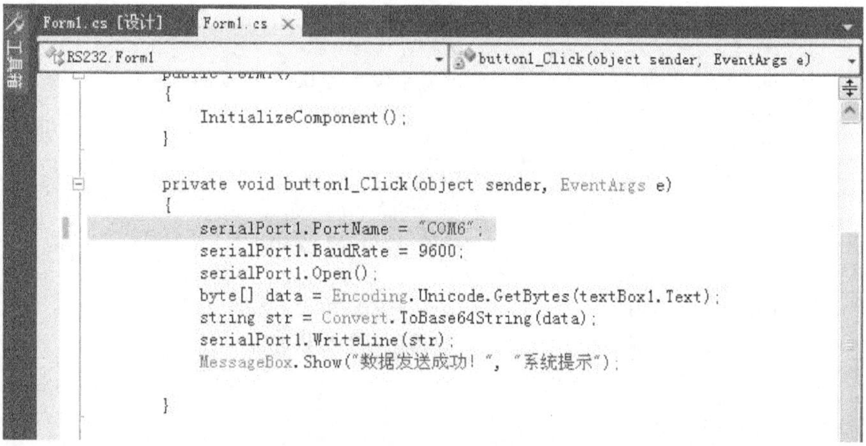

```
Form1.cs [设计]    Form1.cs ×
RS232.Form1                          button1_Click(object sender, EventArgs e)
        public Form1()
        {
            InitializeComponent();
        }

        private void button1_Click(object sender, EventArgs e)
        {
            serialPort1.PortName = "COM6";
            serialPort1.BaudRate = 9600;
            serialPort1.Open();
            byte[] data = Encoding.Unicode.GetBytes(textBox1.Text);
            string str = Convert.ToBase64String(data);
            serialPort1.WriteLine(str);
            MessageBox.Show("数据发送成功!", "系统提示");
        }
```

图 8.16　修改虚拟端口号

修改好以后,运行程序,在发送文本框中写入一个 16 进制数据,单击"发送"按钮,数据就会通过 USB 端口构成的虚拟串口发送给 TUSB3410,然后送到单片机的串口,单片机收到该数据后再把它发送回上位机,单击"接收"按钮,在接收文本框中会显示收到的数据,如图 8.17 所示。

要记得这个实验要成功,必须做好 3 件事:

- 把图 8.14 所示的实验板插到上位机的任何一个 USB 端口。
- 在图 8.14 所示的实验板上面的 MSP430 单片机中写入例 8.2的程序代码。
- 运行上位机程序。

图 8.17　上位机通过 USB 端口和单片机通信

第 **9** 章

FM 收音机

无线电音频广播系统按照调制方式的不同,目前主要有两种即 AM 调幅制和 FM 调频制。FM 调频广播系统以其良好的音质和接收效果,同时兼容立体声方式,在公众无线电广播领域得到了广泛应用。多数国家 FM 调频广播的频段在 88～108 MHz 的甚高频波段,由于它的工作频率较高,相应的接收设备的电子器件的物理尺寸也小,容易实现小型化和集成化,世界上许多半导体公司都推出了单芯片的 FM 收音集成电路,例如飞利浦公司的 TEA7088 以及 TEA576x 系列,Silicon Laboratories Inc. 的 Si470x FM 调谐器系列,日本三洋的 LV24000/02 等,这些芯片外部只需增加很少的几个器件甚至只要一只滤波电容就可以做成一个完整的 FM 收音调谐器,目前最小的 FM 调频收音模块的体积仅有 9 mm×9 mm×2 mm 这么小,现在许多数码电子产品比如手机、MP3 等内部都带有 FM 调频收音功能。本章将以飞利浦的 TEA5767HN 为例介绍 FM 收音机的的原理和编程方法。

9.1 FM 广播系统的基础知识

在电视没有问世之前,听广播大概是大多数中国人不可或缺的一种生活方式。除了能够听到新闻、天气预报等日常生活信息之外,它还是人们娱乐和学习的工具,年轻人可以用它听到美妙动听的音乐和歌曲,戏迷们可以听到名角的精彩戏曲唱段,学生们则可以用它收听外教纯正的外语教学课程。现在虽然有了电视,但是广播依然在很多地方继续发挥着它不可替代的作用。

9.1.1 调频广播系统

1. 无线电广播的基本原理

无线电广播系统是一个包括语音和音乐信号在内的音频信号发布系统。在广播电台里,人们首先用麦克风把演播人员说话的语音、唱歌的歌声以及乐器发出的乐音等各类声波转换成电信号,这个电信号称为音频信号。音频信号的频率一般在数 10 Hz 到 20 kHz 这样一个范围内,属于低频信号,这个频率范围的电信号无法通过空间发送到很远的地方去。只有当电信号的频率足够高的时候,它才能够以空间电磁波的形式传播到很远地方去。因此常见的中波无线电广播系统,它的频率是在

530～1 600 kHz 这样的高频信号范围内。要把音频信号广播出去,必须把它搭载在一个高频信号电波上,比如 540 kHz 的电波上,它才能发送到很远的地方,这个高频电波起到了一个运载音频信号的作用,因此被称为"载波"。在无线电广播电台,人们把搭载有音频信号的高频载波通过天线发送到空间去,高频载波在空间以电磁波的形式可以传播到很远的地方。音频信号搭载在高频载波上就能传到很远的地方,就像人们自己不能飞上天去远游,需要坐上飞机才能飞得很远是同样的道理。广播电台节目主持人说话的声音、歌手美妙的歌声、乐队气势磅礴的合奏乐音等各类声音信号通过高频电磁波可以传播到几千公里之外的地方,人们坐在自己的家中,就可以用收音机收听这些广播。

2. 调幅信号和调频信号

音频信号波和某一个一定频率的载波本来是两个互不相干的东西,音频信号波是怎么搭载到载波频率上呢? 人们必须想一个办法,让二者产生一定的联系,用音频信号去影响载波,让载波信号的某一参数按照音频信号的变化来变化,这就是所谓的"调制"方法,用音频去"调制"载频。调制的方法有多种,如果让载频的幅度按照音频的变化来改变的话,就称为"调幅波",现在的中波广播就是调幅波。如果让载频的频率按照音频的变化来改变的话,就称为"调频波",如图 9.1 所示,FM 就是采用调频方式的广播系统。

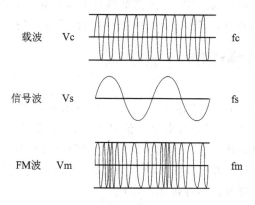

载波　Vc　　　　　　　　　　　　fc

信号波　Vs　　　　　　　　　　　fs

FM波　Vm　　　　　　　　　　　fm

图 9.1　调频波

FM 调频波载波的频率 f_c 称为中心频率,它会随着音频信号波的大小发生变化,即载频会在中心频率的左右发生频率偏移,频率变化的最大范围 Δf 称为最大频率偏移,调频广播系统的 $\Delta f = \pm 75$ kHz,因此调频广播电台的带宽为 150 kHz,为了减少相邻电台之间的干扰,实际工作的每一个调频电台占据的带宽是 200 kHz。也就是说两个相邻的调频电台至少要相隔 200 kHz。相对于调幅信号,调频信号的带宽要宽。为此调频广播的工作频段在 88～108 MHz 的超高频波段范围。

调幅方式的设备简单、成本低,因此初期的无线电广播系统采用的都是调幅方式。但是调幅方式容易引入干扰,自然界存在的多数电磁干扰是以脉冲幅度突变形式出现的,像雷电干扰、工业电器干扰等,调幅广播系统对于这类干扰信号是难以消除的,因而调幅广播系统的信号质量不高,尤其难以胜任高保真的音乐广播,另外要在调幅系统实现立体声广播也比较困难。FM 调频广播恰好可以克服调幅广播的上述缺点,由于调频制和信号的幅度无关,因此只要采用限幅电路就可以轻易的把与幅度有关的干扰信号清除掉。调频广播信号质量比调幅广播有了很大的提高,另外调频广播系统可以比较容易的实现双声道立体声广播。当然调频广播系统的设备比调幅广播要复杂,由于它的工作频率比较高,加上解调电路复杂,所以调频广播收音机的电路比调幅收音机要麻烦,这使得调频广播的普及受到了一定的限制,但是随着电子技术的进步,这些问题已经得到了解决,而且由于高频器件的物理尺寸较小,更有利于实现小型化和集成化,目前只要一个单片调频集成电路芯片加上很少的几个外围器件就可以做成一个性能良好的调频收音机。

3. 调频信号的实现

用一个 LC 并联电路加上有源器件就可以产生一个高频振荡信号,信号的频率由公式 $f = \dfrac{1}{2\pi\sqrt{LC}}$ 可求得。

在 LC 振荡电路两端再并联一个可变电容 CV,此高频信号的频率会随着 CV 的改变而变化。其频率由公式 $f = \dfrac{1}{2\pi\sqrt{L(C+CV)}}$ 可求。

如果用一个变容二极管充当这个电容 CV,然后将音频信号加在变容二极管的两端,并在变容二极管上加直流偏压,那么变容二极管的容量就会随着音频信号电压的变化而变化,而高频振荡信号的频率也会随之变化,这样就实现了用音频信号对高频信号的频率调制,如图 9.2 所示。图中 CV 为变容二极管,直流偏压通过电阻 R2 加在它的负极,音频信号通过电阻 R1 加到变容二极管的两端,使 LC 振荡器的频率随音频电压发生变化,得到 FM 信号。

9.1.2　调频广播收音机的原理

一个典型的调频广播收音机的原理框图如图 9.3 所示。从广播电台发出的高频电磁波在到达用户收音机的天线之后,就会在收音机的天线上感应出一个微弱的信号电压,空间电磁波的场强有一个很大的动态范围,在大多数情况下,这个信号电压十分微弱,只有几个微伏甚至不到一个微伏。如此微弱的信号显然是不够用的,必须对它进行放大,因此天线感应信号先进入高频放大器进行放大。另一方面在接收过程中,信号场强也会产生变化,有时变化还很大,因此要加入自动增益控制电路(AGC)来调整放大器的放大量,抑制过强的信号,防止放大器产生阻塞。

一般来说在一个地方,同时会有不止一个调频广播电台,比如西安就有十几个调频台。为了正常地接收某一个广播电台的信号,需要用一个调谐电路把想要的电台信号单独选择出来,这就是"调谐器(tuner)"的功能。例如要接收 93.1 MHz 的西安音乐台,

243

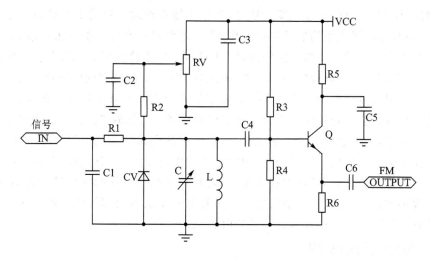

图 9.2　调频信号的产生

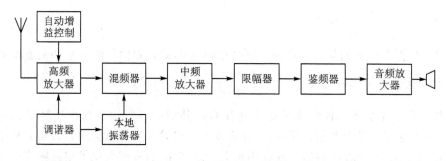

图 9.3　FM 收音机原理框图

就需要把 93.1 MHz 的信号选择出来进行放大,其他频率的信号则不被放大。

　　现代收音机无不采用一种叫做"超外差式"的电路模式,这种电路模式的特点是不管收到的电台信号频率是多少,接收机都要把它们变成一个固定的中间频率信号再进行处理。这种模式的好处是显而易见的,因为这样的话,对于不同频率的电台信号都可以采用同一种中频电路来处理,大大简化了电路设计。放大后的信号接着进入混频器,混频器的作用就是把接收到的高频信号,不管它原来的频率是多少,在这里一律转换成一个固定的中频信号(IF),中频频率一般是 10.7 MHz。接收机内有一个频率随接收信号频率同步变化的本地振荡器(LO),它的作用是产生一个与所接收信号具有固定差值的信号频率,这个固定差值频率就是中频,本地振荡器的频率必须十分稳定,现代 FM 收音机都采用以晶体振荡器作为参考频率的 PLL 锁相环调谐电路,下面介绍的 TEA5767 芯片就是采用 32.768 kHz 或者 13 MHz 的晶体振荡器。

　　经过混频得到中频信号被送入中频放大器再次进行放大,以适应后级鉴频器对信号电平的要求。为了消除空中电磁噪声的干扰,在鉴频之前,要用限幅器对噪声信号进行抑制,之后再送入检波器解调需要的音频信号。

　　检波器的功能是把调制在高频上的音频信号解调出来,它是"调频"的反过程。检波器有很多不同的电路形式,它们各有不同的特点,例如"比例检波器"本身就有限幅功能,"移相检波器"不但有限幅功能,还有放大的作用。解调出的音频信号再被送入音频放大器放大,最后推动扬声器发出声音。

9.2　TEA5767HN 单片 FM 调谐器

　　TEA5767/68 是飞利浦半导体公司推出的针对低电压应用的单芯片数字调谐FM 立体声收音机芯片,它采用创新的收音机架构取代外部的无源器件与复杂的线路,芯片内集成了完整的 IF 频率选择和鉴频系统,只需要很少的低成本外围元件,就可以实现 FM 收音机的全部功能,硬件系统完全不需要调试。TEA5767/58 芯片前端具有高性能的射频自动增益控制电路(RF AGC),接收灵敏度高,并且兼容欧洲、美国和日本 FM 频段。参考频率选择灵活,可通过寄存器设置选择 32.768 kHz、13 MHz晶体振荡器或者 6.5 MHz 外部时钟参考频率。通过 I2C 系统总线进行各种功能控制,并通过 I2C 总线输出 7 位 IF 计数值。立体声解调器完全免调,软件控制SNC、HCC、暂停和静音功能。具有两个可编程 I/O 口,可用于系统的其他相关功能。由于它的软件设计简单,再加上小尺寸的封装,使它非常适合应用在电路板空间相当有限的设计上。可集成到便携式数码消费产品的设计中,用于移动电话、MP3播放器、便携式 CD 机、玩具等很多产品中,使它们具有 FM 收音功能。

9.2.1　TEA5767HN 的性能

　　TEA5767HN 具有下列优异的性能:

- 集成的高灵敏度低噪声射频输入放大器;
- FM 混频器可转换欧洲、美国(87.5～108 MHz)和日本(76～91 MHz)FM波段到中频;
- 预调接收日本 TV 伴音到 108 MHz;
- 射频自动增益控制电路 RF AGC;
- LC 调谐振荡器采用廉价的固定片式电感;
- 内部实现的 FM 中频选择性;
- 完全集成的 FM 鉴频器,无需外部解调;
- 可选 32.768 kHz 或 13 MHz 的晶体参考频率振荡器,也可使用外部 6.5 MHz 参考频率;
- PLL 合成器调谐系统;
- 引脚 BUSMODE 可选的 I2C 和 3 - wire 总线;
- 总线可输出的 7 - bit 中频计数器;
- 总线可输出的 4 - bit 信号电平信息;

- 软件静音；
- 立体声噪声消除(Stereo Noise Cancelling，SNC)；
- 高音频切割控制(HCC)；
- 总线可控制的软件静音、SNC 和 HCC；
- 免调整立体声解调；
- 电台自动搜索；
- 待机模式；
- 两个软件可编程 I/O 口(SWPORT)；
- 3‑wire 总线方式时，总线使能线可选择输入和输出；
- 自适应温度范围。

9.2.2　TEA5768HN 的引脚和封装

　　TEA5768HN 采用 40 端子的 HVQFN40 超薄四方塑料封装，这种封装无引脚、散热良好，尺寸很小仅有 6 mm×6 mm×0.85 mm，非常适合在袖珍型的数码产品中使用，如图 9.4 所示。各个端子的功能见表 9.1。

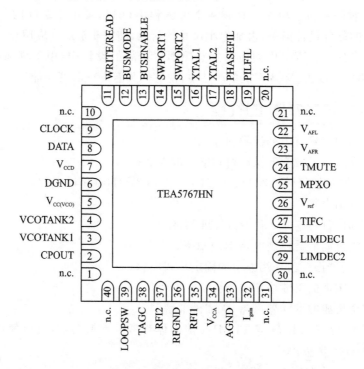

图 9.4　TEA5767HN 的引脚

表 9.1　TEA5767HN 引脚功能表

符　号	引　脚	功　　能
n. c.	1	空脚
CPOUT	2	PLL 合成器电荷泵输出
VCOTANK1	3	压控振荡器调谐电路输出 1
VCOTANK2	4	压控振荡器调谐电路输出 2
VCC(VCO)	5	压控振荡器电源
DGND	6	数字地
VCCD	7	数字电源
DATA	8	总线数据输入输出
CLOCK	9	总线时钟输入
n. c.	10	空脚
WRITE/READ	11	3 总线时的写/读控制输入
BUSMODE	12	总线类型选择输入
BUSENABLE	13	总线使能输入
SWPORT1	14	软件可编程口 1
SWPORT2	15	软件可编程口 2
XTAL1	16	晶振输入 1
XTAL2	17	晶振输入 2
PHASEFIL	18	相位检波器环路滤波
PILFIL	19	导频检波器低通滤波
n. c.	20	空脚
n. c.	21	空脚
VAFL	22	左声道输出
VAFR	23	右声道输出
TMUTE	24	软件静音时间常数
MPXO	25	FM 解调器 MPX 信号输出
Vref	26	参考电压
TIFC	27	中频计数器时间常数
LIMDEC1	28	中频滤波器去耦 1
LIMDEC2	29	中频滤波器去耦 2
n. c.	30	空脚
n. c.	31	空脚
Igain	32	中频滤波器增益控制电流
AGND	33	模拟地
VCCA	34	模拟电源
RFI1	35	射频输入 1
RFGND	36	射频地
RFI2	37	射频输入 2
TAGC	38	射频 AGC 时间常数
LOOPSW	39	PLL 环路滤波器的开关输出
n. c.	40	空脚

9.2.3　TEA5767 的内部结构和功能

TEA5767 的内部结构框图如图 9.5 所示。硬件结构可分为 FM 收音机和总线控制接口两大部分,收音部分的原理和前述的 FM 收音机原理框图基本类似,但是它又有一些新的特点。

RF 天线信号经由 RF 匹配电路被输入到一个平衡低噪声放大器(LNA)。为了不使 LNA 和混频器过载,LNA 输出的信号被输入到一个自动增益控制电路(AGC)中。在正交混频器中,RF 信号和本振信号(LO)叠加并被变频到 225 kHz 的中频(IF)信号。选择的混频器结构有内建的虚部衰减功能。

VCO 产生 I/Q 混频器结构所必须的倍频信号。在 N1 分频器中产生需要的 LO 信号。VCO 的频率由 PLL 同步系统控制。

混频器输出的 I/Q 信号被输入到集成的 IF 滤波器中(RESAMP 模块),这个滤波器的 IF 频率由 IF 中心频率调节模块来控制。然后 IF 信号被输入到限幅模块,在这里截掉信号的变化幅度。限幅器连到模数转换器(ADC)和 IF 计数模块。这两个模块提供 RF 输入信号幅度和频率的正确信息,该信息将被 PLL 电路作为停止的标准。

TEA5767 带有一个集成调谐器的正交解调器。这一全集成的正交解调器省去了 IF 电路或外部的调谐器。

立体声译码器(MPX 译码器)是免调试的,通过总线接口能被设置为单声道模式。在微弱输入信号时,立体声噪声补偿(SNC)电路能将立体声译码器从“全立体声”逐渐的转入为单声道模式。由于 SNC 功能在微弱输入信号时能改善音频的质量,因此该功能对手持式设备是非常有用的。当信号跌到低电平时,软噪声遏止电路能抑制串频噪声并能避免收听多余的噪声。

调谐系统基于传统的 PLL 技术。这是一种简单的方法,根据参考频率,VCO 的相位和频率持续得到纠正,直到目标频率被锁定。外部的控制器可以通过 3 -线或 I2C 总线接口控制调谐系统。

(1) 低噪声射频放大器(LNA):天线接收的信号经电容耦合到由 LC 组成的射频平衡输入电路,该电路与 LNA 的输入阻抗组成 FM 带通滤波器。LNA 的增益由射频自动增益控制电路(RCAGC)控制。

(2) FM 混频器:FM 积分混频器把 76～108 MHz 的射频信号转换为 225 kHz 的中频。这与过去采用的 10.7 MHz 中频的调频收音机有很大的不同。

(3) 压控振荡器(VCO):由变容二极管调谐的 LC 压控振荡器提供本振信号给 FM 积分混频器,压控振荡器的频率范围是 150～217 MHz。

(4) 晶体振荡器:晶体振荡器可用 32.768 kHz 或 13 MHz 晶体工作,前者的工作温度范围为 - 10～60 ℃。PLL 合成器可以通过引脚 XTAL2 使用外部的 32.768 kHz、6.5 或 13 MHz 的时钟信号。晶体振荡器产生的参考频率可供给:

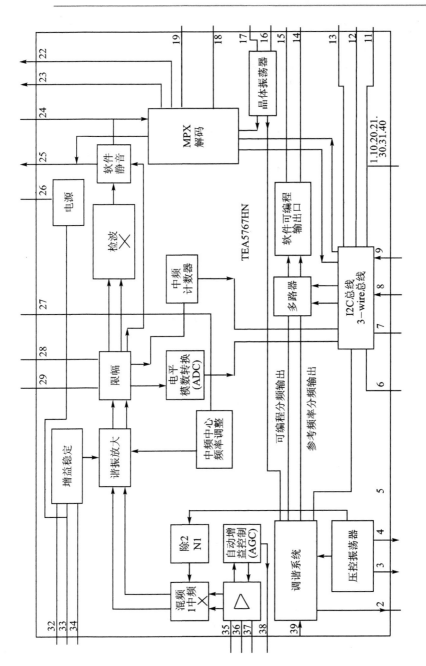

图9.5　TEA5767的内部结构框图

- 参考频率分解给 PLL 合成器；
- 定时中频计数器；
- 免频率调整的立体声解调压控振荡器；
- 中频滤波器的中心频率调整。

（5）PLL 调谐系统：适用于由晶体振荡器产生的或由外部信号源产生的 32.768 kHz 或 13 MHz 参考频率，合成器也可以由引脚 STAL2 引入 6.5 MHz 的信号工作。PLL 调谐系统可实现电台的自动搜索功能。

（6）射频自动增益控制（RC AGC）：可以防止过载和限制由相邻频道强信号的互调干扰。

（7）中频滤波器：完全集成的中频滤波器。

（8）FM 解调器：FM 积分解调器有一个集成的谐振器可实现中频信号的相移。

（9）电平发生器和模数转换器：FM 中频模拟电压可被转换为 4 位数字通过总线输出。

（10）IF 计数器：中频计数器可通过总线输出一个 7 位数据。

（11）软件静音：在低射频输入电平时，低通滤波器电压可驱动衰减器实现软件静音，软件静音功能可通过总线控制。

（12）MPX 解调器：免调整的 PLL 立体声解调器并能通过总线切换到单声道。

（13）由信号决定单声道到立体声混合：随着射频输入信号电平的衰减，MPX 解调器可由立体声转为单声道以减少输出噪声。也可以通过总线编程设定一个射频信号电平开关控制单声道到立体声的转换，立体声噪声切断（SNC）也可以通过总线控制。

（14）信号电平决定音频响应：音频带宽随射频输入电平的衰减而降低，该功能可由总线控制。

（15）软件可编程口：两个开集电极的软件可编程口可通过总线被访问。口 1（引脚 SWPORT1）的功能可由写字节 4 的 bit 0 来改变，这时引脚 SWPORT1 用作读字节 1 的 ready 标志输出。

9.2.4　TEA5767 的总线接口和控制寄存器

TEA5767 的控制字写入以及和外界的数据交换可以通过 I2C 和 3 - wire 两种总线来实现。3 - wire 总线的最大时钟频率可到 1 MHz，I2C 总线的最大时钟频率可到 400 kHz。引脚 BUSMODE 为低时选用 I2C 总线，引脚 BUSMODE 为高时选用 3 - wire 总线。

1. I2C 总线的说明

TEA5767 I2C 总线的地址是 CO，是可收发的从器件结构，无内部地址。最大低电平是 0.2VCCD，最大高电平是 0.45VCCD。

当使用 I2C 总线时，引脚 BUSMODE 必须接地。总线的最大时钟频率是

400 kHz,时钟频率不能高于这个极限。

　　向 TEA5767 写入数据时,地址的最低位是 0,即写地址是 C0。读出数据时地址的最低位是 1,即读地址是 C1。TEA5767 的控制寄存器要写入 5 个字节,每次写入数据时必须严格按照下列顺序进行:

　　地址、字节 1、字节 2、字节 3、字节 4、字节 5。

　　每个字节的最高位首先发送。在时钟的下降沿后写入的数据生效。

　　用 standby 位可使 TEA5767 进入低电流待机模式,此时总线接口仍然在激活状态。当引脚 BUSENABLE 为低时,总线接口停止工作,这样可以减少待机电流,同时不用编程待机模式,芯片内部的工作正常进行,只是总线被单独隔离停止工作。

　　软件可编程输出口 SWPORT1 可以被设置为调谐指示输出,只要芯片还没有完成一个新的调谐过程,它就一直保持低电平。只有当预置一个新的电台或搜索到一个新的电台,或者已经搜索到波段的尽头,它才会变为高电平。

　　当字节 5 的最高位被置 1 时,PLL 合成器的参考频率分频器才会改变,调谐系统使用由引脚 XTAL2 输入的 6.5 MHz 时钟。

　　上电复位后,设置为静音,所有其他位均被置低,必须写入控制字初始化芯片。

　　TEA5767 遵守通用的 I2C 总线通信协议,写模式和读模式分别见表 9.2 和表 9.3。

表 9.2　I2C 写模式

开始	写地址	应答位	数据字节	应答位	停止

表 9.3　I2C 读模式

开始	读地址	应答位	数据字节 1

2. 3 – wire 总线的说明

　　3 – wire 总线包括写/读、时钟和数据 3 根信号线,最大时钟频率为 1 MHz。用 standby 位可使芯片进入低电流待机模式,但此时芯片必须是在写模式,若芯片在读模式,当进入待机模式时,数据线被拉低。和 I2C 总线模式类似,当引脚 BUSENABLE 为低时,可以减少待机电流,同时不用编程待机模式,芯片内部的工作正常进行,但是时钟和数据线被隔离停止工作。

　　数据写入的顺序和 I2C 总线模式完全相同。在 WRITE/READ 引脚的正跳变时数据进入芯片,在时钟的高电平数据必须稳定,只有当时钟为低时,数据才可以改变,当时钟变高时,数据进入芯片。由首两个字组成新的调谐信息被写入后,数据传输可以被停止。

　　引脚 WRITE/READ 为低时,可由芯片读出数据。当时钟为低时,引脚 WRITE/READ 改变,在它的下降沿,第一个字节的最高位出现在数据线上。接着在时钟的下降沿,数据位被依次移位到数据线,然后在正跳变时被读出。为了使两个连续的读写有效,引脚 WRITE/READ 必须在一个时钟周期内被翻转。

当一个搜索请求被设置后,芯片将自动进行搜索,搜索的方向和电平可以选择。当某一个电台的场强等于或大于设定的电平时,芯片停止搜索并且 ready flag 位被置高。在搜索期间,若到达波段尽头,则调谐系统停在波段尽头,并将 band limit flag 置高。这时 ready flag 位也被置高。

软件可编程输出口 SWPORT1 以及外接 6.5 MHz 时钟的用法与 I2C 总线相同。上电后设置为静音,其他位在任意状态,因此也必须写入控制字初始化芯片。

3. 写数据

TEA5767 内部有一个 5 B 的写控制寄存器,在 IC 上电复位后必须通过总线接口向其中写入适当的控制字,它才能够正常工作。写入的数据内容主要是预置或搜索电台的频率数据、立体声/单声道方式选择、自动搜索电台等。写入这些数据就可以收听指定频率的电台或者自动搜索当地可以收到的电台。写入数据的时序如图 9.6 所示。每个数据字节各位的功能含义见表 9.5~表 9.15。

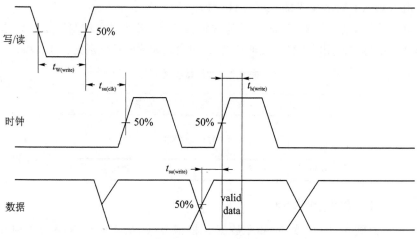

图 9.6 写入数据时序

表 9.4 写模式

数据字节 1	数据字节 2	数据字节 3	数据字节 4	数据字节 5

表 9.5 数据字节 1 的格式

Bit7(MSB)	Bit6	Bit5	Bit4	Bit3	Bit2	Bit1	Bit0(LSB)
MUTE	SM	PLL13	PLL12	PLL11	PLL10	PLL9	PLL8

表 9.6　数据字节 1 各位的说明

位	名　称	说　明
7	MUTE	若 MUTE＝1,左右声道静音;若 MUTE＝0,左右声道非静音
6	SM	搜索模式;若 SM＝1,搜索模式;若 SM＝0,非搜索模式
5～0	PLL(13:8)	预置或搜索电台的频率数据高 6 位

表 9.7　数据字节 2 的格式

Bit7(MSB)	Bit6	Bit5	Bit4	Bit3	Bit2	Bit1	Bit0(LSB)
PLL7	PLL6	PLL5	PLL4	PLL3	PLL2	PLL1	PLL0

表 9.8　数据字节 2 各位的说明

位	名　称	说　明
7～0	PLL[7:0]	预置或搜索电台的频率数据低 8 位

表 9.9　数据字节 3 的格式

Bit7(MSB)	Bit6	Bit5	Bit4	Bit3	Bit2	Bit1	Bit0(LSB)
SUD	SSL1	SSL0	HLSI	MS	ML	MR	SWP1

表 9.10　数据字节 3 各位的说明

位	名　称	说　明
7	SUD	上下搜索:若 SUD＝1,向上搜索;若 SUD＝0,向下搜索
6～5	SSL[1:0]	搜索停止电平;见表 9.11
4	HLSI	高低本振:若 HLSI＝1,高端本振注入;若 HLSI＝0,低端本振注入
3	MS	单声道立体声:若 MS＝1,强制单声道;若 MS＝0,开立体声
2	ML	左静音:若 ML＝1,左声道静音强制单声道; 若 ML＝0,左声道非静音
1	MR	右静音:若 MR＝1,右声道静音强制单声道; 若 MR＝0,右声道非静音
0	SWP1	软件可编程输出口 1:若 SWP1＝1,SWPOR1 为高; 若 SWP1＝0,SWPOR1 为低

表 9.11　搜索停止电平设定

SSL1	SSL0	搜索停止电平
0	0	不搜索
0	1	低电平 ADC output＝5
1	0	中电平 ADC output＝7
1	1	高电平 ADC output＝10

表 9.12　数据字节 4 的格式

Bit7(MSB)	Bit6	Bit5	Bit4	Bit3	Bit2	Bit1	Bit0(LSB)
SWP2	STBY	BL	XTAL	SMUTE	HCC	SNC	SI

表 9.13　数据字节 4 各位的说明

位	名　称	说　明
7	SWP2	软件可编程输出口 2；若 SWP2=1,口 2 为高；若 SWP2=0,口 2 为低
6	STBY	待机；若 STBY=1,待机模式；若 STBY=0,非待机模式
5	BL	波段制式；若 BL=1,日本 FM 波段；若 BL=0,美/欧 FM 波段
4	XTAL	若 XTAL=1,f_{xtal}=32.768 kHz；若 XTAL=0,f_{xtal}=13 MHz
3	SMUTE	软件静音；若 SMUTE=1,软件静音开；若 MUTE=0,软件静音关
2	HCC	高音切割控制；若 HCC=1,高音切割开；若 HCC=0,高音切割关
1	SNC	立体声噪声消除；若 SNC=1,立体声噪声消除开；若 SNC=0,立体声噪声消除关
0	SI	搜索指示；若 SI=1,引脚 SWPORT1 作 ready flag 输出标志；若 SI=0,引脚 SWOPRT1 作软件可编程输出口

表 9.14　数据字节 5 的格式

Bit7(MSB)	Bit6	Bit5	Bit4	Bit3	Bit2	Bit1	Bit0(LSB)
PLLREF	DTC	—	—	—	—	—	—

表 9.15　数据字节 5 各位的说明

位	名　称	说　明
7	PLLREF	若 PLLREF=1,则 6.5 MHz 参考频率 PLL 可用；若 PLLREF=0,则 6.5 MHz 参考频率 PLL 不可用
6	DTC	若 DTC=1,则去加重时间常数为 75 μs；若 DTC=0,则去加重时间常数为 50 μs
5～0	—	没有用

4. 读数据

　　TEA5767 内部还有一个 5 B 的读控制寄存器,读控制寄存器中存有芯片当前工作状态的信息,包括当前的工作频率、立体声/单声道模式等。读出这些数据就可以知道收音机当前的工作状态。读数据的时序如图 9.7 所示。

　　和写数据类似,从 TEA5767 读出数据时,也要按照"地址、字节 1、字节 2、字节 3、字节 4、字节 5"这样的顺序读出,见表 9.16 读模式。读地址是 C1。读控制寄存器每个数据字节各位的功能含义见表 9.17～表 9.26。

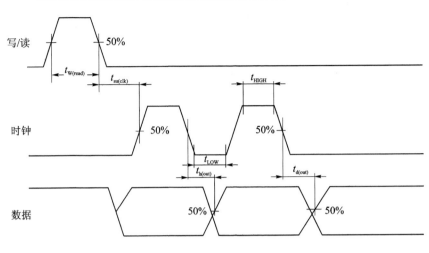

图 9.7　读数据时序

表 9.16　读模式

数据字节 1	数据字节 2	数据字节 3	数据字节 4	数据字节 5

表 9.17　字节 1 的格式

Bit7(MSB)	Bit6	Bit5	Bit4	Bit3	Bit2	Bit1	Bit0(LSB)
RF	BLF	PLL13	PLL12	PLL11	PLL10	PLL9	PLL8

表 9.18　字节 1 的说明

位	名　称	说　明
7	RF	Ready 标志:若 RF＝1,则发现了一个电台或搜索到头;若 RF＝0,未找到电台
6	BLF	波段到头标志:若 BLF＝1,搜索到头;若 BLF＝0,未搜索到头
5～0	PLL[13:8]	搜索或预置的电台频率值的高 6 位(需换算)

表 9.19　字节 2 的格式

Bit7(MSB)	Bit6	Bit5	Bit4	Bit3	Bit2	Bit1	Bit0(LSB)
PLL7	PLL6	PLL5	PLL4	PLL3	PLL2	PLL1	PLL0

表 9.20　字节 2 的说明

位	名　称	说　明
7～0	PLL[7:0]	搜索或预置的电台频率值的低 8 位(需换算)

表 9. 21　字节 3 的格式

Bit7(MSB)	Bit6	Bit5	Bit4	Bit3	Bit2	Bit1	Bit0(LSB)
STEREO	IF6	IF5	IF4	IF3	IF2	IF1	IF0

表 9. 22　字节 3 的说明

位	名　称	说　明
7	STEREO	立体声标志;若 STEREO=1,为立体声;若 STEREO=0,为单声道
6~0	PLL[13:8]	中频计数结果

表 9. 23　字节 4 的格式

Bit7(MSB)	Bit6	Bit5	Bit4	Bit3	Bit2	Bit1	Bit0(LSB)
LEV3	LEV2	LEV1	LEV0	CI3	CI2	CI1	0

表 9. 24　字节 4 的说明

位	名　称	说　明
7~4	LEV[3:0]	信号电平 ADC 输出
3~1	CI[3:1]	芯片标记;这些位必须设置为 0
0	—	该位为 0

表 9. 25　字节 5 的格式

Bit7(MSB)	Bit6	Bit5	Bit4	Bit3	Bit2	Bit1	Bit0(LSB)
0	0	0	0	0	0	0	0

表 9. 26　字节 5 的说明

位	名　称	说　明
7~0	—	供以后备用的字节;设置为 0

9.2.5　TEA5767 的典型应用电路

TEA5767 外围只需要很少的一些分立元件就可以组成一个完整的 FM 收音电路,图 9.8 是它的典型应用电路。这些外围电路主要可分为 6 个部分:

1. 电源及去耦电路

TEA5767 一般用于采用电池供电的便携式数码产品中,典型供电电压为 3 V,这里采用的是 3 V 稳压电源,因此要加强滤波,以免引起不必要的干扰。

2. 天线输入回路

天线感应的信号经电容 C1 耦合到由 L1、C2 和 C4 组成的带通滤波器,再进入芯片内的低噪声高频放大器进行放大等一系列处理。

MSP430超低功耗16位单片机开发实例

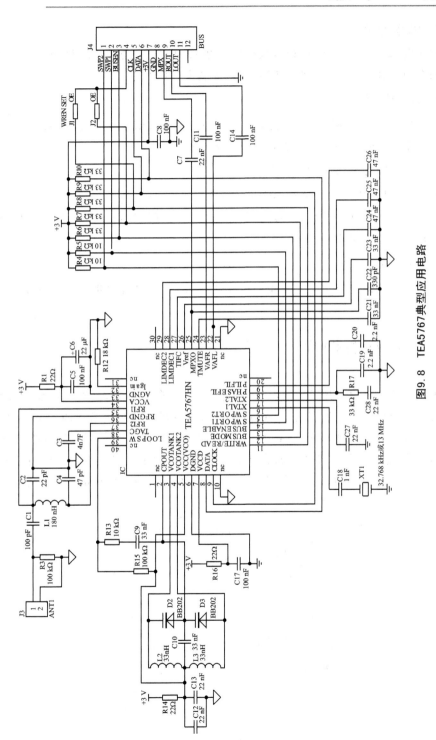

图9.8　TEA5767典型应用电路

257

3．调谐电路

调谐电路由 L2、L3、C10 和两只变容二极管 BB202 组成,这两只变容二极管是飞利浦专门设计的,用于该芯片调谐系统,性能十分良好。

4．晶振振荡器

采用∅1×5 mm 超小型的 32.768 kHz 时钟晶体,用于参考频率振荡器。这种晶振体积小、价格低,完全可以满足收音机的需要。

5．芯片控制和总线接口电路

总线控制用 BUSMODE 和 BUSEN 两根线,用于 I2C 和 3 - wire 总线的 3 根信号线 DATA、CLK 和 W/R,另外还有供用户使用的可编程口 SWP1 和 SWP2,这些都可以根据需要引出供用户选用。

6．立体声音频输出

左右声道立体声音频信号输出通过 100 nF 的耦合电容输出到音频功率放大器放大。

9.3　FM 收音模块

很多厂商都推出了用 TEA5767HN 制作的 FM 收音模块,这种模块采用微型贴片元件,体积很小,最小的只有 10 mm×10 mm。这种模块只把常用的几个引脚引出来,供用户嵌入到自己的数码产品中,电路采用飞利浦推荐的典型应用电路,外围没有任何需要调整的元件,使用非常方便。目前带有 FM 收音功能的数码产品像手机、MP3 等内部基本上都使用这种模块,图 9.9 是各种型号收音模块的实物照片。

TJ–102BC型

NOCOO–102B/C型

FM_410B

PL_102BC型

图 9.9　各种 FM 收音模块

这种模块一般根据需要只引出必须使用的很少几根线。不同型号的模块引出的线也不完全相同。除了正负电源、天线和左右声道音频输出是必须引出的端子以外，根据控制方式的不同，芯片控制和总线接口电路的端子会有不同的选择。对于使用 3 - wire 总线方式的模块来说，3 根信号线 DATA、CLK 和 W/R 都必须有，但是 I2C 总线就不需要 W/R 线。FM 收音机使用的是一种型号为 PL - 102BC 的模块。PL - 102BC 模块的引脚接线如图 9.10 所示，两种总线方式都可以使用。

图 9.10　PL - 102BC 收音模块的引脚图

9.4　用 MSP430 单片机和 FM 收音模块做的收音机

用一片 MSP430 单片机控制一片收音模块加上电源就可以做成一个很好的自动调谐 FM 收音机。如果加上数码显示器还可以显示当前电台的频率。

9.4.1　收音机硬件电路的说明

用 FM 收音模块和单片机很容易做成一个实用的调频收音机。可以用 3 V 稳压电源，也可以用两节 1.5 V 电池供电。输出的音频信号无需功放，插上耳机就可以收听。也可以送到有源计算机音箱收听。图 9.11 是收音机的实物照片。

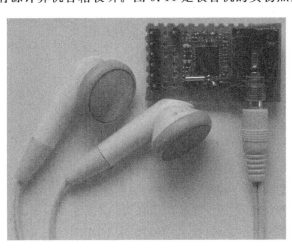

图 9.11　实物照片

用开发板上的 MSP430F1611 单片机控制收音模块的工作，收音模块有正、负电源线，DATA 和 CLOCK 共 4 根线和开发板相连，DATA 和 CLOCK 两根信号线接

259

到单片机的任意两个 I/O 端口,单片机就可以控制收音机工作。图 9.12 是收音机的电原理图。

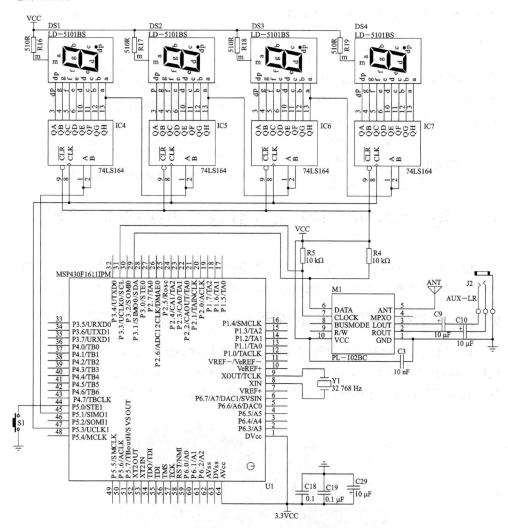

图 9.12　FM 收音机电原理图

　　按钮 S1 用于控制电台自动搜索,按下 S1 按钮后,程序就从波段的低端 88 MHz 开始搜索,一旦发现在某个位置收到的信号强度达到了搜索控制字中所设定的电平值,搜索就停止在该位置,如果此频点有电台,立即就能听到电台的播音。再按一下按钮,程序就会接着往上搜索,当搜索到波段的尽头时,红色 LED 灯会亮,这时再按搜索按钮,程序就会自动反转方向从最高端往下搜索,同样地一直搜索到波段的低端时也会自动停下来,红色 LED 灯亮,表明已搜到波段低端,这时再按搜索按钮,又会翻转方向搜索,周而复始。表 9.11 中搜索停止电平有高、中、低 3 种,根据设定的不同,能搜索到的电台的多少也不相同。搜索到的电台频率可以在 4 位 LED 数码管上显示,显示的格式为:XXX.X,单位是 MHz。

9.4.2　收音机的编程

　　单片机的程序就是按照上面所述功能编写的,这里只给出了一个基本功能的示范程序,读者可以在此基础上编写功能更多的不同程序。但是这个程序已经包括了实现收音功能的几个关键方面,主要有以下 3 点:

- 根据已知电台频率,换算出 PLL 控制字,写入 TEA5767 直接接收该电台信号。
- 设定搜索信号停止电平和搜索方向,写入控制字自动搜索未知电台。
- 读出接收到的电台频率 PLL 控制字,换算成实际电台频率在 LED 数码管上显示。

下面分别就上述 3 个方面详细加以说明:

1. 根据已知电台频率,换算出 PLL 控制字,写入 TEA5767 直接接收该电台信号

　　如果已知一个调频广播电台的频率,就可以把这个频率值写入 TEA5767,让调谐系统直接调谐到这个频率位置,接收这个台的信号。频率值是通过控制字的第 1、2 个字节写入的,第一个字节的 Bit5～Bit0 共 6 位加上第二个字节的 8 位,一共 14 位的二进制数组成了内部 PLL 合成器的控制字(PLL word),电台的频率值需经过公式计算才能得到这个二进制数。

　　在给出计算公式之前,先要了解一下高本振注入(HIGH side LO injection)和低本振注入(LOW side LO injection)的概念。读者知道在 FM 接收机内有一个本机振荡器,它的作用是与接收到的外来信号通过混频器产生中频信号 f_i。当接收到的信号频率 f_s 确定后,有两个本机振荡频率都可以满足产生固定中频的要求,即本振频率高出一个中频,或者本振频率低出一个中频,若本振频率高出一个中频,则称之为高本振注入 f_{hl}。这时:

$$中频 f_i = 高本振 f_{hl} - 信号 f_s$$

若本振频率低出一个中频,称之为低本振注入 f_{ll}。这时:

$$中频 f_i = 信号 f_s - 低本振 f_{ll}$$

写入 TEA5767 控制寄存器的第 3 个字节的 Bit4 HLSI 就是用来设定高、低本振的。当 HLSI=1 时,为高本振,当 HLSI=0 时,为低本振。

PLL 控制字(PLL word)可由下列公式计算:

$$N_{DEC} = \frac{4 \times (F_{RF} \pm F_{if})}{F_{REFS}}$$

当采用高本振(HILO = 1)时,上面公式分子中括号内的两个值相加,当采用低本振(HILO = 0)时,公式分子中括号内的两个值相减。公式中字符的意义如下:

　　(1) N_{DEC} = PLL word 的十进制值(公式算出的值是十进制值,还需要转换成二进制值);

（2）F_{RF}＝想要接收的电台频率［Hz］；

（3）F_{if}＝中频频率［Hz］；

（4）F_{REFS}＝参考频率［Hz］。

TEA5767 的中频 F_{if} 固定为 225 kHz，参考频率 F_{REFS} 与使用的晶振有关，具体数值见表 9.27。

表 9.27　参考频率

XTAL	PLL REF	参考频率/Hz	振荡频率
0	0	5 000	13 MHz
0	1	5 000	6.5 MHz
1	0	32 768	32.768 kHz
1	1	32 768	32.768 kHz

表中的 XTAL 是控制字的第 4 个字节的 Bit4，PLL REF 是读出的第 5 个字节的 Bit7。

下面是用来计算 PLL 控制字的 C 语言程序：

```
static void AssembleFrequencyWord(void)
{
    UINT16 twPLL = 0;                          //Dec
    UINT32 tdwPresetVCO    = gdwPresetVCO;      // kHz
    BYTE tbTmp1;
    BYTE tbTmp2;

    根据给定的 BCD 计算频率控制字
    // calculate frequency dataword bits from given station frequency BCD:
    if(FlagHighInjection)
        twPLL = (unsigned int)((float)((tdwPresetVCO + 225) * 4)/(float)REFERENCE_FREQ);
    else
        twPLL = (unsigned int)((float)((tdwPresetVCO - 225) * 4)/(float)REFERENCE_FREQ);
    //convert word to byte f.
    tbTmp1 = (unsigned char)(twPLL % 256);      //6 789 = 0x1A85 -- >133 = 0x85
    tbTmp2 = (unsigned char)(twPLL/256);        //                 -- >26 = 0x1A

    WriteDataWord[0] = tbTmp2;                   //high block
    WriteDataWord[1] = tbTmp1;
}
```

其中频率的单位均为 kHz，计算的结果是 2 字节的二进制数。

表 9.28 给出了西安地区调频台的计算数据。表中的计算值采用的参考频率均为 32 768 Hz，低本振。

表 9.28　西安地区调频台频率表

电　台	FM	PLL word 二进制	PLL word 十进制
低端	88.0	29DA	10 714
陕西经济	89.6	2A9E	10 910
陕西交通	91.6	2B92	11 154
西安音乐	93.1	2C49	11 337
中央音乐	95.5	2D6E	11 630
中国之声	96.4	2DDC	11 740
咸阳	96.6	2DF4	11 764
陕西音乐	98.8	2E0D	11 789
咸阳	100.7	2FE9	12 265
陕西都市	101.8	306F	12 399
西安新闻	102.1	3094	12 437
中国经济之声	103	3102	12 546
西安交通旅游	104.3	31A0	12 704
陕西少儿	105.5	3233	12 851
西安资讯	106.1	327C	12 924
陕西新闻	106.6	32B9	12 985
高端	108.0	3364	13 156

根据上面的算法,以 FM89.6 的陕西经济台为例,它的 PLL word 为 2A9EH,第一个字节的 Bit7＝0 非静音,Bit6＝0 不搜索,第三个字节的 Bit4＝0 低本振,第四个字节的 Bit5＝0 欧美制式,Bit4＝1 用 32 768 Hz 晶振,其余位的设置无所谓,可任意。如表 9.29～表 9.33 所列为字节 1～字节 5 的具体值。

表 9.29　字节 1:0x2A

BIT7(MSB)	BIT6	BIT5	BIT4	BIT3	BIT2	BIT1	BIT0(LSB)
MUTE	SM	PLL13	PLL12	PLL11	PLL10	PLL9	PLL8
0	0	1	0	1	0	1	0
非静音	非搜索	2		A			

表 9.30　字节 2:0x9E

BIT7(MSB)	BIT6	BIT5	BIT4	BIT3	BIT2	BIT1	BIT0(LSB)
PLL7	PLL6	PLL5	PLL4	PLL3	PLL2	PLL1	PLL0
1	0	0	1	1	1	1	0
9				E			

表 9.31　字节 3：0xC0

BIT7(MSB)	BIT6	BIT5	BIT4	BIT3	BIT2	BIT1	BIT0(LSB)
SUD	SSL1	SSL0	HLSI	MS	ML	MR	SWP1
1	1	0	0	0	0	0	0
向上搜索	搜索停止中电平		低本振	立体声	非静音		任意(不用)

表 9.32　字节 4：0x17

BIT7(MSB)	BIT6	BIT5	BIT4	BIT3	BIT2	BIT1	BIT0(LSB)
SWP2	STBY	BL	XTAL	SMUTE	HCC	SNC	SI
0	0	0	1	0	1	1	1
任意(不用)	非待机	欧美	32 768 Hz	非软件静音	高音切割	除噪声	SWP1＝RF

表 9.33　字节 5：0x00

BIT7(MSB)	BIT6	BIT5	BIT4	BIT3	BIT2	BIT1	BIT0(LSB)
PLLREF	DTC	—	—	—	—	—	—
0	0	0	0	0	0	0	0
不用 6.5 MHz	50 μs						

　　据此给出的 5 个控制字是：0x2A,0x9E,0xC0,0x17,0x00,把这 5 个控制字通过 I2C 总线写入 TEA5767 收音模块,收音机就可以收到 89.6 MHz 的陕西经济台。

2. 设定搜索信号停止电平和搜索方向,写入控制字自动搜索未知电台

　　从波段的低端 88 MHz 开始搜索,88 MHz 的 PLL 控制字是 29DA,设定第一个字节 Bit7＝1 静音、Bit6＝1 搜索,字节 3 的 Bit7＝1 为向上搜索,Bit6＝1、Bit5＝0 设定搜索停止为中电平,Bit3＝1 非立体声。其他设置不变和前面的相同,低本振、欧美制式、32 768 Hz 晶振等。由此给出的搜索控制字是：0xE9,0xDA,0xC8,0x17,0x00,把它写入 TEA5767 就会从波段低端开始搜索,当搜索停止后,再置第一个字节的 Bit7＝0 静音,若有电台就能听到声音。这里最低端的电台就是上面所说的 89.6 MHz 的陕西经济台,首先搜到的就是它。

　　要注意的是再按搜索按钮的时候,程序会将当前停止位置的频率增加 100 kHz,然后继续搜索,否则容易出现又搜到前面这个电台的结果。在从高端向下搜索时则是减去 100 kHz。

　　程序中设置了 3 个标识来检查搜索的过程：

　　a) 搜到电台标志 RF,它是读出字节 1 的 Bit7,当 RF＝1 时搜到电台。

　　b) 到达波段尽头标志 BLF,是字节 1 的 Bit6,当 BLF＝1 搜索到头。

　　c) 立体声标志 STEREO,是字节 3 的 Bit7,当 STEREO＝1 时收到的是立体声。

搜索控制字写入后,不可能马上搜到电台,需要过一段时间,这时可以反复读取控制字来检查 RF 标志,若 RF＝1,说明已经收到信号。接着再看 STEREO,若为 1 是立体声信号,这时可在写入的控制字中打开立体声(字节 3 Bit3＝0)和禁止静音(字节 1 Bit7＝0),就可以听到立体声广播。

最后要检查一下 BLF 标志,若为 1 说明已搜索到波段尽头,这时要把搜索的起始位置设为波段的最高端 108 MHz,同时将搜索方向设为向下搜索,108 MHz 频点的 PLL word 是 3364H,向下搜索是置字节 3 的 Bit7＝0,据此设置的搜索控制字应该是:0xF3,0x64,0x48,0x17,0x00,

把它们写入芯片,然后等待搜索按钮按下后,程序就会从波段最高端开始向下搜索,检查的情况和向上搜索是类似的,只是每次要在当前频率减去 100 kHz。

3. 读出接收到的电台频率 PLL 控制字,换算成实际电台频率在 LED 数码管上显示

当搜索到一个电台之后,很想知道该电台的频率,并在数码管上显示出来。只要读出 TEA5767 芯片寄存器中的 5 个字节,就可以获得包括电台频率在内的所有信息。前两个字节就是电台频率的 PLL word,它是一个二进制数,但是这个数还不是实际的电台频率值,需要经过换算才能求得频率值。计算公式如下:

$$F_{RF} = \frac{(N_{DEC} \times F_{REFS})}{4} \pm Fi_f$$

公式中字符的意义如下:

F_{RF}＝收到的电台频率[Hz];

N_{DEC}＝ PLL word 的十进制值;

F_{if}＝中频频率[Hz];

F_{REFS}＝参考频率[Hz}。

当采用高本振(HILO＝1)时,公式中是减去中频频率 F_{if},当采用低本振(HILO＝0)时,公式中加上中频频率 F_{if}。

这里使用的参考频率是 32 768 Hz,低本振,因此计算公式可简化为:

$$F_{RF} = N_{DEC} \times 8.192 + 225$$

下面给出用 C 语言写的程序:

首先在搜索函数中读出读寄存器 5B 控制字,由前两个字节计算出频率控制字 pll:

```
//由搜索读出的前两个字节中求出频率控制字 pll

    Read_nB (fm_rd,5);      //读出读寄存器 5B 控制字
    pll = fm_rd[0]&0x3F;    //由前两个字节计算出频率控制字 pll
    pll<< = 8;
    pll = pll + fm_rd[1];
```

然后用计算频率函数 uint pll_fr(uint pll)根据上面的频率控制字 pll 计算出实

际的工作频率：

```
//由频率控制字 pll 计算实际频率,单位为 100 kHz
uint pll_fr(uint pll)
{
    uint fr;
    long fg;
    //由频率控制字 pll 计算实际频率,单位为 100 kHz
    fg = (long)((float)(pll) * (float)8.192 + 225);      //频率单位:kHz
    fr = fg/100;                                          //频率单位改为 100 kHz
    return fr;
}
```

全部程序包括主函数和 6 个子函数(I2C 总线操作子程序包除外),子函数的名称及其功能在表 9.34 中列出。自动搜索是关键的子函数,主函数和自动搜索函数的流程框图见图 9.13。

表 9.34　函数列表

序　号	名　　称	功　　能
1	uint pll_fr(uint pll)	由 pll 计算频率
2	void fr_disp(uint frx)	频率写入显示缓存显示
3	void send_s(uchar mess)	数据送 LED 显示
4	void display(uchar idata * p)	显示子程序
5	void DelayMs(uint n)	延时 n ms
6	void search(bit dr)	自动搜索

例 9.1 是用 C 语言写的全部程序,I2C 总线操作子程序在第 4 章已经讲过,这里不再重复。

【例 9.1】　FM 收音机

```
#include <msp430x16x.h>
#include "IIC.h"

//IN
#define S1 BIT0//P5.0                //搜索键
#define S1_val P5IN & S1             //读 S1 的位值
//OUT
#define BEP BIT2                     //P1.2   //BEEP
#define LEDR BIT0;                   //P2.0 red LED  搜到头
#define BEP_on P1OUT |= BEP          //BEP = 1
#define BEP_off P1OUT &= ~ BEP       //BEP = 0
```

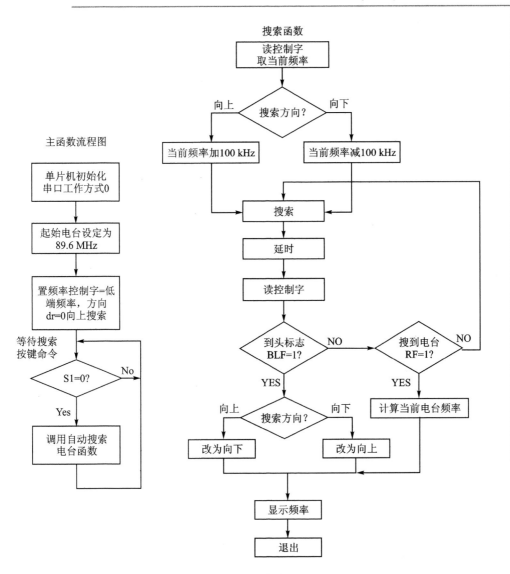

图 9.13　主程序流程图

```
#define LEDR_1 P2OUT | = LEDR        //LEDR = 1
#define LEDR_0 P2OUT & = ~ LEDR      //LEDR = 0
#define LEDG_1 P2OUT | = LEDG        //LEDG = 1
#define LEDG_0 P2OUT & = ~ LEDG      //LEDG = 0

uchar fm_wr[5] = {0x2A,0x9E,0x00,0x17,0x00};
//static char fm_rd[5];
uchar dis_buf[4];                    //显示数据缓存
uchar direct = 0;                    //搜索方向 direct = 0 频率增大；= 1:频率减小
//--------------------------------------------------------
```

```
uint pll_fr(uint pll);              //由 pll 计算频率
void fr_disp(uint frx);             //频率写入显示缓存显示
void send_s(uchar mess);            //数据发串口显示
void display(uchar * p);            //显示子程序
void DelayMs(uint n);               //延时 n ms
void search(uchar dr);              //搜索电台
//-------------------------------------------------
void DelayMs(uint ms)
{
    uint i;
    while(ms -- ){
    for(i = 0; i<100;i ++ );
    }
}
//----------------------------
void display(uchar * p)
{
  const char table[23] = {0xC0,0xF9,0xA4,0xB0,0x99,0x92,0x82,0xF8,0x80,0x90,
          0x88,0x83,0xC6,0xA1,0x86,0x8E,0x8C,0xC1,0x89,0xC7,0x91,0xBF,0xFF};
    char i,seg;
    for(i = 0;i<4;i ++ )
    {
      seg = table[ * p];                //segement code
      if(i == 1)
      {
          seg& = ~BIT7;                 //加小数点
      }
      while (! (IFG2 & UTXIFG1));        // USART1 TX buffer ready?
      U1TXBUF = seg;
      p ++ ;
    }
}
//-----------------------------------
//初始化 msp430 port
void Init_Port(void)
{
  //BCSCTL1 = XT2OFF;                   //XT2 关闭 LFXT1 低频模式 无需此项
  P1DIR = BEP;                          //P1.2 输出
  P2DIR = 0xFF;                         //P2.0,P2.7 输出
  P3DIR = SDA + SCL;                    //P3.1,P3.3 输出
  P5DIR & = ~S1;                        //S1 为输入模式
```

```
}
//------------------------------------------------
//USART1 的时钟是 DCO,CLK = SMCLK = DOC = 800 kHz,不能用 32 768 Hz
void Init_USART1(void)
{
ME2 | = USPIE1;                              // USART1 使用 SPI 模式
  U1CTL | = CHAR + SYNC + MM;                 // 8 位 SPI 主机方式
  U1TCTL | = CKPH + SSEL1 + SSEL0 + STC;      // 时钟为 SMCLK,3 引脚模式
  U1BR0 = 0x02;                               // UCLK 时钟 2 分频
  U1BR1 = 0x00;
  U1MCTL = 0x00;                              // 不用调制
  U1CTL & = ~SWRST;                           // 初始化 USART
  P5SEL | = 0x0E;                             // SPI 使用 P5.1~3 端口引脚
}
//------------------------------------------------
void fr_disp(uint frx)                        //显示频率写入显示缓存
{
    dis_buf[3] = frx/1000;                    //千位
    dis_buf[2] = (frx % 1000)/100;            //百位
    dis_buf[1] = (frx % 100)/10;              //十位
    dis_buf[0] = frx % 10;                    //个位
    display(dis_buf);
}
//------------------------------------------------
//由频率控制字 pll 计算实际频率,单位为 100 kHz
uint pll_fr(uint pll)
{
    uint fr;
    long fg;
    //由频率控制字 pll 计算实际频率,单位为 100 kHz
    fg = (long)((float)(pll) * (float)8.192 + 225);  //频率单位:kHz
    fr = fg/100;                              //频率单位改为 100 kHz
    return fr;
}
//------------------------------------------------
void search(uchar dr)                         //搜索电台
{
    uint pll,fx;
        uchar RF = 0;
        uchar BLF = 0;                        //到头
```

```
        static char fm_rd[5] = {0,0,0,0,0};

        Read_nB (fm_rd,5);
        pll = fm_rd[0]&0x3F;
    pll<< = 8;
    pll = pll + fm_rd[1];

    if(dr)                              //dr = 1 向下减小
    {
        pll = pll - 12;                 //dr = 1 频率减少搜索,减 100 kHz
                                        //SUD = 0 向下;搜索停止电平:中;低本振

        fm_wr[2] = 0x40;
    }
    else                                //dr = 0 向上增大
    {
        pll = pll + 12;                 //dr = 0 频率增加搜索,加 100 kHz
                                        //SUD = 1 向上;搜索停止电平:中;低本振

        fm_wr[2] = 0xC0;
    }
    fm_wr[0] = pll/256 + 0x40;          //Bit7 = 0,Bit6 = 1 搜索
    fm_wr[1] = pll % 256;
    fm_wr[3] = 0x17;
    fm_wr[4] = 0x00;

    Write_nB(fm_wr,5);                  //写入搜索控制字进行搜索
    DelayMs(500);
        //fm_rd5();
        do
        {
            Read_nB (fm_rd,5);
            RF  =  fm_rd[0] & 0x80;
            BLF  =  fm_rd[0] & 0x40 ;    //到头
        }while (RF = = 0&&BLF = = 0);

        pll = fm_rd[0]&0x3F;            //取出频率控制字 pll
    pll<< = 8;
    pll = pll + fm_rd[1];

        fx = pll_fr(pll);              //由频率控制字 pll 计算频率
    if(BLF)                            //BLF = 1
        {
            LEDR_0;                    //红 LED:到头灯亮
            if(direct)
```

```
        {
            fx = 875;                      //显示 88 MHz
    //从 87.5 MHz(299EH)开始向上搜索,0xC8 向上低本振
    //uchar fm_wr[5] = {0xE9,0x9E,0xC8,0x17,0x00};
            fm_rd[0] = 0xE9;
            fm_rd[1] = 0x9E;
            direct = 0;                    //向上搜索
        }
        else
        {
            fx = 1080;                     //显示 108 MHz
    //从 108MHz(3364H)开始向下搜索,0x48 向下低本振
    //uchar fm_wr[5] = {0xF3,0x64,0x48,0x17,0x00};
            fm_rd[0] = 0xF3;
            fm_rd[1] = 0x64;
            direct = 1;                    //向下搜索
        }

    }
    fr_disp(fx);
}
// *****************************************************/
void main(void)
{
    char key;
    WDTCTL = WDTPW + WDTHOLD;              //关闭看门狗
    Init_Port();
    Init_USART1();
    _DINT();                              //关闭中断
    LEDR_0;                               // red LED:到头灯亮
    BEP_on;                               //蜂鸣响
    DelayMs(100);
    LEDR_1;                               // red LED:到头灯灭
    BEP_off;                              //蜂鸣关
    DelayMs(100);                         //上电延时等待
    uchar fm_wr[5] = {0x2A,0x9E,0x00,0x17,0x00};
    //开始直接指向 89.6 MHz
    Write_nB(fm_wr,5);
    fr_disp(896);                         //LED 显示 89.6 MHz

    while(1)
```

```
    {
        key = (P5IN & BIT0);              //自动搜索按钮
      if(key = = 0)
    {
        DelayMs(10);
                  key = (P5IN & BIT0);
        if(key = = 0)
        {
            BEP_on;                   //蜂鸣响
            DelayMs(100);
            BEP_off;                  //蜂鸣关

            LEDR_1;                   //红 LED:到头灯灭
            search(direct);          //自动搜索函数
        }
    }
    }
    }
```

第 **10** 章

智能无线测温网络

  微功率短距离无线通信技术近几年来得到了迅速的发展,很多厂商推出了各种专用的单芯片射频收发器,加上微控制器和少量外围器件就可以构成专用或通用的无线通信模块,通常射频芯片采用 GFSK(高斯频移键控)调制方式,工作于 ISM(工业、科学、医疗)频段,通信模块包含简单透明的数据传输协议或使用简单的加密协议,用户不必对无线通信原理和工作机制有较深的了解,只要依据命令字进行操作即可实现基本的数据无线传输功能,因其功率小、开发简单快速而在工业、民用等领域得到了广泛的应用。

  本章介绍一套使用 MSP430F2013 单片机等器件组成的智能无线测温网络系统。图 10.1 为系统工作原理框图。系统包括若干个分布在监控区域的无线测温模块和一台区域无线数据接收站以及计算机控制中心。系统具有以下特点:

  (1) 无线数据传输,无需连接导线:无线测温模块贴附在需要监控温度的设备表面,连续不断地测试设备的温度,并定时将温度数据通过无线电波传输到区域数据接收站,无需连接任何导线,这样可以使测温模块在那些不便连接测试导线的高压或危险的设备上工作。

  (2) 无线测温网络可以同时监测几十台设备:每一个无线测温模块都有唯一的地址编码,一个区域数据接收站可以接收几十个测温模块的数据,组成一个网络,对区域内的一批设备进行监测。区域接收站最后通过 RS-485 总线把所有数据传输到控制中心供记录分析。

  (3) 实时连续测温,超温即时报警:测温模块每秒钟都在不断地检测温度,并具有超温即时报警功能,当被测设备的温度超过预先设定的温度时,测温模块会立即发送报警信号,通知控制中心的工作人员及时处理,保证了设备的安全。

  (4) 超低功耗:模块中的所有集成电路均采用了最新的超低功耗器件,同时通过软件的精心控制,使模块的平均待机电流小于 10 μA。使用一块纽扣电池就可以连续工作几年,无需频繁的更换电池,非常适合那些不能经常停机的设备使用。

  (5) 体积小、外形坚固:测温模块外形尺寸 30 mm×25 mm×25 mm(不包括天线),重量仅为 43 g,便于安装在被测设备表面。金属外壳、全密封,适合在恶劣的环境下工作。为了便于读者学习和理解,下面介绍的系统只包括一只测温模块、一个区域接收站和上位机。

MSP430超低功耗16位单片机开发实例

无线测温模块

区域无线接收站

RS-485总线

图 10.1　系统工作原理框图

10.1　无线数传模块 RFM12B

　　RFM12B 是深圳华普公司(HOPE)一款廉价高性能的 FSK 收发一体的无线数传模块,其核心电路采用的是带锁相环(PLL)技术的 RF12 射频收发芯片,可工作在433/868/915 MHz,无需注册的工业科学频段,并符合 FCC 和 ETSI 要求。它提供一个 SPI 接口,可由单片机通过软件设置各种射频参数和其他辅助功能。一对RFM12B 可组成一套完整的无线数据收发系统,在无需外加功放电路的情况下,通信距离可达到 200 m 以上。

　　特点如下:

- 成本低,性价比高。
- 生产免调试。
- 采用 PLL 和零中频技术。
- 锁相时间快。
- 高分辨率的 PLL,频率间隔最小 2.5 kHz。
- 高数据传输率(使用内部数据滤波器最高 115.2 kbps)。
- 直接差分天线输入/输出。
- 天线阻抗自动调谐。
- 可编程发射频偏(15～240 kHz,15 kHz 间隔)。

274

- 可编程接收带宽(67~400 kHz)。
- 模拟和数字接收信号强度指示(ARSSI/DRSSI)。
- 自动频率控制(AFC)。
- 数据质量检测(DQD)。
- 内部数据过滤。
- 接收同步 pattern 硬件识别。
- SPI 控制接口。
- 可为 MCU 提供时钟和复位信号。
- 16 位接收数据寄存器(先入先出队列)。
- 两个 8 位发射数据寄存器。
- 标准 10 MHz 晶振。
- 唤醒定时器。
- 2.2~3.6V 电源（MAX＝6 V）。
- 低功耗。
- 低静态电流(0.3 μA)。

10.1.1　RFM12B 的封装引脚

RFM12B 数传模块有 DIP 和 SMD 两种封装，它们的实物照片如图 10.2 所示。DIP 封装的型号为 RFM12B－D，是 12 引脚；SMD 封装的型号为 RFM12B－S1，是 14 引脚。SMD 封装的引脚排列如图 10.3 所示，引脚功能如表 10.1 所示。

图 10.2　RFM12B－S1 数传模块

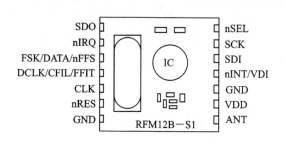

图 10.3　RFM12B‐S1 引脚图

表 10.1　RFM12B‐S1 的引脚功能

序　号	名　称	引脚类型	引脚功能说明
1	SDO	SPI 接口	SPI 数据输出
2	nIRQ	DO	中断请求输出(低有效)
3	FSK/DATA/nFFS	DI/DO/DI	发射 FSK 数据输入/接收数据输出(FIFO 不用)/FIFO 选择
4	DCLK/CFIL/FFIT	DO/AIO/DO	时钟输出(非 FIFO)/外部滤波器电容(模拟方式)/FIFO 中断(低有效)当 FIFO 置 1 时,FIFO 存储器空中断产生
5	CLK	DO	供外部微处理器的时钟信号输出
6	nRES	DIO	复位输出(低有效)
7	GND	电源	电源地
8	ANT	模拟信号输入	天线
9	VDD	电源	正电源
10	GND	电源	电源地
11	nINT/VDI	DI/DO	中断输入(低有效)/有效数据显示器
12	SDI	SPI 接口	SPI 数据输入
13	SCK	SPI 接口	SPI 时钟输入
14	nSEL	SPI 接口	片选(低有效)

10.1.2　RFM12B 内部寄存器和 SPI 接口

1. RFM12B 内部寄存器

RFM12B 内部寄存器主要有若干个配置寄存器用来配置它的工作频率和工作模式等。另外有两个 8 位宽的 TX 数据寄存器,用于存储要发送的数据。一个 FIFO(先进先出)寄存器用于存入收到的数据。一个状态寄存器用于指示它的工作状态。

2. SPI 接口

RFM12B 数传模块中有一个 SPI 接口,该接口在系统中是作为 SPI 接口的从机使用的,用一个单片机在主机模式下工作,单片机可以通过 SPI 接口控制 RFM12B 数传模块的工作。RFM12B 的 SPI 接口和主机 SPI 接口的对应关系见表 10.2。

表 10.2　RFM12B 的 SPI 接口引脚和主机的对应关系

SPI 主机接口	SCK	MISO	MOSI	SS
RFM12B 引脚名称	SCK	SDO	SDI	nSEL

主控单片机通过 RFM12B 的 SPI 接口可以实现下列功能:

- 向 RFM12B 内部的寄存器发送初始化命令。
- 向 RFM12B 中的发送寄存器写入要发送的数据。
- 从 RFM12B 中的 FIFO 寄存器中读出收到的数据。

3. RFM12B 模块 SPI 接口的编程

MSP430 系列单片机内部有模块可以工作在 SPI 模式,这里没有使用这种模式,而是采用了 MSP430F2013 单片机的普通 P1 端口的 4 只引脚模拟 SPI 接口,用它的 P1.5 模拟 SPI 的 SCK 时钟输出,P1.6 模拟 SPI 的数据输出端(MISO),P1.7 模拟数据输入端(MOSI), P1.4 模拟 SPI 的从机选择端。下面的 WriteCMD(uint CMD) 函数可以实现由 MSP430F2013 单片机向 RFM12B 写入一字节的数据。

```
//RFM12B
#define SDO BIT7
#define SDI BIT6
#define SCK BIT5
#define nSEL BIT4                //片选
//-------------------------
void Write0(void)
{
    P1OUT &= ~SDI;              //SDI = 0
    P1OUT &= ~SCK;              //SCK = 0
    _NOP();
    P1OUT |= SCK;               //SCK = 1
    _NOP();
}
//-------------------------
void Write1(void)
{
    P1OUT |= SDI;               //SDI = 1;
    P1OUT &= ~SCK;              //SCK = 0
```

```
    _NOP();
    P1OUT |= SCK;                //SCK = 1
    _NOP();
}
//----------------------------
void WriteCMD(uint CMD)
{
    uchar n = 16;
    P1OUT &= ~SCK;               //SCK = 0
    P1OUT &= ~nSEL;              //nSEL = 0
    while(n--)
    {
        if(CMD&0x8000)
        Write1();
        else
        Write0();
        CMD = CMD<<1;
    }
    P1OUT &= ~SCK;               //SCK = 0
    P1OUT |= nSEL;               //nSEL = 1
}
```

10.1.3 RFM12B 的工作原理

用单片机通过 RFM12B 的 SPI 接口发送指令就能使 RFM12B 按照用户的要求进行工作,例如可以选择工作频率波段、合成器的中心频率和基带信号通道的带宽等。另外供微处理器使用的时钟分频率、唤醒定时器周期和低电压检测门限也可以通过指令编程。当不需要的时候这些辅助功能都可以被取消。上电后 RFM12B 所有的参数被设置到默认值;在休眠模式时已编程的值仍然保留。接口支持 RFM12B 状态寄存器的读出,该寄存器提供有关收发数据状态的详细信息。

发射区具有两个 8 位宽的 TX 数据寄存器,在突发工作模式时可写入 8 位数据到该寄存器,然后内部的位速率发生器会以预定的速率发出这些数据,RFM12B 可以把收到的数据位存入 FIFO 寄存器中并在缓冲模式时读出这些数据。

给发射机的命令被串行发出。当片选引脚 nSEL 为低时,数据位在 SCK 引脚上的时钟上升沿被移位进入器件。当片选引脚 nSEL 为高时,它初始化串行接口。所有的命令由一个命令码跟随一个若干位的参数或数据组成。所有的数据先发最高位 MSB(对于一个 16 位的数据即先发 Bit15),无用的位用 X 表示。上电后(POR)所有的控制和命令寄存器被设置为默认值。

10.1.4　RFM12B 的控制命令

　　RFM12B 有 17 条控制命令,如表 10.3 所列。每条命令有 16 位,即两个字节。一般来说高位字节是命令代码,低位字节是参数。例如发送寄存器写入命令 B8xx,高位字节是命令代码,低位字节是要写入该寄存器待发送的单字节数据。但是也有某些命令只用了高位字节的高 4 位,其低 4 位和低位字节一起作为命令参数,例如频率设定命令就是这样。下面详细解读几条重要的控制命令。

表 10.3　RFM12B 的控制命令

序号	控制命令	相关的参数功能	相关的控制位
1	配置设定	频率波段,晶振负载电容,基带滤波器带宽等	el,ef,b1~b0,x3~x0
2	电源管理	收发模式改变,合成器,振荡器,功放,唤醒定时器,时钟输出时能	er, ebb, et, es, ex, eb, ew, dc
3	频率设定	本振/载波信号频率	f11~f0
4	数据速率	位速率	cs, r6~r0
5	接收机控制	引脚 16 的功能,有效数据显示器,基带带宽,LNA 增益,数字 RSSI 门限	p16, d1~d0, i2~i0, g1~g0, r2~r0
6	数据滤波器	数据滤波器类型	al, ml, s1~s0,f2~f0
7	FIFO 和复位模式	数据 FIFO IT 电平,FIFO 开始控制,FIFO 使能和 FIFO 满使能	f3~f0, s1~s0, ff, fe
8	接收机 FIFO 读	接收 FIFO 能被读出	
9	同步样式	同步样式	b7~b0
10	AFC	AFC 参数	a1~a0, r11~r0, st, fi, oe, en
11	TX 配置控制	调制参数,输出功率,ea	mp,m3~m0,p2~p0
12	PLL 设定	CLK 输出缓冲器速率,晶振的低功率模式,抖动,PLL 环延时,带宽	ob1 ~ ob0, ipx, ddit, ddy, bw1~bw0
13	发送寄存器写	发送寄存器能被写入	t7~t0
14	唤醒定时器		r4~r0,m7~m0
15	低周期	使能低任务周期模式,设定低任务周期	e6~e0, en
16	低压检测和微处理器时钟分频器	LBD 电压和微处理器时钟分频系数	d2~d0, v4~v0
17	状态读	读出状态位	

1. 配置设定命令 80xxH

Bit15	Bit14	Bit13	Bit12	Bit11	Bit10	Bit9	Bit8	Bit7	Bit6	Bit5	Bit4	Bit3	Bit2	Bit1	Bit0
1	0	0	0	0	0	0	0	el	ef	b1	b0	x3	x2	x1	x0

el:使能内部数据寄存器。如果使用数据寄存器,那么 FSK 引脚必须接高电平。

ef:使能 FIFO 模式,若 ef=0,那么 DATA 和 DCLK(引脚 6 和 7)用作数据和数据时钟输出。

b1 和 b0 用于设置频段,如表 10.4 所列。

表 10.4 频段设置

b1	b0	频段/MHz
0	0	保留
0	1	433
1	0	868
1	1	915

x3～x1 用于设置晶体负载内容,如表 10.5 所示。

表 10.5 晶体负载电容设置

x3	x2	x1	x0	晶体负载电容/pF
0	0	0	0	8.5
0	0	0	1	9.0
0	0	1	0	9.5
0	0	1	1	10.0
⋮	⋮	⋮	⋮	⋮
1	1	1	0	15.5
1	1	1	1	16.5

2. 电源管理命令 82xxH

电源管理命令 82xxH 各位的功能介绍如表 10.6 所列。

Bit15	Bit14	Bit13	Bit12	Bit11	Bit10	Bit9	Bit8	Bit7	Bit6	Bit5	Bit4	Bit3	Bit2	Bit1	Bit0
1	0	0	0	0	0	1	0	er	ebb	et	es	ex	eb	ew	dc

表 10.6　电源管理命令 82xxH 的位功能介绍

位	功　　能	有关模块
er	使能所有接收通道	射频前端,基带,合成器,振荡器
ebb	接收器的基带电路,可单独开启	基带
et	打开 PLL,功放并开始发送(若 TX 寄存器被启用)	功放,合成器,振荡器
es	打开合成器	合成器
ex	开晶振	晶振
eb	启用电池电压低探测器	电池电压低探测器
ew	使能唤醒定时器	唤醒定时器
dc	禁止时钟输出(引脚 8)	时钟输出缓存器

- ebb,es 和 ex 位优化 TX 到 RX 或 RX 到 TX 的传输时间、电源控制位之间的逻辑连接。
- 如果同时置位 et 和 er 位,芯片进入接收模式。
- FSK/nFFSEL 输入端内部配备了上拉电阻,在睡眠模式时为了实现最低的电流消耗,不要拉该输入端到逻辑低。

3. 频率设定命令

Bit15	Bit14	Bit13	Bit12	Bit11	Bit10	Bit9	Bit8	Bit7	Bit6	Bit5	Bit4	Bit3	Bit2	Bit1	Bit0
1	0	1	0	f11	f10	f9	f8	f7	f6	f5	f4	f3	f2	f1	f0

频率设定的 12 位参数 f11~f0 的数字范围在 96~3 903,若设定值超出这个范围,则保持先前的值。合成器的中心频率可由下列公式计算:

$$f_0 = 10 \times C1 \times (C2 + F/4\ 000)\ \text{MHz}$$

式中的常数 C1 和 C2 由所选的频段决定,如表 10.7 所列。

表 10.7　频段设定

频段/MHz	C1	C2
433	1	43
868	2	43
915	3	30

举例值:A680H。

4. FIFO 和复位模式命令 CA

Bit15	Bit14	Bit13	Bit12	Bit11	Bit10	Bit9	Bit8	Bit7	Bit6	Bit5	Bit4	Bit3	Bit2	Bit1	Bit0
1	0	0	0	0	0	1	0	f3	f2	f1	f0	sp	al	ff	dr

f3～f0:设置 FIFO 中断门限。

sp:设置同步字,如表 10.8 所列。

al:同步字填充方式。＝0 收到同步字才填充;＝1 一直填充。

ff:同步字填充使能。＝0 禁止;＝1 使能。

表 10.8　同步字

sp	同步字
0	2DD4H
1	D4H

dr:高灵敏复位禁止。＝0 时 0.5 V 的电压波动可以导致系统复位;＝1 禁止高灵敏复位。

5. 接收机 FIFO 读出命令 B0

控制器可以用该命令从 FIFO 中读出 8bit 数据,但是在配置设置命令中的 ef 必须被置 1;在电源管理命令中 er 应被置 1。

当产生 FIFO 中断时,使用该命令从接收机读出 FIFO 数据,数据从第 8 个 SCK 后开始输出。

6. 读状态寄存器

读状态寄存器的命令为 0,读出的状态位共 16 bit,在发射时最高位 bit15 名为 RGIT(TX),其值＝1 表示发射寄存器已准备好接收下一个字节被写入;在接收时最高位名为 FFIT(RX),其值＝1 表示接收 FIFO 寄存器已经收到了约定好位数的数据。

在以下事件发生时,RFM12B 内的接收机将向单片机发送一个中断请求(拉低 nIRQ 引脚):

● 发送寄存器 TX 已准备好接收下一个字节(RGIT);

● FIFO 已经收到了预编程数量的数位(FFIT);

● 上电复位(POR);

● FIFO 溢出 (FFOV)或 TX 寄存器在运行 (RGUR);

● 唤醒定时器时间到(WKUP);

● 在中断输入引脚 nINT 有负脉冲 (EXT);

● 检测到电源电压低于预定的值(LBD)。

当 FIFO 使能时,FFIT 和 FFOV 可用。只有当 TX 寄存器使能时,RGIT 和 RGUR 可用。读出状态位可用来识别中断请求 IT。

其他 3 条重要的命令是:

● (0x8200)进入睡眠模式命令 8200;

- （0xB000)接收机 FIFO 读出命令 B0；
- （0xB800)发射寄存器写入命令 B8。

10.1.5 RFM12B 发送模式编程

单片机对 RFM12B 的编程主要有两个方面,一个是向 RFM12B 的发送寄存器写入要发送的数据,另外一方面是从 RFM12B 的 FIFO 接收寄存器读出收到的数据。简言之就是发送和接收数据,要想使 RFM12B 工作,无论是发射或接收,都必须对 RFM12B 进行初始化。

1. RFM12B 发送模式的初始化

初始化就是对 RFM12B 的内部寄存器进行设置,使它按照用户的要求进行发射或者接收数据。初始化要注意以下几点:

- 初始化是用单片机通过 RFM12B 的 SPI 接口向 RFM12B 内部的寄存器写入命令来实现的。要使用 SPI 接口,必须先使片选线 nSEL 有效,即 nSEL=0。
- 向 RFM12B 内部发送寄存器写入发送数据的命令是 B8。
- 根据用户需要设置寄存器,并不是所有的内部寄存器都要写入。
- RFM12B 在工作过程中,内部的状态位是很重要的,无论在发送或者接收模式,都可以通过读取状态位了解 RFM12B 当前的工作情况,从而决定程序下一步的走向。状态位可以通过专用的命令读出,读出命令是 0。读出的状态位共 16 bit,最高位 bit15=1 在发射时表示发射寄存器已准备好接收下一个字节被写入;在接收时表示接收 FIFO 寄存器已经收到了约定好的数位位数。

初始化要向 RFM12B 写入多条命令,为此可以设置一个初始化数组 RFConf[14],按照发送和接收的不同要求给该数组赋值,下面的初始化数组的赋值是按照发送模式设置的。发送初始化要设置的寄存器内容包括:

打开电源、晶振、发射机等,设置发送频率、频偏、功率,数据速率,AFC,同步字等很多参数,示例程序中设置了 14 个寄存器。然后调用下面的 Init_RF12(void)初始化函数,实现对 RFM12B 的初始化。

```
//----------------------------------------------
//初始化数组
unsigned int RFConf[14] =
{
    0x80F8,                      //使能寄存器,915 MHz,12.5 pF
    0x8200,                      //打开晶振,! PA
    0xA640,
    0xC647,
```

283

```
    0x94A0,                         //VDI,FAST,134 kHz,0dBm, - 103 dBm
    0xC2AC,
    0xCA80,
    0xCA83,                         //FIFO8,SYNC
    0xC49B,
    0x9850,                         //! mp,9810 = 30 kHz,MAX OUT
    0xE5FA,                         //定时 64 s。4 s = 0xE4FA
    0xC80E,                         //非低占空比模式 en = 0
    0xCC10,                         //晶振低功耗模式 0xCC10
    0xC000,                         //1.0 MHz,2.2 V
};
// - - - - - - - - - - - - - - - - - - - - - - - - - - - - - - - - - - -
//初始化函数
void Init_RF12(void)
{
    uchar i;
        P1OUT | = nSEL;             //nSEL = 1
        P1OUT | = SDI;              //SDI = 1
        P1OUT & = ~SCK;             // SCK = 0
    for(i = 0;i<14;i ++ )
    {
        WriteCMD(RFConf[i]);
    }
}
```

284

2. 向 RFM12B 写入一字节数据

初始化完成后就可以用 RFM12B 发送或接收数据。命令 B8xx 是发送命令,它的功能是由单片机向 RFM12B 的发送寄存器中写入一字节待发送的数据。实现这项功能的函数如下:

```
// - - - - - - - - - - - - - - - - - - - - - - - - - - -
void WriteFSKbyte(uchar DATA)          //写入待发送的数据
{
    uint RGIT = 0;
    uint temp = 0xB800;                //写数据命令
    temp| = DATA;
Loop:   P1OUT & = ~SCK;             //SCK = 0
    P1OUT & = ~nSEL;               //nSEL = 0
    P1OUT & = ~SDI;                //SDI = 0  读状态寄存器命令
    P1OUT | = SCK;                 //SCK = 1
    RGIT = (P1IN & BIT7) >>7;      //Polling SDO

    P1OUT & = ~SCK;                //SCK = 0
    P1OUT | = SDI;                 //SDI = 1
```

```
P1OUT | = nSEL;                    //nSEL = 1
if(RGIT = = 0)
 {
   goto Loop;
 }
else
 {
   RGIT = 0;                       //RGIT = 1 时,写入发送数据
   WriteCMD(temp);
 }
}
```

程序中,单片机首先需要轮询读 RFM12B 状态寄存器中的 RGIT 位,如果 RGIT =1,单片机才能向 RFM12B 写入发送数据。

10.2　无线测温模块

无线测温模块是作者自制的用来测量环境温度的模块,它由 TMP102 数字温度传感器、MSP430F2013 单片机和 RFM12B 数传模块 3 部分组成,用纽扣电池供电,把它放置在需要监测温度的区域内,就会连续测量区域内的温度,并将温度数据发送给区域内的无线数据接收站。图 10.4 是无线测温模块的照片。无线测温模块的主要性能参数:

- 温度测量范围:−50~120℃;
- 温度测量周期:4 次/s;
- 有效距离:大于 100 m;
- 待机平均消耗电流:小于 10 μA;
- 电池连续工作时间:大于 3 年。

图 10.4　无线测温模块

10.2.1　无线测温模块的电原理图

图 10.5 是无线测温模块的电路原理图,TMP102 是德州仪器公司的低功耗数字温度传感器,模块工作后会连续不断地测量环境温度。MSP430F2013 单片机定时读取测到的温度数据,定时时间间隔是根据用户的需求设定的,本系统设定为 10 s。温度数据要按照预定的格式经过单片机编成一帧数据串,然后再由无线数传模块 RFM12B 加工调制后发送出去。

MSP430 单片机和 RFM12B 的数据交换通过 SPI 接口进行。MSP430 单片机有专用的 SPI 总线接口,但是这里是用 MSP430 单片机的普通引脚通过软件模拟实现 SPI 接口的操作,包括串行时钟、数据输入和数据输出。使用的单片机是 MSP430F2013,用它的 P1.5 模拟 SPI 的 SCK 时钟输出,P1.6 模拟 SPI 的数据输出

端（MISO），P1.7 模拟数据输入端（MOSI），P1.4 模拟 SPI 的从机选择端。对于不同的 SPI 接口外围芯片，它们的时钟时序是不同的。RF12B 是下降沿输入、上升沿输出的芯片。

　　RFM12B 工作于 433/868/915 MHZ ISM（工业、科学和医学）频段。另外一套 RFM12B 数传模块收到信号后，将经过解调得到的环境温度数据传给单片机，单片机通过串口把数据再传给上位机，最后经过处理的温度数据连同日期、时间、采集点等相关信息被自动录入计算机保存并实时显示在计算机屏幕上。

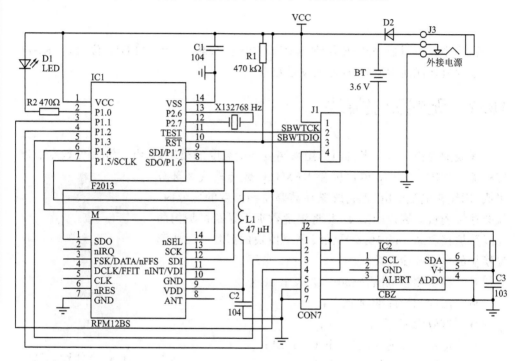

图 10.5　无线测温模块电路原理图

10.2.2　无线测温模块编程

　　根据上述无线测温模块的功能，编程工作主要包括 3 个方面：

- TMP102 温度传感器不停地测量温度。这个在 5.7 节已经详细介绍。
- 单片机定时读取温度数据。定时间隔可以用单片机的定时计数器，也可以用看门狗定时器，本书的例程是用看门狗定时器，单片机运行后设定好看门狗定时间隔，随后即进入低功耗休眠模式。定时器时间到唤醒单片机读取温度数据，数据按预定的通信协议被编组后立即由 RFM12B 发送。单片机再次进入休眠状态，这样可以实现系统低功耗运作。
- RFM12B 发送温度数据。

　　完成了对 RFM12B 初始化之后，在发送模式编程时要注意以下几点：

（1）发送数据格式。在 RFM12B 中，数据是一帧一帧发送的，一帧数据的格式如下：

AA，AA，2D，D4，xx，xx，xx，xx，xx，xx，xx，xx，xx，xx，xx，xx，xx，xx，xx，xx，78，AA

一共 22 个字节，前面两个字节 AA 是开始字节，后面的两个字节 2DD4 是同步字，同步字后面的 16 个字节才是有效数据，第 17 个字节是 16 个数据字节的校验和，这里是 78H。接收机收到同步字后将后面的有效字节填充进入 FIFO 寄存器，然后再由单片机读出。

本例中有效数据只有 4 个字节：2 字节温度数据、1 字节测温模块地址码和 1 字节校验和码，发完这 4 字节有效数据之后，接着再发两字节 AAH 结束码就行了。

（2）同步字用于识别一帧数据的起始位置。同步字设置命令是 CE，默认的同步字是 2DD4。

（3）状态字＝1 时，可以再写入下一帧数据。

（4）数据发送完毕用（0x8200）命令使 RFM12B 进入休眠模式。

RFM12B 的发送流程框图见图 10.6。例 10.1 给出无线测温模块的完整示例程序。程序是让 RFM12B 每隔 10 min 发送一帧数据，数据内容是固定不变的。定时间隔由单片机的看门狗定时器结合程序实现，每发送一帧数据，红色 LED 灯闪亮一下。除了主函数，例程中还包括了若干个函数，它们的名称和功能见表 10.9。

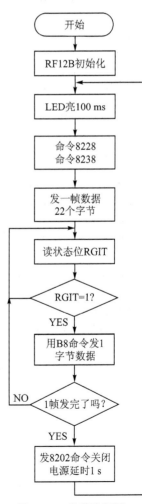

图 10.6　发送流程图

表 10.9　发送部分函数

序　号	功　能	函数名称
1	F2013 初试和	Init_F2013
2	RFM12B 寄存器配置	Init_RF12
3	写命令	WriteCMD
4	写入待发送字节	WriteFSKbyte
5	TMP102 初始化	Init_TMP102
6	读温度数据	tmp102_rd
7	RF12 发送数据包	Send_RF12
8	延时 ms	Delay_ms

【例 10.1】　无线测温模块发送

//RFM12B Sleep 发射频率 = 915 MHz

```
//This program operates MSP430 normally in LPM3, pulsing P1.0
// ～ 8 间隔. WDT ISR 用于唤醒系统.
//MCLK = SMCLK = default DCO ～ 1.2 MHz
//用晶体 32768 Hz,ACLK = LFXT1/8 = 32 768/8,定时为 8 s
//BCSCTL1 | = DIVA_3;实测 8 s

# include ＜msp430x20x3.h＞
typedef   unsigned char uchar;
typedef   unsigned int uint;
//RFM12B
# define SDO BIT7
# define SDI BIT6
# define SCK BIT5
# define nSEL BIT4                    //片选
//TMP102
# define LED BIT0
# define ALET BIT1                    //P1.1 超温报警
# define SDA BIT2
# define SCL BIT3
# define TMP102_W 0x90                //10010000
# define TMP102_R 0x91                //10010001

uint tn = 75;                         //用 32 768 Hz 晶体延时 75×8 s = 10 min

void Init_RF12(void);
void Send_RF12(void);
void Init_TMP102(void);
void Write0(void);
void Write1(void);
void WriteCMD(uint CMD);
void WriteFSKbyte(uchar DATA);
//Delay ms
void Delay_ms(unsigned long nValue)
{
    unsigned long nCount = 130;       //MCLK = 8 MHz,nCount = 2 677
    int i;
    unsigned long j;
    for(i = nValue; i ＞0;i -- )
    {
        for(j = nCount; j ＞0;j -- );
    }
    return;
}
```

```
//-------------------------------------------------------
uint tmp102_rd(void)
{
  int i,j;
  union
  {
    char c[2];
    uint x;
  }temp;

    I2C_START();
    do
    {
      I2C_TxByte(0x90);           //写地址 90
    }while(I2C_GetACK());         //收从机应答 ack = 0 应答

    do
    {
      I2C_TxByte(0x00);           //写指针寄存器
    }while(I2C_GetACK());         //收从机应答 ack = 0 应答

    I2C_START();
     do
    {
      I2C_TxByte(0x91);           //读地址 91
    }while(I2C_GetACK());         //收从机应答 ack = 0 应答

  for(i = 0; i< 2; i++)
  {
    temp.c[i] = I2C_RxByte();     //读两字节数据
    I2C_SetACK();
    for(j = 10; j >0;j-- );
  }

  I2C_STOP();
  return temp.x;
}
//-------------------------------------------------------
//RF 寄存器配置//
unsigned int RFConf[14] =
{
    0x80F8,                      //使能寄存器,915 MHz,12.5 pF
    0x8200,                      //打开晶振,! PA
    0xA640,
```

```
        0xC647,
        0x94A0,                           //VDI,FAST,134 kHz,0 dBm, - 103 dBm
        0xC2AC,
        0xCA80,
        0xCA83,                           //FIFO8,SYNC
        0xC49B,
        0x9850,                           //! mp,9810 = 30 kHz,MAX OUT
        0xE5FA,                           //定时 64 s。4 s = 0xE4FA
        0xC80E,                           //非低占空比模式 en = 0
        0xCC10,                           //晶振低功耗模式 0xCC10
        0xC000,                           //1.0 MHz,2.2 V
    };
//------------------------------------------------
//初始化 RF12 配置寄存器
void Init_RF12(void)
{
    uchar i;
        P1OUT | = nSEL;              //nSEL = 1
        P1OUT | = SDI;               //SDI = 1
        P1OUT & = ～SCK;             // SCK = 0
    for(i = 0;i<14;i + + )
    {
        WriteCMD(RFConf[i]);
    }
}
//----------------------------
void Write0(void)
{
    P1OUT & = ～SDI;              //SDI = 0
    P1OUT & = ～SCK;              //SCK = 0
    _NOP();
    P1OUT | = SCK;               //SCK = 1
    _NOP();
}
//----------------------------
void Write1(void)
{
    P1OUT | = SDI;               //SDI = 1
    P1OUT & = ～SCK;             //SCK = 0
     _NOP();
     P1OUT | = SCK;              //SCK = 1
```

```
        _NOP();
}
//---------------------------
void WriteCMD(uint CMD)
{
    uchar n = 16;
        P1OUT &= ~SCK;              //SCK = 0
    P1OUT &= ~nSEL;                 //nSEL = 0
    while(n--)
    {
        if(CMD&0x8000)
        Write1();
        else
        Write0();
        CMD = CMD<<1;
    }
    P1OUT &= ~SCK;                  //SCK = 0
    P1OUT |= nSEL;                  //nSEL = 1
}
```

```
//------------------------------
void WriteFSKbyte(uchar DATA)       //写入待发送的数据
{
    uint RGIT = 0;
    uint temp = 0xB800;             //写数据命令
    temp|= DATA;
Loop:   P1OUT &= ~SCK;              //SCK = 0
    P1OUT &= ~nSEL;                 //nSEL = 0
    P1OUT &= ~SDI;                  //SDI = 0  读状态寄存器命令
    P1OUT |= SCK;                   //SCK = 1
        RGIT = (P1IN & BIT7) >>7;   //Polling SDO
    P1OUT &= ~SCK;                  //SCK = 0
    P1OUT |= SDI;                   //SDI = 1;
    P1OUT |= nSEL;                  //nSEL = 1
    if(RGIT == 0)
     {
       goto Loop;
     }
    else
     {
       RGIT = 0;                    //RGIT = 1 时,写入下一个待发数据
       WriteCMD(temp);
```

```
    }
  }

//--------------------------------------
//初始化 F2013
void Init_F2013(void)
{

  // ACLK = 32768
  BCSCTL1 |= DIVA_3;          //DIVA_3:ACLK/8 24 s;DIVA_2:ACLK/4 12 s;DIVA_1:ACLK/2 6 s
  WDTCTL = WDT_ADLY_1000;          // 看门狗定时间隔
  IE1 |= WDTIE;                    // 使能 WDT 中断

  //用单片机内部上拉电阻,不用外接上拉电阻
  P1OUT = 0x0F;              // P1.1,P1.2 & P1.3 Pullups
  P1REN |= 0x0E;             // P1.1,P1.2 & P1.3 电阻
  P1IE |= 0x02;              // P1.1 中断使能
  P1IES |= 0x02;             // P1.1 Hi/lo edge
  P1IFG &= ~0x02;            // P1.1 IFG 清零
  P1DIR = 0x7D;              // P1.7 & P1.1 输入,未用的引脚为输出
}
//--------------------------------------
//初始化 TMP102,配置寄存器字节 1 = 6A,中断模式、连续两次报警,低有效。字节 2 不变 = A0
void Init_TMP102(void)
{
    I2C_START();
    do
    {
      I2C_TxByte(0x90);               //写地址 90
    }while(I2C_GetACK());             //收从机应答 ack = 0 应答
    do
    {
      I2C_TxByte(0x01);               //写配置寄存器
    }while(I2C_GetACK());             //收从机应答 ack = 0 应答
     do
    {
      I2C_TxByte(0x6A);               //TM = 1 中断模式,F0 = 1 连续两次
    }while(I2C_GetACK());             //收从机应答 ack = 0 应答
    do
    {
      I2C_TxByte(0xA0);               //BYTE2 不变
```

```
    }while(I2C_GetACK());              //收从机应答 ack = 0 应答

  I2C_STOP();

}
//---------------------------------------------
void Send_RF12(void)
{
  uint ChkSum = 0;                      //有效数据校验和
    union
  {
    char c[2];
    uint x;
  }temp2;

    Delay_ms(10);
    temp2.x = tmp102_rd();              //读两字节温度数据
    WriteCMD(0x8228);                   //OPEN PA

    WriteFSKbyte(0xAA);
    WriteFSKbyte(0xAA);
    WriteFSKbyte(0x2D);
    WriteFSKbyte(0xD4);
    ChkSum = 0;
    //发送2字节温度数据,温度为原始格式
    WriteFSKbyte(temp2.c[0]);           //温度整数部分
    ChkSum + = temp2.c[0];
    WriteFSKbyte(temp2.c[1]);           //小数
    ChkSum + = temp2.c[1];
        WriteFSKbyte(0x0b);             //该测温模块的地址码 ID
    ChkSum + = 1;

    ChkSum& = 0x00FF;
    WriteFSKbyte(ChkSum);               //发送校验和
    WriteFSKbyte(0xAA);
    WriteFSKbyte(0xAA);

    WriteCMD(0x8200);                   //关闭 PA
        WriteCMD(0x0000);               //RFM12B 休眠
        P1OUT & = ~0x01;                // P1.0 复位
    Delay_ms(50);                       // Delay
        P1OUT | = 0x01;                 // P1.0 置位

}
// ************************************************/
```

```
void main(void)
{
    int i;
    for(i = 1000; i>0; i--);
    Init_F2013();

    Init_RF12();
    Init_TMP102();                    //报警模式设定
    Delay_ms(100);

    Send_RF12();
    _BIS_SR(LPM3_bits + GIE);         // 进入 LPM3 低功耗模式等待中断
}
//-------------------------------------------------
#pragma vector = WDT_VECTOR
__interrupt void watchdog_timer (void)
{
  tn--;
  if(tn = = 0)
  {
    Send_RF12();
    tn = 75;                          //定时 10 min = 8 s * 75 = 600 s
  }
}
//-------------------------------------------------
// Port 1 interrupt service routine
#pragma vector = PORT1_VECTOR
__interrupt void Port_1(void)
{
  IE1& = ~WDTIE;                      //关闭看门狗定时器并禁止其中断
  Send_RF12();
  P1IFG & = ~0x02;                    // P1.1 IFG 中断标志清零
  IE1 | = WDTIE;                      // 使能 WDT 中断
}
```

10.3　区域无线数据接收机

　　无线测温网络在其覆盖的区域范围设置有一台区域无线数据接收机,见图 10.7,用来接收区域内各个无线测温模块发出的温度监测数据,并把这些数据通过串口上传给监控中心的计算机。

图 10.7　区域无线数据接收机

10.3.1　接收机的硬件电路

图 10.8 是区域无线数据接收机的电路原理图,单片机系统采用 MSP430F1611 开发实验电路板,外接一个 RFM12B 数传模块到 MSP430F1611 单片机的 P5 端口。

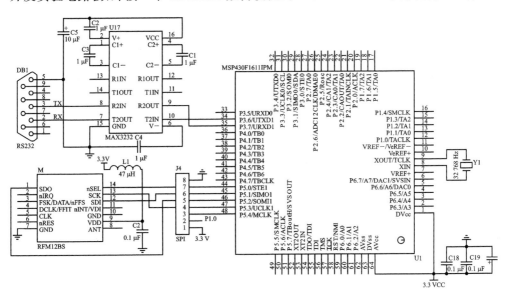

图 10.8　接收机电路原理图

10.3.2　接收机编程要点

接收机部分的编程主要是对 RFM12B 数传模块的编程,RFM12B 此时设置在接收模式。RFM12B 在接收模式时编程的要点：

- 接收初始化要设置的寄存器和发射的设置大部分内容是对应的，主要不同点是要打开接收机，另外要设置接收数据 FIFO 寄存器。
- 接收机是按照发射的数据格式来接收数据的，接收机在收到同步字后会将后面的有效数据字节填充进入 FIFO 寄存器，再由单片机读出。
- 当读得的状态字最高位 FFIT(bit15)＝1 时，FIFO 寄存器中的数据有效。

1. RFM12B 接收模式的初始化

RFM12B 在接收模式的初始化配置如下：

```
//---------------------------------------------------
//RF 寄存器配置//
unsigned int RFConf[13] =
{
    0x80F8,              //使能寄存器,915 MHz,12.5 pF
    0x8288,              //使能接收,! PA
    0xA640,              //434MHz,实测 433.9 MHz 频率设置
    0xC647,              //数据速率
    0x94A0,              //VDI,FAST,134 kH,0 dBm, - 103 dBm,9 460 = 270 kHz
    0xC2AC,              //数据滤波
    0xCA80,              //初始化 FIFO
    0xCA83,              //FIFO8,SYNC 同步字设置
    0xCED4,
    0x9850,              //! mp,9810 = 30 kHz,MAX OUT
    0xC000,              //1.0 MHz,2.2V
    0xC483,              //NOT USE
    0x8288,              //
};
```

2. 从 RFM12B 的 FIFO 寄存器中读出 1 字节数据

RFM12B 无线模块收到的有效数据存放在它的 FIFO 寄存器之中，因此单片机的主要工作就是定期从 FIFO 寄存器中读出收到的数据。如前所述，当接收机的状态字最高位 FFIT(bit15)＝1 时，FIFO 寄存器中的数据有效，因此接收程序要不断地轮询 FFIT 状态位，当其值＝1 时，单片机就可以发送读 FIFO 命令给 RFM12B 无线模块，读出 FIFO 寄存器中的数据。下面是从 FIFO 寄存器中读出 1 字节数据的函数示例。

```
//------------------------------
uchar RF12_RDFIFO(void)              //读出 FIFO 的内容
{
    uint FFIT = 0;
    uchar CMD = 0xB0;                //读 FIFO 命令
```

```
    uchar i,Result;
Loop：    P1OUT & = ～SCK;              //SCK = 0
    P1OUT & = ～nSEL;                  //nSEL = 0
    P1OUT & = ～SDI;                   //SDI = 0  读状态寄存器命令
    P1OUT | = SCK;                     //SCK = 1
    FFIT = (P1IN & BIT7) >>7;          //Polling SDO
    P1OUT & = ～SCK;                   //SCK = 0
    P1OUT | = SDI;                     //SDI = 1
    P1OUT | = nSEL;                    //nSEL = 1
    if(FFIT = = 0)
      {
       goto Loop;
      }
    else
      {
       FFIT = 0;
    P1OUT & = ～SCK;                   //SCK = 0
    P1OUT & = ～nSEL;                  //nSEL = 0
    for(i = 0;i<8;i + + )              //发送读 FIFO 命令
    {
        if(CMD&0x80)
        Write1();
        else
        Write0();
        CMD = CMD<<1;
    }
    P1OUT & = ～SCK;                   //SCK = 0
     Result = 0;
    for(i = 0;i<8;i + + )
    {                                  //从 FIFO 寄存器中读出 1 字节数据
        Result = Result<<1;
        P1OUT | = SCK;                 //SCK = 1
        _NOP();
        if(P1IN & BIT7)
        {
         Result| = 1;
        }
        P1OUT & = ～SCK;               //SCK = 0
        _NOP();
    }
    P1OUT | = nSEL;                    //nSEL = 1
    return(Result);
      }
}
```

10.3.3 接收机编程示例

1. 接收示例实现的功能

- 初始化 RFM12B 为接收模式。
- 接收测温模块定时发送过来的一帧 4 字节有效数据,每收到一帧数据,蜂鸣器响一下。
- 把收到的两字节温度数据转换为 3 位整数加 1 位小数的字符串格式。在前面加上 2 字节测温模块地址码,最后加上 1 字节校验和码。
- 把上述总共 7 字节字符串数据上传给上位机。

2. 程序流程框图和函数

主程序流程如图 10.9 所示。除了主函数,例程中主要的函数有 6 个,它们的名称和功能见表 10.10。

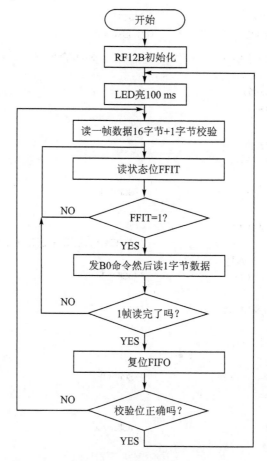

图 10.9 接收流程图

表 10.10　接收函数

序　号	功　能	函数名称
1	单片机时钟初始化	void Init_Clock(void)
2	单片机端口初始化	void Init_Port(void)
3	USART1 初始化	void Init_USART1(void)
4	RFM12B 初始化	Void Init_RFM12(void)
5	读 FIFO 单字节	uchar RFM12_RDFIFO(void)
6	转换为十进制数	void Hex_Dec(uint temp)DEL100

3. 程序代码

例 10.2 是无线测温接收机代码实现。

【例 10.2】　无线测温接收机

```
// RFM12 接收 7 位数据并上传给上位机。
// MSP430P1611 控制 RFM12B 接收另一个 RFM12 发送的温度信号,发射频率 = 915 MHz
// 同时将 7 位字符数据通过 USART1 上传给上位机,波特率为 9 600。
// ACLK = n/a   MCLK = SMCLK = default DCO   UCLK1 = DCO/2

#include <msp430x16x.h>
typedef  unsigned char uchar;
typedef  unsigned int uint;

//RFM12
#define RFM12_DIR    P5DIR
#define RFM12_OUT    P5OUT
#define RFM12_IN     P5IN

#define SDO BIT2;
#define SDI BIT1;
#define SCK BIT3;
#define nSEL BIT0;//片选

#define nSEL_1 RFM12_OUT |= nSEL      //nSEL = 1
#define nSEL_0 RFM12_OUT &= ~ nSEL    //nSEL = 0
#define SDI_1 RFM12_OUT |= SDI        //SDI = 1
#define SDI_0 RFM12_OUT &= ~ SDI      //SDI = 0
#define SCK_1 RFM12_OUT |= SCK        //SCK = 1
#define SCK_0 RFM12_OUT &= ~ SCK      //SCK = 0

#define SDO_in   RFM12_DIR &= ~SDO    //SDO 为输入模式
#define SDO_out RFM12_DIR |= SDO      //SDO 为输出模式
#define SDO_val RFM12_IN & BIT2       //读 SDO 的位值

#define BEEP BIT2                     //P1.2
#define BEEP_1 P1OUT |= BEEP          //BEEP = 1
#define BEEP_0 P1OUT &= ~ BEEP        //BEEP = 0

void Init_RFM12(void);               //RFM12 初始化为 915 MHz 接收模式
```

299

```
void Write0(void);
void Write1(void);
void WriteCMD(uint CMD);
uchar RFM12_RDFIFO(void);              //读出 FIFO 的内容
void Init_Clock(void);                 //时钟初始化
void Init_Port(void);                  //端口初始化
void Init_USART1(void);                //USART1 初始化为 USART 模式
void Hex_Dec(uint temp);               //转换为十进制数显示

char dis_buf[4];                       //4 位数据缓存
uchar RS232_BUF[7];                    //RS232 发送缓存
//-------------------------------------------------------
//Delay ms   MCLK = 1.2MHz,
void Delay_ms(unsigned long nValue)
{
    unsigned long nCount = 130;        //MCLK = 8MHz,nCount = 2677
    int i;
    unsigned long j;
    for(i = nValue; i > 0;i -- )
    {
        for(j = nCount; j > 0;j -- );
    }
    return;
}
//-------------------------------------------------------
//RF 寄存器配置//
unsigned int RFConf[13] =
{
    0x80F8,                            //使能寄存器,915 MHz,12.5 pF
    0x8288,                            //使能接收,! PA
    0xA640,                            //434 MHz,实测 433.9 MHz 频率设置
    0xC647,                            //数据速率
    0x94A0,                            //VDI,FAST,134 kHz,0 dBm, - 103 dBm,9 460 = 270 kHz
    0xC2AC,                            //数据滤波
    0xCA80,                            //初始化 FIFO
    0xCA83,                            //FIFO8,SYNC 同步字设置
    0xCED4,
    0x9850,                            //! mp,9 810 = 30 kHz,MAX OUT
    0xC000,                            //1.0 MHz,2.2 V
    0xC483,                            //NOT USE
    0x8288,//
};
//-------------------------------------------------------
//初始化 RF12 配置寄存器
void Init_RFM12(void)
{
    uchar i;
        nSEL_1;                        //nSEL = 1
```

```
        SDI_1;                          //SDI = 1
        SCK_0;                          // SCK = 0
    for(i = 0;i<13;i++)
    {
        WriteCMD(RFConf[i]);
    }
}
//---------------------------
void Write0(void)
{
    SDI_0;                              //SDI = 0
    SCK_0;                              //SCK = 0
    _NOP();
    SCK_1;                              //SCK = 1
    _NOP();
}
//---------------------------
void Write1(void)
{
    SDI_1;                              //SDI = 1
    SCK_0;                              //SCK = 0
        _NOP();
    SCK_1;                              //SCK = 1
    _NOP();
}
//---------------------------
void WriteCMD(uint CMD)
{
    uchar n = 16;
        SCK_0;                          //SCK = 0
    nSEL_0;                             //nSEL = 0
    while(n--)
    {
        if(CMD&0x8000)
        Write1();
        else
        Write0();
        CMD = CMD<<1;
    }
    SCK_0;                              //SCK = 0
    nSEL_1;                             //nSEL = 1
}
//-----------------------------
uchar RFM12_RDFIFO(void)                //读出 FIFO 的内容
{
    uint FFIT = 0;
    uchar CMD = 0xB0;                   //读 FIFO 命令
```

```
        uchar i,Result;
Loop：    SCK_0;                            //SCK = 0
    nSEL_0;                                 //nSEL = 0
    SDI_0;                                  //SDI = 0  读状态寄存器命令
    SCK_1;                                  //SCK = 1
    FFIT = SDO_val;                         //Polling SDO
    SCK_0;                                  //SCK = 0
    SDI_1;                                  //SDI = 1
    nSEL_1;                                 //nSEL = 1
    if(FFIT == 0)
     {
       goto Loop;
     }
    else
     {
       FFIT = 0;
    SCK_0;                                  //SCK = 0
    nSEL_0;                                 //nSEL = 0
    for(i = 0;i<8;i ++ )                    //发送读 FIFO 命令
    {
        if(CMD&0x80)
        Write1();
        else
        Write0();
        CMD = CMD<<1;
    }
    SCK_0;                                  //SCK = 0
     Result = 0;
    for(i = 0;i<8;i ++ )
    {                                       //读 FIFO 数据
        Result = Result<<1;
        SCK_1;                              //SCK = 1
        _NOP();
        if(SDO_val)
        {
         Result| = 1;
        }
        SCK_0;                              //SCK = 0
        _NOP();
    }
    nSEL_1;                                 //nSEL = 1
    return(Result);
     }
}
// - - - - - - - - - - - - - - - - - - - - - - - - - - - - - - - - - - - -
void Init_Port(void)                        //端口初始化
```

```
{
    P1OUT = 0x00;                    // P1.2 = 0
    P1DIR = 0xFF;                    // P1 全部引脚输出
    RFM12_DIR = 0xFB;                // P5.2 = SDO 输入,不用的引脚为输出
}
// - - - - - - - - - - - - - - - - - - - - - - - - - - - - - - - - - - - -
void Init_USART1(void)               //串口初始化
{
        U1CTL = CHAR;                //数据位为 8 位
        U1TCTL = SSEL1;              //波特率发生器 UCLK = SMCLK
        U1BR0 = 0X41;                //波特率为 8 MHz/9 600     x9600
        U1BR1 = 0X03;
        U1MCTL = 0X00;               // no modulation
        ME2 | = UTXE1 + URXE1;       //使能 UART1 的 TXD 和 RXD
        IE2 | = URXIE1;              //使能 UART1 的 RX 中断
        P3SEL | = 0xC0;              // P3.6,7 = USART1 选项设置
        P3DIR | = BIT6;              //P3.6 为输出引脚
        U1CTL & = ~SWRST;            //初始化 USART 状态机
}
// ==================================
void Init_Clock(void)                //单片机时钟初始化
{
    BCSCTL1 = RSEL2 + RSEL1 + RSEL0; //XT2 开启 LFXT1 工作在低频模式 ACLK
                                     //不分频最高的标称频率
    BCSCTL2 = SELS;                  //SMCLK 时钟源为 XT2CLK,不分频
}
// - - - - - - - - - - - - - - - - - - - - - - - - - - - - - - - - - - - -
void Hex_Dec(uint temp)              //转换为十进制数
{
    uint temph,templ;
    temp>> = 4;
    if(temp&0x0800)                  //若为负数
    {
      temp = ~(temp) + 1;            //取反加 1
      temph = (temp>>4)&0x00FF;      //整数位
      dis_buf[3] = 0x15;             //负号
      dis_buf[2] = temph/10;         //十位
      dis_buf[1] = temph % 10;       //个位
      RS232_BUF[2] = '-';            //负号
      RS232_BUF[3] = dis_buf[2] + 0x30;
      RS232_BUF[4] = dis_buf[1] + 0x30;
    }
    else
    {
    temph = (temp>>4)&0x00FF;        //整数位
```

MSP430超低功耗16位单片机开发实例

304

```c
    dis_buf[3] = temph/100;               //百位
        dis_buf[2] = (temph % 100)/10;    //十位
        dis_buf[1] = temph % 10;          //个位

        RS232_BUF[2] = dis_buf[3] + 0x30; //百位整数
        RS232_BUF[3] = dis_buf[2] + 0x30; //十位整数
        RS232_BUF[4] = dis_buf[1] + 0x30; //个位整数

    }
    templ = (temp&0x000F) * 625/1000;     //小数位
    RS232_BUF[5] = templ + 0x30;          //小数

}

// * * * * * * * * * * * * * * * * * * * * * * * * * * * * * * * * * * * * * * * * * * * * * * * * * */
void main(void)
{
    uint i,tx = 0;
    uchar RF_RXBUF[4];                    //接收缓存,2字节数据＋1字节ID＋1
                                          //字节校验和

    WDTCTL = WDTPW + WDTHOLD;             // 停止看门狗
    Init_Port();
    Init_Clock();
    Init_USART1();

    BEEP_1;                               //蜂鸣器响
    Delay_ms(100);                        //延时
    BEEP_0;                               //蜂鸣器不响

    Init_RFM12();
    for (i = 1000; i > 0; i--);           // 延时
    while(1)
  {
    for(i = 0;i<4;i++)
    {
      RF_RXBUF[i] = RFM12_RDFIFO();       //接收 RFM12 发来的数据,2字节数据
                                          // ＋1
                                          //字节 ID＋1字节校验和
    }
      WriteCMD(0xCA80);
      WriteCMD(0xCA83);                   //复位 FIFO 并且接收下一字节数据

      tx = RF_RXBUF[0] * 256 + RF_RXBUF[1];
      Hex_Dec(tx);                        //转换为十进制数

      RS232_BUF[0] = RF_RXBUF[2]/10 + 0x30; //ID十位
      RS232_BUF[1] = RF_RXBUF[2] % 10 + 0x30; //ID个位
      RS232_BUF[6] = '0';

      for(i = 0;i<7;i++)
      {
        while (! (IFG2 & UTXIFG1));       // USART0 TX 缓存准备的?
```

```
        U1TXBUF = RS232_BUF[i];       //2 位 ID + 4 位数据 + 1 位校验码发到上
位机
        }

    BEEP_1;                           //BEEP ON = P1.2 置位
    Delay_ms(100);                    //延迟
    BEEP_0;                           // BEEP OFF = P1.2 复位

    }

    }
```

10.4　上位机编程

　　区域无线数据接收机在接收到测温模块发来的温度监测数据之后,还需要把该数据通过 RS-232 总线上传给监控中心的上位机计算机,以便存储、分析和使用这些数据。数据上传总线也可以使用 RS-485,两者的编程是基本相同的,这里以 RS-232 总线为例。上位机通过 RS-232 接口接收区域无线数据接收机发来的温度数据,加上收到的时间和测温模块的地址组成一行数据,把它们显示在计算机屏幕上,以便分析和使用。

305

　　上位机编程使用微软的 Visual Studio 集成开发环境,这是一套功能十分强大的跨系统多语言开发工具,可以使用 C♯ 或者 VB 等语言来开发各种应用程序,这里使用了 Visual Studio 2008 版本中的 Visual C♯ 作为编程工具。

10.4.1　新建一个 Visual C♯ 应用项目

　　运行 Visual Studio 2008,在"文件"下拉菜单中选择"新建项目"选项,弹出如图 10.10 所示对话框,在左边"项目类型"中选"Visual C♯",右边"模板"中选"Windows 桌面应用程序",下面的"名称"栏中填写"PC 上位机",单击"确定"按钮。这样就建立了一个名为"PC 上位机"的新项目。

　　新建项目的桌面窗口是空白的,需要从左边的工具箱中找出要用的控件添加到窗口中,如图 10.11 所示。这里使用的控件可以分为 4 部分:

　　(1) Serialport 串口通信控件及串口设置用的两个 ComboBox 和一个按钮。

　　两个 ComboBox 分别用来设置串口的端口号和波特率,默认端口为 COM1,波特率为 9 600。按钮用来打开或关闭串口。Serialport 串口通信控件在前面第 8 章已经讲过,该控件主要用于接收单片机数据,所以使用了它的 ReadExisting()方法,该方法可以用来读取 Serialport 输入缓冲区中已收到的所有可用字节。

　　(2) 定时器 timer1。定时器的主要属性是定时间隔 Interval,这里定为 100 ms。当定时时间到时会产生 Tick 事件,在该事件处理函数中轮询串口,看是否有数据收到,轮询方法的缺点是会占用 CPU 较多的时间,但是可以在主线程中用 listview 控

图 10.10　新建项目

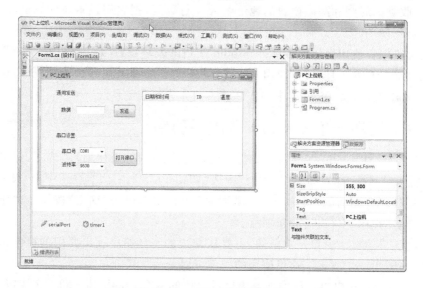

图 10.11　桌面上要用的控件

件显示收到的数据,避免多线程处理的麻烦。

(3) listview 控件。用来显示收到的数据,用 listview 的好处是数据显示可以像表格一样的整齐美观,也便于存储和检索处理。使用时先给它设置 3 列表头:日期和时间、测温模块 ID 和温度,View 属性设置为 Details 才能正常显示。当有数据收到后,再把收到的数据加到 Listview 中。数据的加入使用 Listview 的 Items. Add() 方法。

（4）窗口中的"通用发送"部分，可以用来发送数据给单片机，这里没有使用。

10.4.2 智能无线测温网络的使用

至此一个完整的智能无线测温网络软硬件都齐备了，按下面的步骤操作：

（1）把几个测温模块布放在测温区域，接通电源，它们就会定时发数据给区域接收机。

（2）把区域接收机（这里使用的是 MSP430F1611 开发实验电路板）和上位机通过串口连接好，开发板接 5 V 电源（开发板用计算机 USB 接口 5 V 电源）。

（3）运行上位机程序，设置好端口号 COM1 和 9 600 波特率，单击"打开串口"按钮，该按钮变为"关闭串口"，说明串口已经开始工作，等待接收数据，如果有测温模块发出数据，区域接收机收到后就会上传给上位机，并发出一声音响提示。上位机收到后就会在 Listview 表格中显示出一行数据，如图 10.12 所示。

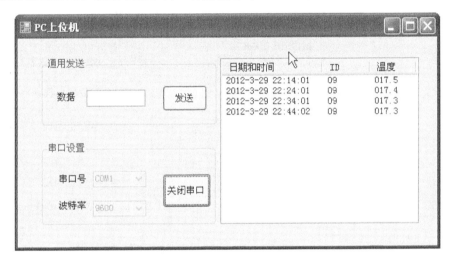

图 10.12 程序运行的结果

10.4.3 上位机源代码

智能无线测温网络上位机程序见例 10.3。

【**例 10.3**】 智能无线测温网络上位机程序

```
using System;
using System.Collections.Generic;
using System.ComponentModel;
using System.Data;
using System.Drawing;
using System.Text;
using System.Windows.Forms;

namespace PC 上位机
```

```
    {
        public partial class Form1 : Form
        {
            // SerialPort sp = new SerialPort();

            public Form1()
            {
                InitializeComponent();
            }

            private void CKbutton_Click(object sender, EventArgs e) //"打开关闭串口"按钮
            {
                string CommNum = this.CKH.Text;
                int IntBdr = Convert.ToInt32(this.BTL.Text);//将串口号和波特率存起来
                if (! serialPort.IsOpen)                 //如果串口是关闭的
                {
                    serialPort.PortName = CommNum;
                    serialPort.BaudRate = IntBdr;        //设定串口号和波特率
                    try      //try:尝试下面的代码,如果错误就跳出来执行catch里面代码
                    {
                        serialPort.Open();               //打开串口
                        CKbutton.Text = "关闭串口";       //改变按钮上的字符
                        CKH.Enabled = false;
                        BTL.Enabled = false;             //将串口号与波特率选择控件关闭
                        FSbutton.Enabled = true;
                        timer1.Interval = 100;
                        timer1.Enabled = true;
                    }
                    catch
                    {
                        MessageBox.Show("串口打开失败了! \n\n 可能是串口已被占用。");
                    }
                }
                else                                 //如果串口是打开的
                {
                    serialPort.Close();              //关闭串口;
                    CKbutton.Text = "打开串口";       //改变按钮上的字符
                    CKH.Enabled = true;
                    BTL.Enabled = true;              //将串口号与波特率选择控件打开
                    timer1.Enabled = false;
                }
            }

            private void FSbutton_Click(object sender, EventArgs e) //"发送"数据按钮
            {
                if (serialPort.IsOpen)
                {
                    if (DATA.Text != "")             //如果数据不为空
                    {
                        serialPort.Write(DATA.Text);
```

```
            }
            else
            {
                MessageBox.Show("发送失败了！\n\n请确认已输入数据。");
            }
        }
        else
        {
            MessageBox.Show("发送失败了！\n\n请打开串口。");
        }
    }
    private void timer1_Tick(object sender, EventArgs e)//定时接收串口数据并显示
    {
        string inString;
        string riqi;                    //当前日期和时间
        string temp;                    //温度整数
        string tempp;                   //温度小数
        string id;                      //测温模块 ID

        DateTime dt = DateTime.Now;

        try
        {
            inString = serialPort.ReadExisting();//取串口收到的数据

            if (inString ! = "")                //如果数据不为空
            {
                id = inString.Substring(0, 2);
                temp = inString.Substring(2, 3);
                tempp = inString.Substring(5, 1);
                temp = temp + "." + tempp;

                riqi = dt.ToString();
//加一行数据到 Listview
                listView1.Items.Add(new ListViewItem(new string[] { riqi, id, temp }));
            }
        }
        catch
        {
            MessageBox.Show("读取错误");
        }
    }

    private void Form1_Load(object sender, EventArgs e)
    {
    }
    }
}
```

英文缩写对照

ACLK(Auxiliary Clock) 辅助时钟

AES (Advanced Encryption Standard) 高级加密标准

AFC(Automatic Frequency Control) 自动频率控制

AGC(Automatic Gain Control) 自动增益控制

BOR (Brown – Out Reset) 掉电复位

BLDC(Brushless Direct Current Motor) 无刷直流电机

BSL (Bootstrap Loader) 引导加载器

C/C R(Capture/Compare Registers) 捕捉/比较寄存器

CPRM (Content Protection for Recordable Media) 内容保护机制识别码

CRC (Cyclic Redundancy Codes) 循环冗余编码

DCO(Digitally Controlled Oscillator) 数控振荡器

DMA (Direct Memory Access) 直接存储器存取

DQD (Data Quality Detection) 数据质量检测

EDI (Electronic Data Interchange) 电子数据交换

ESD(Electro – Static Discharge) 静电释放

FIFO(First In First Out) 先进先出

HCC (High Cut Control) 高音抑制

I2C (Inter – Integrated Circuit) 飞利浦器件总线标准

IF(Intermediate Frequency) 中频

ISP(In – System Programmable) 在系统编程

JTAG (Joint Test Action Group) 联合测试行动小组

LNA(Low – Noise Amplifier) 低噪声放大器

LO(Local Oscillator) 本机振荡器

LPM (LowPowerMode) 低功耗模式

MCLK(Master Clock) 主系统时钟

MCU(Micro Control Unit) 微控制单元,又称单片微型计算机

MISO (Master In Slave Out) 主机输入、从机输出信号

MOSI (Master Out Slave In) 主机输出、从机输入信号

MPX(Multiplex) 多路,复合

PA (Power Amplifier) 功率放大器

PGA (Programmable Gain Amplifier) 增益可编程放大器

PLL (Phase Locked Loop) 锁相环

POR (Power-On Reset) 上电复位

PUC(Power-Up Clear) 上电清除

PWM(Pulse Width Modulation) 脉冲宽度调制

RF(Radio Frequency) 射频

RTC(Real-Time Clock) 实时钟

SAR (Successive Approximation Register) 逐次逼近寄存器型

SFR(Special Function Registers) 特殊功能寄存器

SMCLK(Sub-Main Clock) 子系统时钟

SNC(Stereo Noise Canceling) 立体声噪声消除

SPI(Serial Peripheral Interface) 串行外围设备接口

SVS (Supply Voltage Supervisor) 电源电压监控器

SCK(Serial Clock) 串行时钟信号

SS(Slave Select) 从机选择信号

TCK (Test Clock) 测试时钟

TDI (Test Data Input) 测试数据输入

TDO (Test Data Output) 测试数据输出

TMS (Test Mode Select) 测试模式选择

USART(Universal Synchronous/Asynchronous Receiver/Transmitter) 通用同步/异步串行接收/发送器

USCI (Universal Serial Communication Interface) 通用串行通信接口

USI (Universal Serial Interface) 通用串行接口

ULP(Ultra-Low Power) 超低功耗

VCO(Voltage Controlled Oscillator) 压控振荡器

VLO (Very Low Power Oscillator) 极低功耗振荡器

WDT+ (Watchdog Timer+) 看门狗定时器

参考文献

[1] 胡大可. MSP430 系列超低功耗 16 位单片机原理与应用[M]. 北京:北京航空航天大学出版社,2000.

[2] Texas Instruments. MSP430x1xx Family Users Guide. slau049f.

[3] Texas Instruments. MSP – FET430 Flash Emulation Tool (FET). SLAU138K.

[4] Texas Instruments. TMP102 REVISED OCTOBER 2008.

[5] SD Memory Card Specifications. 2000 by SD Group(MEI,SanDisk,Toshiba.

[6] Philips Semiconductors. TEA5767HN DATA SHEET 2002.

[7] Dallas Semiconductor. DS18B20. pd.

[8] 深圳华普微电子有限公司. RFM12B 产品手册.

[9] 赵陆文,屈德新. 基于 MSP430 内嵌温度传感器的温度告警系统[J]. 电子世界,2003,08:63 – 64.